NATURAL LANGUAGE PROCESSING

自然语言处理

从入门到实战

胡盼盼 编著

中国铁道出版社有限公司
CHINA RAILWAY PUBLISHING HOUSE CO., LTD.

内 容 简 介

为了帮助广大爱好自然语言处理（Natural Language Processing，NLP）技术的读者朋友入门此领域，本书全面阐述了自然语言处理概况、领域应用、相关处理工具包、相关的机器学习及深度学习模型、文本预处理及文本表征等基础知识，以及具体的自然语言处理任务，包括文本分类、关系抽取、知识图谱、文本摘要、序列标注、机器翻译和聊天系统，同时介绍了自然语言处理技术在学术界以及工业界的发展、应用现状，并为读者们提供了部分面试参考题目。

本书适合有一定的编程及机器学习基础，想入门自然语言处理，以及想系统了解或准备求职自然语言处理初级岗位的读者阅读。

图书在版编目（CIP）数据

自然语言处理从入门到实战/胡盼盼编著. —北京：中国铁道出版社有限公司，2020.6
ISBN 978-7-113-26691-2

Ⅰ.①自… Ⅱ.①胡… Ⅲ.①自然语言处理-研究 Ⅳ.①TP391

中国版本图书馆 CIP 数据核字（2020）第 035759 号

书　　名：自然语言处理从入门到实战
ZIRAN YUYAN CHULI CONG RUMEN DAO SHIZHAN
作　　者：胡盼盼

责任编辑：张　丹　　**读者热线：**（010）63560056
责任印制：赵星辰　　**封面设计：**MXK DESIGN STUDIO

出版发行：中国铁道出版社有限公司（100054，北京市西城区右安门西街 8 号）
印　　刷：中国铁道出版社印刷厂
版　　次：2020 年 6 月第 1 版　2020 年 6 月第 1 次印刷
开　　本：787 mm×1 092 mm 1/16　**印张：**16.5　**字数：**366 千
书　　号：ISBN 978-7-113-26691-2
定　　价：79.80 元

前言

FOREWORD

虽说自然语言处理（Natural Language Processing，NLP）技术的历史并不悠久，却有着自身成熟的理论体系，覆盖多门学科，比如数学、计算机科学、语言学、认知心理学等基础知识，同时它又是一门应用性极强的技术，在很多领域都具备落地性。这种理论加实际操作能力的要求对初学者形成了双重困难。通俗地阐述基本的、必备的理论知识，克服困难，使读者能够快速从容地上手实际项目，成为一名初级自然语言处理工程师，这是本书的目标。

本书浓缩编者多年的知识积累和实务工作经验奉献于读者朋友。书中采用大量的图示与代码案例分析，将枯燥复杂的理论知识用平实的语言娓娓道来，让读者在熟悉的场景中能够动态地理解专业知识。在具体内容安排上，抛开深奥的理论化条文，除了必备的基础理论、知识介绍外，不贪多求全，强调实务操作、快速上手——从如何对文本数据进行预处理、基础分析到实用的自然语言处理实践任务如文本摘要生成、聊天系统等，让读者循序渐进地入门系统的自然语言处理技术。随着本书的讲解，读者的自然语言处理学习之旅一定会成为一番难忘的快乐体验。

本书特色

1. 内容安排实用实在、详略得当，符合初学者的认知规律

本书内容涵盖了从自然语言数据处理、基础任务（如分词、词性标注、命名实体识别等）到实战性任务（如文本分类、文本摘要、聊天系统等）所必须掌握的知识，从内容结构上非常注重知识的实用性和可操作性。必须掌握的细节处不吝笔墨，辅以图表以及代码加深读者印象；对仅需要大致了解处简要介绍一些相关理论及前沿动态。这样的安排使得初学者能够掌握必备知识，了解并思考学术前沿及行业应用，符合初学者对自然语言处理知识的认知规律。

2. 行文简单直白，以实例引导理论，特别适合初学者阅读

本书行文简单直白，全程都有相应的实例作为引导，对于比较难的内容尽量以举例的形式帮助读者理解。在介绍这些知识时，并不是教条式的，填鸭式的讲解，而是尽量以平实化的语言讲解相关理论，犹如帮助一位老朋友，一步步地成为初级自然语言处理工程师。

3. 设置思考题以及项目代码，激发初学者的热情与兴趣

本书的每一章都设置有相应的思考题，并在附录中提供了相关参考答案；读者可以自测对章节内容的学习的掌握程度。此外，本书章节介绍的代码实例，相关的电子版本会随书赠予，使读者能够进行实践操作，更加深入地理解知识。这些实践内容是学习自然语言处理过程中必不可少的环节，通过思考题以及代码的操作练习，能够使读者朋友快速地入门自然语言处理。

本书内容及体系结构

第一部分　了解自然语言处理	第 1 章　自然语言处理初探	本章主要为读者朋友介绍，在这短短不到一百年的时间里，自然语言处理早期的发展历程，近些年突飞猛进的发展，以及自然语言处理的基本任务，在各行各业中的应用和基本的工具框架。
第二部分　自然语言处理核心技术	第 2 章　自然语言处理与机器学习	本章主要介绍一些常见机器学习模型的原理、对比分析各类机器学习模型的优缺点以及机器学习工具库的使用。
	第 3 章　自然语言处理与神经网络	本章将为大家揭开深度学习的神秘面纱，主要介绍神经网络的基本结构以及一些常见的训练过程中的优化方案。
第三部分　自然语言处理基本任务	第 4 章　文本预处理	本章主要介绍文本预处理的基础项目以及相关工具、关键词提取的一些常用的方法以及数据不平衡的处理方法。
	第 5 章　文本的表示技术	本章将纵向梳理文本表示技术的发展脉络，分析各类表示方法的优缺点。
	第 6 章　序列标注	本章将为大家介绍一些常见的序列标注场景以及不同场景下的应用模型。
	第 7 章　关系抽取	本章主要讲解关系抽取的主要方法、前沿研究以及相关的应用框架。
第四部分　自然语言处理高级任务	第 8 章　知识图谱	本章主要介绍知识图谱的相关概念、技术、应用等。
	第 9 章　文本分类	本章主要介绍基本的文本分类方法以及相关工具的应用。
	第 10 章　文本摘要	本章主要介绍自动文本摘要中的两大类型，抽取式（extractive）摘要和生成式（abstractive）摘要，并且通过代码搭建演示两个简单版本的抽取式摘要生成器。
	第 11 章　机器翻译	本章主要介绍机器翻译的历史、相关技术原理、现状与不足等，通过本章的学习，读者将了解机器翻译的源起、统计机器翻译的原理、神经机器翻译的原理以及常见的改进版本的神经机器翻译模型。
	第 12 章　聊天系统	本章节主要介绍聊天系统的基本类型及应用、关键技术，并且用代码演示开发一款简单的闲聊系统。
第五部分　自然语言处理求职	第 13 章　自然语言处理技术的现在、未来及择业	最后一章为有志于入门或从事自然语言处理的读者提供更多的、与自然语言处理相关的常识性及实用性内容，比如学术界、工业界等方面的研究现状、未来发展热点、如何准备面试等。

本书读者对象

- 有一定的编程及机器学习基础，想入门自然语言处理的读者
- 因为兴趣，想系统性地了解自然语言处理的读者
- 准备求职自然语言处理初级岗位的读者

本书案例代码及相关下载

请登录中国铁道出版社有限公司网站下载

http：//www. m. crphdm. com/2020/0409/14249. shtml

目录

Contents

第一部分　了解自然语言处理

第二部分　自然语言处理核心技术

第三部分 自然语言处理基本任务

第四部分 自然语言处理高级任务

第五部分 自然语言处理求职

第一部分

了解自然语言处理

第 1 章

自然语言处理初探

对于计算机处理技术而言，自然语言处理（Natural Language Processing，NLP）是一门非常年轻的技术，始于20世纪中期的机器翻译研究，在最初的几十年里发展相当缓慢，即便在几年前，对大部分人来说自然语言处理也是个十分陌生的概念。而如今，各种基于自然语言处理技术的应用已随处可见，谷歌翻译工具、淘宝智能客服、智能音箱、智能家居、早教机器人等都渗透到了人们的日常生活中，带来了极大的便利。

那么在这短短不到一百年的时间里，自然语言处理经历了怎样的发展历程？又如何在近些年有了突飞猛进的发展？有志于此的爱好者又该如何入门自然语言处理？通过本章节的学习，读者朋友将有以下收获：

- 了解自然语言处理的发展史以及里程碑事件
- 了解自然语言处理的基本任务以及难点
- 熟悉自然语言处理在各行各业中的应用
- 熟悉自然语言处理的基本工具及框架

1.1 自然语言处理概述

就概念而言，自然语言处理研究是人类用自然语言与计算机之间进行通信的技术，属于语言学和计算机科学的交叉学科，也包含了数学、统计学、概率论、线性代数、认知心理学等多门学科的知识，是一门综合性极强的学科。从领域的层面来看，自然语言处理是人工智能领域的一个核心方面，涉及对计算机认知智能的研究，属于较高级智能技术，比图像处理任务难度更大。

而从发展角度而言，自然语言处理也经历了一系列或繁荣或萧条的时期。本小节主要为读者简要介绍自然语言处理在早期的历史发展，以及20世纪以来一些具有里程碑式意义的研究成果。

1.1.1 自然语言处理早期发展史

1954 年 1 月的一天，一则报道引起了世界各国的广泛关注，“一位不懂俄语的女孩在 IBM 卡片上打出了俄语信息。‘电脑’以每秒 2.5 行的惊人速度，在自动打印机上迅速完成了英语的翻译”。在乔治城大学和 IBM 的共同研发下，世界首项机器翻译任务在 IBM 的 701 计算机上顺利完成，完美地将 60 个俄语句子自动翻译成英语句子。自此，人们对机器与翻译的结合灌注了极大热情，加拿大、德国、法国、日本等国家和地区也竞相开展了机器翻译的研究。

同一时期，很多关于自然语言处理的基础研究也开始萌芽。1948 年，信息论创始人 Claude Elwood Shannon 发表论文《通信的数学理论》，其中提到了把自然语言当作一个马尔科夫过程（Markov process，由俄国数学家 Andrey Markov 于 1907 年提出，指这样一类随机过程。当已知它所处状态时，未来演变不依赖于以往演变），并且把概率模型和熵的概念引入自然语言处理中。1956 年，数学家 Stephen Kleene 发表了论文《神经网络事件表示法和有穷自动机》，提出了正则表达式（Regular Expression）的概念。正则表达式又称为规则表达式，通常用于通过制订一些规则来检索、替换符合条件的文本。语言学家 Avram Noam Chomsky 在 1956 年提出了上下文无关语法在自然语言处理中的应用。这一系列的研究基本表明了自然语言处理技术的两大阵营，即基于概率的随机派和基于规则的符号派，此后的自然语言历史便是这两大派别的角逐过程。

从 20 世纪 50 年代中期开始到 20 世纪 70 年代末期，由于计算机尚处于初级发展阶段，基于统计的方法准确率低且成本高，因此基于规则方法的研究明显占优势，多数自然语言处理系统以一套复杂、人工制定的规则为基础。

比较有代表性的有 Terry Winograd 研发的 SHRDLU 系统，能够处理一些简单的指令并且可以连接机械设备操作桌面上的积木，比如“拿起红色金字塔”之类的指令。但是，这个系统理解的范围十分有限，如果想要扩大理解能力则需扩充大量的规则。另外，麻省理工人工智能研究实验室的 Joseph Weizenbaum 研发的人机对话系统 ELIZA，能根据规则和预设好的脚本进行对话，是世界上最早的聊天系统之一，也是首批能够尝试图灵测试的程序之一。

还有一大批基于类似技术的聊天机器人在此时期研发产生，比如 PARRY、Racter、Jabberwacky 等。

这些聊天系统的共同特点是：在特定的领域表现良好，然而当稍微超出预定规则，将其置于一个不确定、比较含糊的语境时，聊天系统就无法正常工作，也就是说不够灵活，不具备迁移能力。渐渐地，人们的期望落空，热情耗尽，基于规则的方法开始陷入僵局，自然语言处理的研究也进入了冷寂期。

转机发生在 20 世纪 80 年代末期，当时的研究者们开始在自然语言处理中引入统计学习方法，由此产生了重大革新。这其中的原因有两个，一是计算机的运算能力大幅度提升，二是 Chomsky 的语言学理论不再处于主导地位。因此，人们不再执着于规则，而是期望通过大量的文本数据分析获取信息。此时基于统计的自然语言处理技术开始凸显优势。

以机器翻译的技术变革为例，在初期，人们的方法是，首先基于词典进行一一对应的翻译，接着基于语法规则在后期进行适当调整。然而，语言的多样性以及复杂性不是可以用一套规则来完全囊括且定义的，符号学派这种基于规则的方法并不可靠，并且工作量巨大，耗费了大量的人力物力。

到了 20 世纪 90 年代早期，IBM 研究中心研发了一台机器翻译系统，它的最大特色是：不关注整体的语言规则，而是分析两种语言的平行文本（句义一样的文本），并基于概率统计出其中词汇间的对应模式。这种方法并不需要语言学家参与制定语言规则，反而比之前的方法更加高效准确，而且用于统计的文本越多，翻译的效果就越佳。基于统计学习的思路，诸如文本纠错、语言模型、词性标注、命名实体识别等一系列任务都得到了重大发展。

其实，自然语言处理的早期发展历史可以简单看作一个学生学习英语的过程，一开始什么也不懂，依靠记背大量语法规则的方法进行学习，但发现这种方法比较低效，而且模式僵硬，遇到陌生的情境不能随机应变。因此，开始尝试用沉浸式的学习方法，不用管什么语法规则，先在脑海里存储大量的英语实例，让大脑基于这些信息进行统计分析，形成语感，实例吸收得越多，语言能力就越强。

1.1.2　21 世纪的里程碑事件

21 世纪以来，随着机器学习的一大分支——深度学习的兴起，很多自然语言处理任务都摒弃了传统方法，并且在应用深度学习模型后都达到了前所未有的进展和突破。自然语言处理技术在深度学习的助攻下得到迅猛发展以来，各大研究者们提出的具有重大里程碑意义的技术：

基于神经网络的语言模型（Neural language models）：人类说话的过程可以理解为根据前面的词再生成下一个词的过程，说话越是顺畅符合逻辑，越说明此人的语言水平越高。相似地，语言模型指的是机器根据已有的词生成接下来的词，进而生成文本的过程。所生成的文本越像人类语言以及越能适应当时的情境，便说明此语言模型越好。传统的方法便是基于 N-gram 的概率统计模型，即统计大量语料中由 N 个词组成的词组的出现情况以获取语言生成的规律。

而在 2001 年，Yoshua Bengio 等人首次提出了基于神经网络的语言模型，将上文及当前词汇分别当作神经网络的输入输出进行大规模训练，以获取两者之间的联系。这种模式为后续的一系列研究提供了许多借鉴思路，包括之后在自然语言处理领域引发重大变革的词向量（Word Vector）。

多任务学习（Multi-task learning）：俗语道，艺多不压身，这是因为多学点技艺能够促进你在其他任务上的理解和学习能力。类似地，在机器学习领域，让模型在多种任务下进行训练，有助于学习到更基础、更普适性的特征，进而提高泛化及迁移能力。2008 年，Collobert 等人首次在自然语言处理领域应用多任务学习，并且在 2008 年的国际机器学习会议（ICML）上获得了 Test-of-Time 奖项。

词向量（Word Vector）：又称为词嵌入（Word Embedding）或者词的分布式表示（Distributed representation）。在词向量出现之前，人们常常用简单的词袋模型（Bag-of-Words，BOW）来表示文本，仅仅包含了词在文本中的出现频率等基础统计信息。直到2013年，借鉴Bengio等人在2001年提出的基于神经网络的语言模型思想，Mikolov等人开始利用神经网络模型大规模地训练词的分布式表征形式，包括CBOW和Skip-gram两种方式，前者由邻近词预测中心词，后者则过程相反。

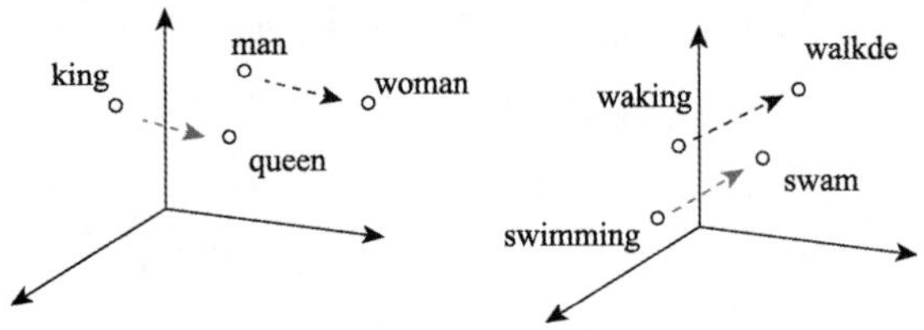

图1.1　词向量

学习而得的词向量在语法语义及词之间的关系层面均有良好表现，如图1.1所示，man-woman与king-queen，walking-walked和swimming-swam，从向量层面可观察到类似关系。其后，又有更多研究者基于上下文语境、文字字符信息、文本全局信息等方面提出了各种词向量的改进训练方案，词向量的表征能力进一步提升。

循环神经网络（Recurrent neural network，RNN）及其变种：循环神经网络的核心是对序列输入存在记忆性，类似人们阅读文本的过程，在解读当下某个词汇的时候，脑海里对前面的词汇也存在记忆。基础版本的循环神经网络虽然比较适合处理序列问题，但一直存在梯度下降过程极不稳定从而难以训练的缺点。通过适当调整循环神经网络的单元结构，一系列循环神经网络的变种被提出，包括LSTM（Long Short-Term Memory networks）、GRU（Gated Recurrent Unit）等，在记忆模式上进行改进。简要地说，便是记住重要的而忘记不重要的信息，减轻模型不必要的负担，在一定程度上解决了难以训练的问题。

Seq2Seq框架（Sequence-to-sequence models）：根据一个序列生成另一个序列（比如根据一句法语生成英语，根据一篇文本生成摘要），包括编码器（Encoder）和解码器（Decoder）两部分，都由神经网络构成，前者对输入序列进行编码而提取信息，后者根据所提取的信息预测输出序列。这种结构在自然语言处理上表现最成功的任务便是机器翻译。2016年，谷歌宣布其谷歌翻译功能将开始全面应用基于神经网络的Seq2Seq结构。这是一种几乎带有魔法性质的神奇结构，简单地说，在设置合适的编码及解码结构的条件下，能够将一种东西变为另一种东西，模型寻找的是这两者间的隐秘联系。

注意力（Attention）机制：为了利用有限的视觉资源并且获取最重要的信息，人类的视觉系统便存在着注意力机制，对于感兴趣的部分会施加更多的视觉资源。受此启发，研究者们也开始在图像处理过程中施加注意力机制。在自然语言处理领域，Sutskever等人首次将注意力机制应用于机器翻译。

试想，人类在逐词地翻译一句话的时候，除了考虑源语句的整体信息，也会对其中不同的词施加不同的注意力，比如当下翻译的词汇与源语句中特定位置的词语相关性更强，更大程度地作为翻译的参考依据。类似此过程，比如以Seq2Seq框架为基础，在解码过程中加入注意力机制便能够有侧重地合理利用信息，有效地提高机器翻译的性能。

之后，人们又在注意力机制的基础上提出自注意力（self-attention）机制，即同一句子中不同词汇间的注意力关系，而基于此机制的 Transformer 模型，以及之后提出的 GPT、Bert、XLNet 等一系列框架又开启了自然语言处理预训练模型（Pre-trained language models）的新篇章，这些模型结构具备对语言的强大表征能力，可方便地应用于各种各样的下游任务。概括而言，语言本身有一些基本特性，比如语法、词法、句法结构等，利用预训练模型理解这些语言基础之后，再进行特定任务的理解便更加容易了。

1.2　自然语言处理的挑战

人类与动物的一个巨大差别，便是人与人之间可以利用语言进行表达、沟通、传递文明，可以说语言是人类智慧的结晶。现在，随着技术的进步，计算机在很多方面都取得了可观的成就，人们便开始尝试实现计算机对人类语言的处理及理解，并且能够达到与人类进行交互的最终目的，这就是自然语言处理的任务。

那么在这一过程中，由于语言的高度复杂性以及人机之间的本质区别，自然语言处理存在哪些难点？本小节从词义消歧、指代消解、上下文理解以及语用学几个细粒度任务层面，来说下当今自然语言处理过程中遇到的挑战。

1.2.1　词义消歧

每个词本身有一个最基本的原型概念，然而语言的发展长期变化，并且受多方面因素共同作用，一个词往往在不同地区、不同人群、不同情境的影响下产生语义扩张，发展出不同的意义。

词义消歧（Word Sense Disambiguation）针对的便是上述问题，指如何在不同语境下，区别同一词形的不同含义。比如“口味清淡”和“生意清淡”“开车”和“弃车保帅”“秘密任务”和“这是个秘密”，这些同形词根据其周边词汇的不同而产生意义差别；再比如“你是个好人?”和“你是个好人!”，仅仅因为标点符号的不一致就能表达不同语气及含义；还有如“隋末瓦岗寨首领李密”和“《陈情表》作者李密”，则需要具备一定的历史文化知识才能进行区分。

对于可以通过词性区分不同意义的情况，比如“秘密任务”和“这是个秘密”中“秘密”的词性不同，相对来说比较容易处理，这是因为词性集合有限，词性标注本身比较简单。而棘手的情况是，对于意义属于不同义类的多义词，上下文的信息特别关键，需要结合相关知识库、语料库等资源才能完成区别任务，比如一些同义词典、专业知识库、专业数据库、百科知识等。

就语言资源而言，有的只是提供了一些由语言学家总结的词语在不同情境下的不同义项，总结全面但是例子少；有的呈现不同义项在真实文本中的使用情况，语境更加丰富但是不一定包含所有义项。因此，在资源的合理选取以及有机整合上需要花费一番心思。

处理词义消歧比较常见的方法便是利用资源中的语境，与要解析的词汇的语境进行比较，从而得出最合理的义项。举个例子，现有已标注好的语料 s1、s2 以及待判断语料 s3，如图 1.2 所示。

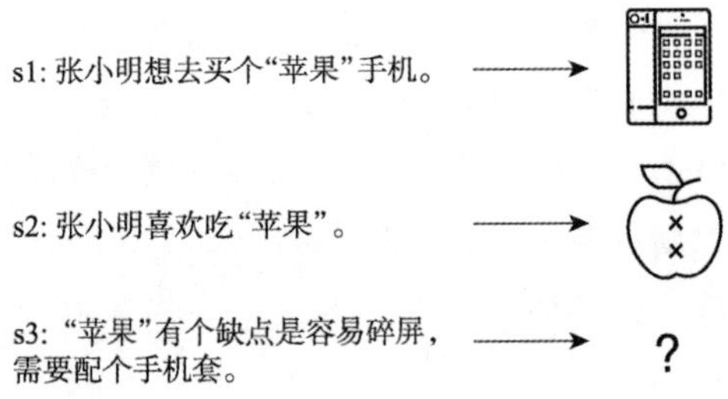

s1: 张小明想去买个“苹果”手机。
s2: 张小明喜欢吃“苹果”。
s3: “苹果”有个缺点是容易碎屏，需要配个手机套。
?

图 1.2 “苹果”的不同含义

现在判断 s3 中的“苹果”是什么含义：将需要判断句子中“苹果”的上下文分别与 s1、s2 中“苹果”的上下文进行相似度判断，发现与 s1 中的上下文更契合，便可以得出结论：s3 与 s1 中“苹果”的含义相同。

以上是一个很简单的例子，然而在实际应用时会遇到很多难题。比如词典中的包含语境的例子不丰富，往往是概括性的描述及定义，真实应用例子的标注数据集很难获得，基于相似度的计算不一定准确，有些语义的区别还需要更多的知识信息等。

1.2.2 指代消解

如果仔细观察针对儿童和成年人的不同阅读文本，会发现其中有一个很大区别：儿童读物中的人物或物体的称呼常常固定或者变化微小，比如一个故事可能存在这样的描述，“小灰熊……小灰熊……另一只小灰熊……”；而成年人读物中的称呼变化很多，有时候还需要推理才能知道真正指代的对象，比如“张小明……他……小红儿子的父亲……这个善良但不怎么聪明的老实人……”，如图 1.3 所示。由此可见，有时候，对指代的对象进行辨认是一项高级的语言认知活动，需要一定的上下文理解能力、知识储备或者生活经验才能进行。

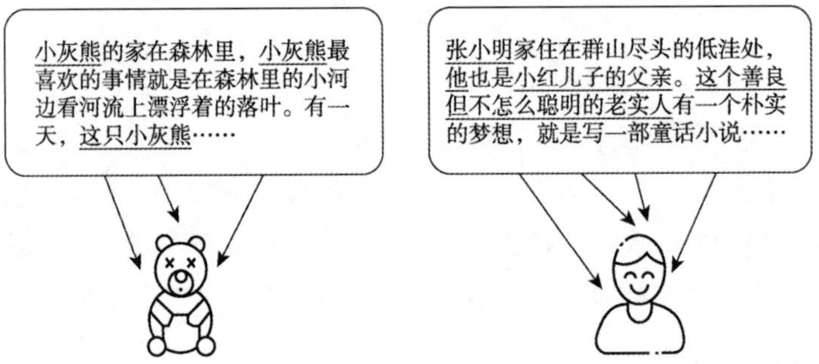

小灰熊的家在森林里，小灰熊最喜欢的事情就是在森林里的小河边看河流上漂浮着的落叶。有一天，这只小灰熊……
张小明家住在群山尽头的低洼处，他也是小红儿子的父亲。这个善良但不怎么聪明的老实人有一个朴实的梦想，就是写一部童话小说……

图 1.3 指代消解

指代消解（Anaphora Resolution）指的便是对机器而言的上述问题，即确定代词（比如人称代词、指示代词等）指向文中哪个名词、短语甚而句子，根据指代的方向，可以区分为回指和预指两个类别，前者的代词在被指代对象后面，后者则相反。指代消解作为自然语言处理的一大难点任务，在文章摘要、信息抽取、机器翻译等任务中都有着举足轻重的地位。

举个例子，“我很喜欢在公园里遛我的小狗，因为它非常讨人喜欢而且总不觉得累”，这个句子中的“它”指代的是“小狗”还是“公园”，从语法层面上讲都没问题。因为人类知道“小狗会累，但公园不会累”这个常识，所以能很快得出正确答案，“它”指的是“小狗”。但是对于计算机来说，这是个非常困难的判别任务。人类的常识不单单由经验获得，还能依靠推理举一反三，比如知道“小狗会累、小猫会累”，推理得出“动物会累”，那么即使没见过“大象”，也能具备“大象会累”这样的常识。而这样的常识如果进行罗列几乎无限，不可能一条条地输入计算机程序里，而如果选择给计算机输入推理规则，又是个非常难以总结的任务。

严格地说，以上所述的其实是显性代词消解，即代词是可见的。还有一种情况叫作零指代消解（Zero Anaphora Resolution），一些可以根据上下文很容易推理出来的成分被省略，而此成分在上下文中又承担着相应的语法结构并且指向某些成分（在语料库中常常用“Φ”进行标注）。在中文中这个现象十分常见，比如，“我买了十打鸡蛋，很新鲜”标注为“我买了十打鸡蛋，Φ 很新鲜”，其中“Φ”就是一个零代词，指代“鸡蛋”。对于这类问题，标记数据集便需要花费大量的人力，更不用说后续的计算机识别了。

另一类问题是共指消解（Coreference Resolution），指的是找出文本中指向同一实体的不同表达，其实是显性指代消解任务的扩展。比如说在一篇描述美国总统的文章中，要把“他”“林肯”“第 16 任美国总统”等所有指代“美国总统林肯”的词汇或者短语都找出来。此类任务的难度更大，因为需要考虑的上下语境范围更加广泛。

如果对指代方式进行细分，还有很多难以处理的细节，比如对于句子“小明和小珠都喜欢数学，这对龙凤胎学习很好”，这里出现了三个实体，“小明”“小珠”以及“龙凤胎”，它们之间有相互指代以及包含关系，比一般情况更加复杂，处理难度也更大。

1.2.3　上下文理解

在学习英语的过程中，我们不难发现，每天花大量时间背单词其实是件低效的学习行为，即便在单词书上学会了某个单词，并不代表在一篇文章中掌握了它，更不用说在作文过程中自主使用了。这是因为语言并非单词的简单堆叠，而是由复杂的相互作用而成的，因此脱离了上下文的单词甚而句子都存在歧义性，如图 1.4 所示。

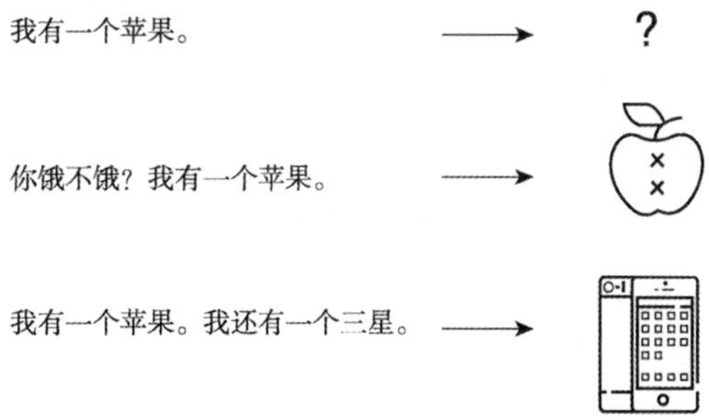

图 1.4　基于不同上下文“苹果”的不同含义

在自然语言处理中，对于上下文的理解也是一项重要且艰难的任务。比如在以上的词义消歧、指代消解任务中，都涉及对于上下文的理解。再比如，在对话领域，如今很多聊天机器人虽然反应迅速，涉及领域广泛，但缺少上下文的记忆，就算有些聊天应用结合了上下文的记忆，也缺乏对上下文的理解，所以显得很呆板。举个例子，对于同一个问题的重复提问，机器人只是机械地重复“正确答案”；对于不同语言习惯的用户，机器人的语言模式总是一致。而事实上，人对不同人群的说话方式应该是有所变化的，比如对小孩和对大人说话的语气和用词必然有所差别。

在理解上下文的具体操作中，会遇到诸多问题：上下文的边界在哪里，是周围的几个句子还是周围的篇章？如何用合适的方式表征上下文？如何提取有意义的上下文？如何将上下文与当前的语言单位联系起来，它们之间是什么关系，怎么建模？这其中的每个问题都是自然语言处理中的难点，也是机器的语言理解能力更进一步发展的关键点。

1.2.4 语义与语用的不对等

在生活中有个现象很普遍，“公说公有理，婆说婆有理”，这是因为双方虽然都能听懂对方的话语，但都没有理解对方的言外之意，所以引发了误会及争端。语义研究的是文本的字面含义，而语用研究的则是实际意义，在很多情况下，这两者并不对等。

在生活中，有些人不能明白特定场合下特定语句的含义，也会被评价为“没眼力见”。于人而言，真正听懂话语尚且如此困难，对于计算机则更甚了。自然语言处理的一大应用便是聊天系统，现在很多公司都在如火如荼地开发智能聊天机器人，但是目前为止还是很难遇到有“眼力见”的智能聊天应用。比如在智能家居的场景中，需要明确指令“请开空调”才能让机器施行相应行为，如果说“今天天气真热”，机器可能就不理解其中的内涵了，如图 1.5 所示。

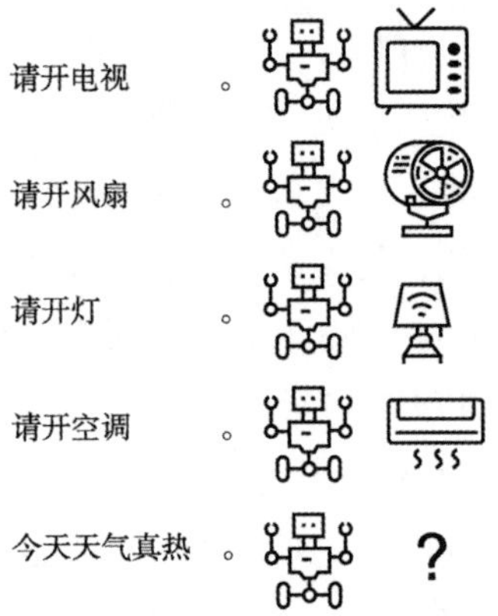

图 1.5　没有“眼力见”的机器人

在人类的语言中，暗示、引喻、类比、转喻、反讽等语言手法十分常见，也正基于如此，我们才说语言代表了人类最高级的智慧。要使计算机具备如此高程度的理解水平，就目前的自然语言处理发展情况来看，还是任重而道远。

1.3 自然语言处理的应用领域

大导演 Steven Allan Spielberg 曾拍过一部非常著名的科幻电影《人工智能》，讲述了一个机器人小男孩锲而不舍寻找母爱的故事。影片的故事背景设定为 21 世纪中期，人类的科技水平高度发达，人工智能的应用已经渗透到了生活的方方面面，影片中情感丰富的机器人小孩、可爱呆萌的智能玩具熊、无所不知的智能查询系统等，都让观影者印象深刻。

那么在当今的人类社会生活中，人工智能都发展到了怎样的程度，在各方面又有什么应用？本小节从医疗、教育、媒体、金融、法律这几个领域来谈谈人工智能的发展以及应用。图 1.6 展示了人工智能在各领域的典型应用。

图 1.6　人工智能在各领域的应用

1.3.1 医疗

在我国，由于卫生事业起步较晚，医疗领域一直存在资源短缺并且分配不均的问题，占全球人口 22% 的中国人仅占全球医疗资源的 2%，同时，大城市占据了绝大部分先进的医疗设备和资源。借助人工智能的浪潮，革新制药、诊疗、护理等传统模式，或许可以从某种程度上优化医疗体系。

目前基于图像识别技术的医学影像研究已逐渐展开实际应用，有望解决影像数据与放射科医师数量增长不对等的问题。很多大公司，诸如 IBM Watson、谷歌、阿里巴巴、科大讯飞都在此方面加大投入、寻求市场落地。那么，自然语言处理能够在医学领域发挥怎样的作用呢?

在医院尤其是市级、省级大医院里，经常能看到这么一个现象：一大群焦急的患者或家属围着一个焦头烂额的医务人员咨询问题。随着人机交互技术的发展，近些年来很多医院都配备了导诊机器人，具备指路、预诊、宣教等功能，能够满足咨询者的基本需求以及分担医务人员的工作量。

在医院就诊必不可少的一件东西便是病历，而传统的病例都是由医生手写，在很长一段时间内，这些宝贵的医疗数据只限于相关患者及医生的使用，完全没有得到有效利用。相较而言，美国在 20 世纪 60 年代便开始了对病历文本的相关分析，比如对医学知识的抽取、对患者症状与治疗决策的关系抽取，以及基于大数据的信息挖掘等。这些任务都涉及一系列的自然语言处理技术，包括文本结构化、文本标注、命名实体实别、信息抽取、知识图谱等。另一方面，还可以利用自然语言处理技术进行病历识别，比如通过比对病历上的症状与数据库中的历史病例，并且通过一定的模型预测治疗方案，辅助医生进行诊疗。

就医不仅仅指当面让医生看病的过程，而是一个持续进程，比如症状咨询、用药咨询、生活起居问题等，患者在就诊前后都有一系列的咨询需求。而现状是：由于医生资源与患者数量的不对等，使得医生与患者的关系仅仅停留在医院的就诊室里。因此，很多公司开始开发医疗咨询类的服务系统，比如，英国公司 Babylon Health 在 2017 年推出的基于个人病历和医学常识的聊天应用，能够提供一些就诊以及用药建议；印度医疗机构 Lal PathLabs 的聊天机器人，能够提供诸如附近医院、医院医生资质、医院口碑等就诊信息方面的咨询。

相对其他领域而言，人工智能在医疗上的应用较为广泛也较具可行性，一个优秀的医生是经验和知识的累加，对于人工智能而言，这两者都较容易获取，但是如何更好地融合、表征并应用这两者，目前研究者们还处于探索之中。

1.3.2 教育

与医疗类似，教育领域在中国也普遍存在资源短缺以及分配不均的问题，同样地，人工智能也能够在教育的各个阶段以及各个行业大显身手。奇点大学创始人 Peter

Diamandis曾表示，在将来，世界上最好的教育将不再来自学校，而是人工智能。因为它能根据学生自身的特点，比如学习能力、兴趣爱好，研发合理的教育模式，提供合适的私人教育。

人工智能在教育领域的典型应用便是自适应学习（Adaptive Learning），通俗地讲，就是因材施教，个性化学习模式。比如，阅读平台 Newsela 能够根据读者的年龄以及阅读水平提供难易程度不同的新闻内容，提高读者的学习效率；自适应平台 Knewton，覆盖 K12（Kindergarten through twelfth grade）、高等教育及职业发展领域，具备课程推荐、课程内容评估、学生学习状态和水平评估等多项功能。在外语学习方面，比较有代表性的是中国的英语教育平台英语流利说，能够综合语音识别、语音合成、文本处理等多种技术为用户订制专属的 AI 教师。

在儿童早教领域，人工智能也能部分代替父母的陪伴，很多公司都推出了儿童早教机，综合讲故事、放音乐、知识互动等模式达到趣味陪伴、寓教于乐的效果。目前国内比较主流的儿童陪伴机器人有巴巴腾机器人、智伴机器人、科大讯飞超能蛋、未来小七等。但是很多机器人还存在语音识别不准、语义理解不准、功能比较单一等缺陷，要能够真正达到情感陪伴、知识教育的目的还需要更多的探索。

对于教育工作者而言，备课、上课只是工作的一部分，最让人头疼的可能就是作业或者试卷的批改与指导了。从技术实现角度而言，针对客观题，比如选择题、填空题等答案固定的题目实现自动化批改并不难。而对于主观题，比如作文，就涉及自然语言处理技术了，很多公司都针对作文推出了自动批改系统。

比如 2017 年，浙江外国语学院引进了阿里巴巴的中文作文批改系统，此系统能够在几秒钟的时间内在作文上标出错词、乱序、缺词、多词的中文错误，准确率和速度令教师们望而兴叹。当然，目前大多数批改系统仅停留在语法错误的指正上，对于文章本身内容的评估，涉及对于语义的深度理解，便不是那么容易的事情。

以上只是教育领域应用人工智能的几个典型场景。在我国，这两者的结合才处于刚刚起步的阶段，还有更多的技术以及落地场景值得教育工作者，以及人工智能工作者的联合探究。

1.3.3 媒体

在 2018 年底的第五届世界互联网大会上，搜狗和新华社联合发布了全球首个 AI 主播，形象、气质、音色俱佳，能够达到以假乱真的效果，引起了全社会的广泛关注。据称，综合语音处理、图像处理及自然语言处理等多项技术，这位 AI 主播能够 24 小时不间断地实时输出音频合成的画面。人工智能在媒体行业的应用可见一斑。事实上，人工智能确实在整个媒体行业的各个流程中都产生了极大影响。

首先在内容生产上，AI 不仅可以参与筛选、较对、编辑等基础工作，甚至还能自动编写新闻稿件。早在 2010 年，NarrativeScience 公司便推出了写作软件，能够根据少量的信息撰写出有故事有情节的内容。之后，很多大媒体公司都开始了 AI 写作的尝试。美联社开发出了一款能够自动生成企业财报的系统，效率是人类编辑的 10 倍。

华盛顿邮报的写稿机器人 Heliograf 能够获取其他新闻媒介上的结构化信息并整合成短消息的形式发布。在国内，比较有代表性的有今日头条的定稿机器人 Xiaomingbot，从信息搜集到完成发布一篇文章只需两秒，并且写作范围覆盖了体育、娱乐、文化、财经等多个领域。

另外，第一财经的 DT 稿王、腾讯财经的 dreamwriter、新华社的快笔小新都是结合人工智能的机器写手。当然，以目前的水平来看，与人类相比，机器人在文章质量上存在诸多缺陷，比如文章缺少重点与亮点、概括以及提炼能力不足等。

在内容的分发方式上，智能推荐早已渗透到了各种手机应用中。通过分析用户转发、评论、点赞等行为对用户进行画像，满足用户的个性化需求，推送用户想看的内容，能够极大地增强用户对平台的黏性。比如 CNN、华尔街日报应用 bot 为读者推荐新闻，国内绝大多数新闻 App 都采用了智能推荐的推送方式。另一方面，通过人工智能技术还能预测文章的推广效应，筛选出潜在的爆款文章，比如纽约时报的机器人编辑 Blossomblot，其发布的文章点击量是普通文章的 40 倍左右。

但是，作为传播信息的媒介，媒体 + 人工智能的诸多应用应当引起人们的高度警惕。如果有人恶意利用机器写手，大量制造并且传播假新闻，使得网上充斥着各种虚假信息，将会影响到整个社会的稳定。因此，也有人开始尝试应用 AI 技术识别假新闻，比如麻省理工学院计算机科学暨人工智能实验室（Computer Science and Artificial Intelligence Lab，CSAIL）与卡塔尔计算研究所（Qatar Computing Research Institute，QCRI）在 2018 年 10 月宣布将要打造一个识别虚假新闻的系统。

再回到智能推荐的问题上，每天只能接触到系统根据个人喜好推荐的，或者说个人想看到的读物，是否真是一件好事？也许会造成信息越来越多、世界越来越小的窘境。打个比方，你偶然点赞了一篇养生的文章，上面说“土豆不能与鸡蛋同吃”，此后便总是接收到一些类似的文章，久而久之，潜移默化，便真的相信土豆不能与鸡蛋同吃。从某种意义上来说，这种选择性的推送信息很可能会只呈现你愿意相信的东西，使人局限在特定环境中，会形成信息孤岛效应。

1.3.4　金融

金融行业本身积累了大量数据并且信息化程度较高，通过适当的大数据处理技术便能够转化为结构化数据，再以机器学习等技术以及合适的场景为驱动力，便能够分析应用这些数据，使其成为宝贵的资源。目前，一些互联网巨头、人工智能科技公司以及传统金融机构通过自主研发或开展合作的手段，尝试着将人工智能技术与金融相结合。

很多传统银行纷纷结合 AI 与具体业务，试着升级为智慧型银行，比如智能客服能够满足大量客户的基本咨询需求，而且能够大幅度降低人工成本。另外，银行与客户之间的通话数据中也有很多值得挖掘的信息，比如通过探索营销模式、用户画像等方式制订策略，可以发现潜在客户。

另外一个比较受金融机构欢迎的应用为智能理财顾问，能够通过对用户基本情况的评估，比如风险偏好、财务状况、投资目标等，给用户推荐合适的理财产品。2016 年，广发基金首先推出了基于人工智能技术的“基智理财”产品，此后，招商银行、长江证券、民生证券等公司也纷纷开始布局智能理财顾问系统。

智能投研，指的是通过对数据的处理、分析生成投资决策的过程。在传统方法中，需要大量的专业知识以及繁杂的程序才能生成调研报告，再进行分析并作出相关决策，效率不高。在此方面，国内外很多企业都开始利用人工智能技术，尤其是自然语言处理替代人工完成任务，具体包括实体提取、关系抽取、智能搜索、文本探究、自动生成报告、自动生成摘要、知识图谱等多项技术。

比如，Palantir Metropolis 能够整合多个平台的数据，为公司构建动态知识图谱。而这在传统方法中，可能需要一个调研团队的工作量，而且需要不断人工更新。Dataminr 可以搜集并分析一些实时经济事件并预测相应的结果，比如对股市、房价等的影响。文因互联能够提供自动化研报摘要、自动化分析财务报表、金融数据挖掘等一系列智能服务，辅助公司快速决策。

除以上所述的几个方面外，在保险、借贷等领域，人工智能也开始大显身手。总体而言，市场对于 AI + 金融持续看好并且处于踊跃尝试阶段，人工智能技术对很多业务起了相当大的辅助作用，在未来可能会有更深层面的渗透。

1.3.5 法律

在法律领域，沉淀了大量法律文本，比如起诉书、判决书、案件记录、庭审记录等，应用人工智能技术可以把这些数据转化为宝贵的资源。另一方面，中国的律师资源匮乏，服务成本也高，民众的很多需求都得不到有效解决，人工智能与法律的结合可以部分解决困境。

对于当事人而言，通过智能平台进行咨询效率高、费用低，而且服务流程一体化，包括案情咨询、相似案例参考、律师推荐、相关建议等项目。对于法律工作者而言，文书工作繁杂，而且很多时候需要手动寻找历史相似案件进行参考比照。通过人工智能技术辅助文本处理以及自动化历史相似案件推荐，便能极大地提高工作效率，制订更好的诉讼以及辩护策略。而对于法院来说，人工智能也可以参与到文书处理的各个流程，比如起诉书、判决书、庭审记录自动生成等，减轻相关工作人员的工作负担。

针对以上三大类用户群体，很多创业公司以及大公司开始研发及布局智能法律服务系统。目前应用比较广泛的是智能咨询类产品，比如法狗狗、法里、律品等，可以为用户提供法律咨询以及律师推荐。但是这些服务提供的还是比较基础、简单的咨询服务，并不能达到人类律师的专业分析水平。

对律师而言，应用比较多的则是信息查找类工具，比如根据关键词或者少量信息搜索历史相似案件、相关法律条文等。提供此类服务的典型平台有，元典智库、Fastcase、ROSS、法律谷等。还有一类产品的目标在于案情分析以及判决结果预测，对于智能技术要求较高，国内还没有出现比较有代表性的产品。国外 Case Crunch、Lex Machina 等公司能够提供此类服务，而且效果良好。其中，Case Crunch 的官网表示，在一项经济案件预判挑战赛上，Case Crunch 的预测成功率远高于伦敦最好的商业律师。这个案例说明机器在某些特定条件下也能充当律师或法官的角色，法律与 AI 的结合大有前景。

目前国内法律与 AI 的结合尚处于初级起步阶段，很多智能产品提供的服务仅是自然语言处理技术的一般应用，比如语音转文字、智能查找、信息提取等。在数据方面，缺少结构化的标签数据，并且对应同一案件不同流程的文书分布在各个机构，难以统合。

另一方面，法律体系本身十分复杂，在不同地区或者不同情境下会有所区别，比如在富裕地区和在贫困地区偷盗相同数额的财产因为造成的影响不同，面临的刑罚很可能不一致，所以想利用人工智能对案情进行分析以及结果预判，需要机器具备深入的情景分析以及专业的法律应用等能力。除了技术上的高度要求以外，由于法律领域的专业程度很高，法律与 AI 的深度结合还需要精通这两方面知识的综合性人才的参与及推动。

1.4　自然语言处理的常见工具

俗话说，工欲善其事，必先利其器。在自然语言处理的学习中，熟悉一些常见的工具以及按需进行选择是入门过程中的重要环节。下面为大家详细地介绍一些常用的基础任务工具包、数据处理工具、传统机器学习的框架以及近些年来蓬勃发展的深度学习工具。

1.4.1　基础任务工具包

从初识笔画、拼音，再到认识简单的字、词，接着学习短语、造句，再到阅读书籍、写文章，学习中文便是这样一个循序渐进、由易至难的过程，打好基础尤为关键。类似地，自然语言处理过程中前期存在一系列必不可少的基础任务，是后续具体任务的重要准备工作，主要存在以下几个方面：

词形还原（Lemmatization）：去除词语的形态，还原为原始词形，比如“did”“doing”“done”在词形还原之后都变为“do”。此类操作仅针对有词形变化的语言，比如英文、法文，中文为固定形态语言，因此不存在此类处理。

词性标注（Part-Of-Speech Tagging）：给词汇标注词性，也称为语法标注，即确定某个词为名词、动词、形容词等一系列词性的过程。

分词（Word Segmentation）：是中文与外文预处理过程中的区别之一，由于中文中词与词之间没有界限，因此需要人为地划分，比如要把“我出生在浙江省”划分为“我/出生/在/浙江省”。

命名识体识别（Named Entity Recognition）：识别文本中的实体，例如组织、日期、地点、人名等。

句法分析（Syntactic Analysis）：分析文本的句法结构或者句子中词与词之间的依存关系。

由于以上任务相对容易，很多自然语言工具包已经封装了这一系列功能，只需简单的调用便可完成任务。下面介绍几种常用工具。

NLTK（Natural Language Toolkit）：是一套以 Python 为编程语言的自然语言处理工具包，包含文本语料和词汇资源，具备词性标注、命名实体识别、句子结构分析、文本分类等一系列功能。此工具包因研究和教学而生，比较适合学习及研究。

Spacy：是一个商业化开源软件，是基于 Python 和 Cython 编程语言的工业级自然语言处理软件。Spacy 的特点是速度快、功能全面，从最简单的词性分析到高阶的深度学习都有涉及。

Stanford CoreNLP：是由斯坦福大学基于 Java 开发的一款自然语言分析工具包，支持多种自然语言，支持编程语言的接口也很丰富。

语言技术平台 LTP：是哈尔滨工业大学开发的一套中文语言处理系统，包含多种基本功能，如分词、词性标注、命名实体识别、语义角色标注、语义依存分析等，是影响较大的中文处理基础平台。

Polyglot：是一个基于 Python 的自然语言处理工具，支持多达 165 种语言的文本标记，196 种语言的语言检测，136 种语言的情感分析等一系列任务。虽然支持语言众多，但在性能方面有待提高。

Pattern：是基于 Python 的一款自然语言处理工具，具有词性标注、N 元搜索、情感分析等基础功能，还提供聚类、支持向量机等机器学习模型。

HanLP：是基于 Java 的一款自然语言处理工具包，性能高效、功能完备，适合在生产环境中使用。

FNLP：是复旦大学 NLP 实验室开发的基于 Java 的中文自然语言处理工具包，包括分词、词性标注、依存句法分析等功能，在分词效果上有待提升。

jieba：是开源的一款 Python 中的中文分词组件，模型简单易上手，支持多种分词模型，适合工业应用。

熟悉常见的基础任务工具包并能够熟练应用，是快速入门自然语言处理的首要步骤，也是工作流程中的重要环节。当然，当我们达到一定的水平、对自然语言处理有深入认识以后，也可以尝试着自主开发基础处理工具。

1.4.2 科学计算及机器学习框架

在传统机器学习过程中，前期对数据的处理以及理解掌握特别重要，下面以 Python 中的库为代表，介绍一些在数据处理过程中常用的科学计算及可视化库：

Numpy：是 Python 语言中的一种数据计算工具，可以用于存储以及处理大型矩阵。Numpy 的底层基于 C 语言编写，不受 Python 全局解释器锁的限制，因此对于数据的操作速度远高于 Python 纯代码。另外，Numpy 还内置了并行运算功能，在特定环境下可以自动做并行运算。

Scipy：基于 Numpy 进行更高级的科学计算，包含了统计、优化、涉及线性代数模块、傅里叶变换、信号和图像处理、常微分方程求解器等众多数学包。

Pandas：是基于 Numpy 的一个高级科学计算库，用于高效地分析、清洗、整理数据等任务。它能够接收多种数据格式来源，比如 CSV、JSON、TSV、SQL、Excel 等，整合到其自带的数据结构 Series 和 DataFrame 中进行快速便捷的运算。

matplotlib：用于将数据可视化，操作十分简单，仅通过几行代码，便可以绘制出各类图表，比如直方图、功率谱、条形图、错误图、散点图等。

有了科学运算工具帮我们高效地处理数据，下一步便可以利用一些机器学习框架进行模型搭建以及训练了。很多库已经把一些经典的机器学习方法进行高级封装，通过简易的几个步骤以及参数调节，我们很快就可以上手机器学习的使用。接下来为大家介绍几个有代表性的机器学习框架：

Shogun：是一个比较古老的机器学习库，诞生于 1999 年，由 C++ 语言编写，提供了一系列机器学习方法，缺点是接口比较难调用。

scikit-learn：是一个基于 Numpy、Scipy 以及 matplotlib 机器学习包，功能非常强大。

用户可以利用 scikit-learn 对数据进行处理，比如选择特征、压缩维度、转换格式等。而它提供一系列监督学习以及非监督学习的算法，其简单版本可以在几行代码中完成，非常便捷高效。

Gensim：一款多功能的自然语言处理工具包，支持文本的向量化表示、潜在语义分析、主题挖掘、相似度计算、信息检索等一系列算法，是非常有代表性及通用性的自然语言处理入门工具。

mlpack：是一个由 C++ 编写的开源机器学习库，由世界各地的 100 多名开发者编写开发，侧重于可扩展性、速度以及灵活性。

MLlib：是 Spark 中的机器学习库，专为在集群并行运行的情况而设计，在简化机器学习任务的同时，也能够方便地扩展规模。MLlib 中包含许多机器学习算法，可以在 Spark 支持的所有编程语言中使用，由于 Spark 具有基于内存计算模型的优势，非常适合机器学习中出现的多次迭代，避免了操作磁盘和网络的性能损耗。

虽然自然语言处理面向的是文字，然而在计算机的世界里，最终都要转化为数值的形式进行运算以及展示，因此数学也是自然语言处理工程师的必备技能。

1.4.3　深度学习框架

随着深度学习的兴起，为了更方便快捷地开发模型，很多研究机构及公司甚至个人纷纷推出了自主研发的深度学习框架。其中传播范围比较广泛并且普遍得到大众认可的有 Theano、Tensorflow、Caffe/Caffe2、Keras、PyTorch、MXNet、CNTK、PaddlePaddle 等。根据自身情况以及现实场景选择一款合适的框架十分重要。下面为大家简要介绍这几个典型框架的基本情况以及特性点评，仅供参考。

Theano：由加拿大魁北克的蒙特利尔大学 LISA 实验室开发，始于 2008 年，可以说是祖师爷级别的深度学习框架。Theano 基于 Python，在定义、优化及计算数学表达式上有很大优势，并且能够通过 GPU 加速运算处理大数据。

Theano 出自研究机构，初衷并不是服务工业界，因此如果使用它搭建深度学习模型，需要从比较底层的工作开始，一步步地创建。随着更多适合开发的深度学习库的推出，Theano 因为其高门槛让很多初学者望而却步。另外，在 2017 年底，Theano 创始人之一 Yoshua Bengio 宣布 Theano 在 1.0 版本后将停止更新和维护。

虽然如今 Theano 使用者日趋减少，但其很多的创新思想一直为后续的框架所继承与优化，比如用数学表达式表达模型、重写计算图以获得更优性能和内存使用、GPU 上的透明执行、更高阶的自动微分等，都成为深度学习框架的核心。

TensorFlow：最初由谷歌大脑团队基于谷歌的神经网络算法库 DistBelief 开发，用于深度神经网络的研究以及各类机器学习，之后于 2015 年 11 月 9 日在 Apache 2.0 开源许可证下对外开放。自开源以来，Tensorflow 受到广泛关注并且得到迅猛发展，堪称目前世界最流行的一个深度学习框架。

TensorFlow 的底层核心引擎由 C++ 实现，支持多种客户端语言下的安装和运行，提供了一个 Python API，以及 C++ 、Haskell、Java、Go 和 Rust API，第三方包可用于 C#、Julia、R 和 Scala。Tensorflow 有功能强大的可视化组件 TensorBoard，能可视化网络结构和训练过程，对于观察复杂的网络结构和监控长时间、大规模的训练很有帮助。另外，它部署比较方便，非常适合工业级应用。

TensorFlow 虽然功能齐全，使用者众多，社区资源稳定，但也有不少缺点，比如文档混乱、接口变换频繁、接口设计晦涩、使用烦琐、流程控制困难、调试困难等。

Caffe：由毕业于加州大学伯克利分校的博士贾扬清为主开发，是一款清晰、可读性高、高效的深度学习框架，基于 C++ 语言实现，并内置有 Python 和 MATLAB 接口，主要应用于语音、视频、图像等多媒体数据的处理。

Caffe 的一大特点是模块化，可以根据其提供的各层类型自定义模型，但是定义网络结构比较麻烦，需要定义完整的前向、后向和梯度更新过程；另外，Caffe 依赖安装也比较麻烦，依赖嵌套依赖。另一方面，Caffe 运算快速，而且提供了很多图像处理方面的预训练模型，比如 Alex Net、Image Net 模型的变形和 R-CNN 探测模型，方便上手及微调，实现快速开发。

新版的 Caffe 2 在继承 Caffe 优点的基础上做了多处改进，主要优点有设计更加轻量化、高模块化，支持大规模的分布式计算，支持移动端 iOS、Android、服务器端 Linux、Mac、

Windows，甚至一些物联网设备，支持跨平台等。不过目前 Caffe 2 还不能完全替代 Caffe，还不够成熟稳定，编译过程中会出现异常，相关文档资料也比较少。

Keras：因支持快速实验而生，是一个高度封装的深度学习框架，完全基于 Python 编写，并且使用 Tensorflow、Theano 以及 CNTK 作为后端。

Keras 的特点是高度模块化，提供的接口简单一致，减少用户的底层设计工作量；非常易于学习以及使用，可以快速尝试更多创意，在机器学习竞赛中应用广泛；扩展性强，支持 CPU 和 GPU 的无缝切换。但是 Keras 缺少灵活性，很难实现个性化设计，而且通过 Keras 很难真正学习到深度学习的算法原理。

PyTorch：于 2017 年由脸书人工智能研究院开源，其设计理念源于早在 2002 年就诞生于纽约大学的 Torch，它以一门小众语言 Lua 作为接口，所以应用人群不是很多。PyTorch 的幕后团队考虑到 Python 的普适性以及传播性，在对 Torch 进行重构的基础上推出了 Python 版本的 Torch，即 PyTorch。

PyTorch 可以看成一个拥有自动求导功能的强大的深度神经网络，相对于 Tensorflow 而言，可应用动态图的思想，可以零延迟地任意改变神经网络的行为。另外，PyTorch 的底层代码比较简单易懂，适合学习以及对深度学习的深入理解。PyTorch 一经推出便立刻引起了广泛关注，除了 Facebook 之外，它还已经被 Twitter、CMU 和 Salesforce 等机构采用。

MXNet：轻量、便携，并且在分布式环境下有着优越的性能，支持七种主流编程语言，包括 C++ 、Python、R、Scala、Julia、Matlab 和 JavaScript。虽然 MXNex 接口众多，优点突出，但一直处于不温不火的状态，主要归咎于推广力度不够，媒体曝光量小，再加上文档比较混乱，所以知名度相对更小。

CNTK：是微软研究院开发的深度学习框架，预定义了很多主流的神经网络结构，使用者可以轻松地进行扩展。微软官方表示，在执行某些特定任务，比如语音处理中，CNTK 与其他框架相比具备明显的效率优势。但是总体而言，CNTK 也存在与 MXNet 一样推广力度不足、社区不活跃的问题，导致用户量不多。

PaddlePaddle：是 2016 年百度研发的开源深度学习平台，其核心目标是能够让企业和开发者安全、快速地实现自己的 AI 想法。PaddlePaddle 有全面的工业级应用模型，并且开放多个前沿的预训练中文模型，比如知识增强的语义表示模型 ERNIE。PaddlePaddle 的迭代速度快，具备中英文双语使用文档，受到广泛关注。

PaddlePaddle 对很多算法进行了完整封装，比如结构化语义模型、命名实体识别、序列到序列学习、阅读理解、自动问答等，开发者只需要略微了解源码原理，更换成自己的数据，修改一些超参数，按照官网的示例执行命令，程序就能运行起来。但是如果想新增或者修改功能，需要改动底层 C++ 代码。

如果作为初学者，并且想快速上手，建议可以首先学习 Keras，其代码简洁，通俗易懂。以下为一个用 LSTM 网络对构造的数据进行三分类的例子，其代码总量总共不超过 20 行：

```
from keras.models import Sequential
from keras.layers import LSTM, Dense
import numpy as np
#参数设置
data_dim = 20
timesteps = 10
num_classes = 3
batch_size = 16
#LSTM 模型定义
model  =Sequential()
model.add (LSTM(32, return_sequences =True, stateful =True,
          batch_input_shape =(batch_size, timesteps, data_dim)))
model.add(LSTM(32, return_sequences =True, stateful =True))
model.add(LSTM(32, stateful =True))
model.add(Dense(3, activation ='softmax'))
#模型加载,定义损失器,优化器以及评估标准
model.compile(loss ='categorical_crossentropy',
              optimizer ='rmsprop',
              metrics =['accuracy'])
#构造训练数据
x_train  =np.random.random((batch_size *  10, timesteps, data_dim))
y_train  =np.random.random((batch_size *  10, num_classes))
#构造验证数据
x_val  =np.random.random((batch_size *  3, timesteps, data_dim))
y_val  =np.random.random((batch_size *  3, num_classes))
#模型训练
model.fit(x_train, y_train,
            batch_size =batch_size, epochs =5, shuffle =False,
            validation_data =(x_val, y_val))
```

在训练过程中，Keras 还封装了一些显示功能，如数据的数量、每一轮训练的损失、训练结果等，极大地减轻了使用者的代码工作量。当然，如果需要对深度学习做进一步的探究，则可以使用更复杂也更灵活一些的框架如 TensorFlow、PyTorch 等，具体根据个人情况进行选择。

本章小结

语言唯人类所独有，有了语言，人与人之间的信息才能够得以传播及传承。自从人类发明计算机以来，计算机在各个领域的应用得到了突飞猛进的发展。那么，自然语言与计算机科学的碰撞又会产生什么样的火花？这便是自然语言处理，属于人工智能领域中的一个重要方向，旨在研究及实现人与计算机之间用自然语言进行有效通信的各种理论以及方法。实践表明，自然语言处理技术能够与各行各业深度结合，比如医疗、金融、教育、媒体等，在不知不觉中已成为人们生活的重要部分。

作为开篇第一章，本章的目的在于向读者朋友简要介绍一些有关自然语言处理的基础知识，包括自然语言处理发展史、一些具有里程碑意义的事件、自然语言处理的难点、自然语言处理的应用以及一些常见的自然语言处理工具。由于自然语言处理是一种综合性较强、难度偏高的计算机程序技术，如果作为初学者，在某些内容上有所困惑在所难免。接下来的章节将会为大家详述一些重要概念以及技术上的细节。

思考题

1. 在早期，自然语言的处理思路可以分为哪两个流派？
2. 为什么基于规则的自然语言处理方法应用逐渐减少？
3. 你了解 21 世纪以来哪些具有里程碑意义的自然语言处理研究成果？
4. 自然语言处理可以与哪些领域深度结合？
5. 自然语言处理的挑战有哪些？
6. 自然语言处理有哪些基本任务及基本工具？
7. 有哪些常用的机器学习相关工具？
8. 有哪些常用的深度学习框架？

第二部分

自然语言处理核心技术

第 2 章

自然语言处理与机器学习

既然人类能够学习获取知识，那么能不能也训练机器具备学习的能力，之后为人类提供服务呢？答案是肯定的，这便是机器学习。首先需要说明的一点是，本章所述的机器学习特指传统的机器学习方法，不包含深度学习的内容。按照学习的形式，机器学习可划分为监督学习和非监督学习，前者的数据带有标签，主要应用于分类与预测；后者的数据无标签，又称为归纳性学习，可以用于聚类和降维等场景。在本章中，我们主要探究在自然语言处理领域应用比较多的一些机器学习方法，对监督及非监督方法均会有所涉及。通过本章的学习，读者将有以下收获：

- 熟悉一些常见机器学习模型的原理
- 能够对比分析各类机器学习模型的优缺点
- 能够利用机器学习工具库搭建学习器并且对一些常见参数调节方法有明晰的认识

2.1 逻辑回归

逻辑回归（Logistic Regression），虽然名称中带有“回归”二字，似乎是应用于预测数值，但实际上却与分类任务相关，且一般针对二分类任务，比如垃圾邮件检测、癌症病例识别、金融机构的放贷决策等。

逻辑回归的原理相较于其他机器学习算法，属于比较简单的类型，然而其应用却相当广泛，在某些特定场景下也有不错的效果，是入门机器学习的第一课，也是面试官最爱考的经典问题之一，因此需要重点掌握。

2.1.1 逻辑回归基本原理

回到刚刚的疑问，为什么逻辑回归属于分类模型，却包含“回归”二字？一言以概之，逻辑回归是在线性回归的基础上，利用 Sigmoid 函数进行非线性运算，函数图像如图 2.1 所示，它能够将线性回归的值阈映射到 0、1 之间，作为属于某一类别的概率，因此可用于分类预测。

假设现有一批需要二分类的数据，其特征向量为 X，那么通过线性变化（令参数为 W）可得：

$$Z = W^T X \tag{2.1}$$

再将公式（2.1）进行 Sigmoid 变化可得：

$$\emptyset(X) = \frac{1}{1 + e^{-Z}} \tag{2.2}$$

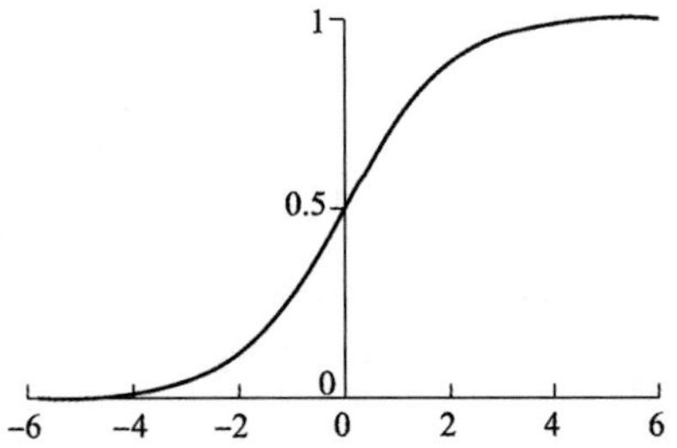

图 2.1　Sigmoid 函数图形

最终输出的结果即可以看作属于某一类别的概率。一般情况下，假定分类的概率阈值为 0.5，也就是说当输出值大于 0.5 的时候，判定为某一类别，否则为另一类别。如此一来，不仅可以知道某一数据属于哪一类别，还能获取属于某一类别的置信度信息。值得注意的是，当两个类别的数据样本不平衡时，可以相应地调整阈值以达到更好的鉴别效果。

现在我们知道了逻辑回归的基本表达式，接下来如何求解模型参数呢？假设数据标签为 y，取值为 {0,1} 两种类别，并且 Sigmoid 函数 $\emptyset(X)$ 所得的结果表示为 1 类的概率，于是有如下定义，分别表示数据属于 1 类或者 0 类的概率：

$$\begin{cases} p(y = 1 \mid X, W) = \emptyset(X) \\ p(y = 0 \mid X, W) = 1 - \emptyset(X) \end{cases} \tag{2.3}$$

很直观地，如果数据标签为 1 类，那么希望模型求出来的概率 $\emptyset(Z)$ 越大越好；如果数据标签为 0 类，那么 $\emptyset(Z)$ 越小越好，即 $1 - \emptyset(X)$ 越大越好。因此，可以利用极大似然的方法，经由对数似然获得如下目标函数：

$$J(W) = -\frac{1}{m}\left[\sum_{i=1}^{m} y^{(i)} \log \emptyset_W(X^{(i)}) + (1 - y^{(i)}) \log (1 - \emptyset_W(X^{(i)}))\right] \tag{2.4}$$

其中，m 为数据样本量大小，i 表示第 i 个训练样本，W 为模型参数，由于整个式子前面加了负号，目标便是最小化以上公式（2.4）。到了这一步，一般可以利用梯度下降法不断更新 W，最终求得比较靠谱的模型参数。首先，通过对参数 W 求导得：

$$\frac{\mathrm{d}J(W)}{\mathrm{d}W} = -\frac{1}{m} \sum_{i=1}^{m} [(y^{(i)} - \emptyset(X^{(i)}))X^{\{i\}}] \tag{2.5}$$

假设学习率为 μ，对 W 进行更新：

$$W \leftarrow W - \mu \frac{\mathrm{d}J(W)}{\mathrm{d}W} \tag{2.6}$$

在具体实践中，梯度下降法大致可以分为以下三种类型：

全量梯度下降法（Batch Gradient Descent）：即每次更新参数都使用整个训练集，因此一般会朝着正确的方向进行，最后能够保证收敛效果（凸函数收敛于全局极值点，非凸函数可能会收敛于局部极值点），缺陷是学习时间过长、内存消耗大。

随机梯度下降法（Stochastic Gradient Descent）：每次更新参数只用一条随机选取的数据，优点是学习时间非常快，缺点是每次更新可能并不会按照正确的方向进行，易出现损失函数的波动。

小批量梯度下降法（Mini-Batch Gradient Descent）：即每次更新参数都使用一小批训练集，收敛速度较快。虽然它也有收敛时浮动、不稳定的缺点，但是比随机的方法更稳定。这种方法综合了以上两种方法的优点，同时弱化了缺点，是比较好的选择。

这里说明一点，梯度下降过程中的不稳定性或者说震荡性是什么意思？如果把梯度下降过程看作下山的过程，那么走路时频繁更改方向便会引起震荡，或者说下山的过程很不稳定。

为了减少震荡的发生，保持下降的稳定性，考虑之前的行为是一个好办法（可认为是结合经验与探索的策略），因此很多改进的梯度下降法把上一步下降的方向、梯度变化的幅度因素也考虑到当前的梯度下降过程中，代表性的有 Momentum 梯度下降法、NAG（Nesterov Accelerated Gradient）梯度下降法等。但是，并不存在最优的、适用任何情况下的下降方式，在具体实践中可尝试使用多种方式进行对比，从而找到最佳的梯度下降模式。

2.1.2　逻辑回归在实践中的注意要点

本节以机器学习库 scikit-learn 中的逻辑回归相关类 LogisticRegression 为例，对模型设计中一些重要参数的选择进行讲解。这里我们默认已经在 Python 中下载了 scikit-learn 库（注意在 Python 中调用时此库被称为 sklearn）。

首先，调用此类进行学习器训练及测试的代码如下：

```
from sklearn.linear_model import
LogisticRegression
def test_LogisticRegression(X_train, X_test, y_train, y_test):
        #初始化模型
        cls =LogisticRegression()
        #模型训练
        cls.fit(X_train, y_train)
        #模型预测
        print('Score: %.2f' % cls.score(X_test, y_test))
```

将预处理完成的数据代入，通过以上简洁的代码就可以构造出一个逻辑回归分类器。那么在此基础上，有什么可以调整优化的地方？模型训练中很重要的一点便是减缓过拟合现象，常见的应对方法是在原损失函数的基础上添加正则项 L1 或者正则项 L2，前者与参数的绝对值相关，后者与参数的平方值相关，目的均是对模型的参数做某些限制。scikit-learn 中的 LogisticRegression 提供了 penalty 参数，可以对正则项的力度进行设置。

如图 2.2 所示，假设参数大小为二维，有 w1 和 w2，图中上方的圆圈为原损失函数，以原点为中心的深色图形为正则项的约束。具体地，左图中的为 L2 正则项，右图中的为 L1 正则项，当两者相交时，表示满足正则项约束条件。左图中的相交点为两圆的切点，L2 能够使参数变小，避免某些参数对输出结果影响过大而造成模型不稳定的情况。而右图中的相交点在竖轴线上，即 w1 =0 的位置，由此可知，L1 能够使参数减少或者说变得稀疏，如此一来便可以降低模型复杂度。

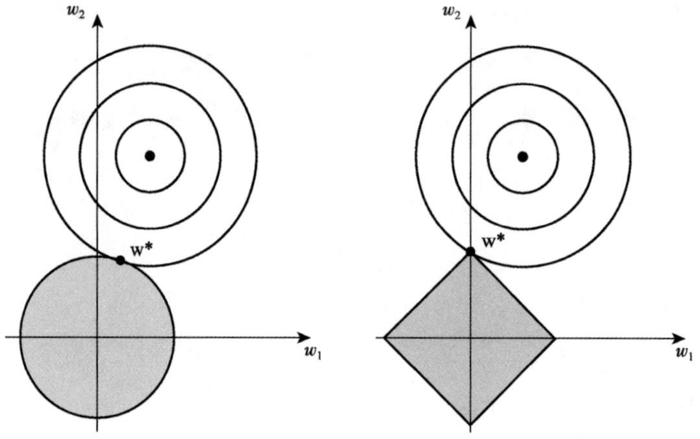

图 2.2　L1 正则与 L2 正则项

除了正则项，类 LogisticRegression 还提供了 solver 参数用于优化算法的选择。除了梯度下降法，还可以选择牛顿法，此方法的特点是收敛速度更快但是计算更复杂。class_weight 可以用于各个类别的权重设置，在误分类代价很高或者样本极度不平衡的情况下可以使用。sample_weight 用于调节样本权重，能够使样本平衡。当类别数量多于二类时，需要将多分类问题转化为二分类问题。其中的转化方法，可以用 multi_class 参数进行选择。

2.1.3　逻辑回归的优势与不足

逻辑回归的原理直观易懂，容易实践，以输出概率的形式展现属于某一类别的置信度，获取的信息量相当丰富。理论上逻辑回归用于二分类任务，但实际上对于多分类任务，也可能通过一定的方式将其转化为多个二分类任务，所以逻辑回归也适用于多分类任务。虽然在实际应用中，逻辑回归的单独应用比较少，但是其中涉及的原理在深度学习中都有诸多借鉴。比如逻辑回归中所应用的 Sigmoid 函数也常被作为深度学习中的非线性激活层，用以加强模型的拟合能力。

逻辑回归本身较简单的模型结构也决定了其局限性，对于特征比较复杂的数据以及复杂任务，容易欠拟合，效果比较一般。在自然语言处理领域，由于文本特征相对复杂，在文本的特征化层面需要考虑的方面比较多，因此逻辑回归一般只能应用于比较简单的自然语言处理任务，通常是特征比较明确而且数量不多的情况。

2.2　朴素贝叶斯

朴素贝叶斯算法（Naïve Bayes）基于贝叶斯定理以及特征条件独立假设，是一种生成式模型，即以特征和结果的联合分布形式来建模。在具体操作中，主要是基于统计运算，没有迭代过程，实现简单，是十分经典的一种算法。

2.2.1　朴素贝叶斯基本原理

首先介绍贝叶斯定理，假设有随机事件 A 和 B，那么有：

$$P(B|A) = \frac{P(B)P(A|B)}{P(A)} \tag{2.7}$$

撇开公式不谈，贝叶斯定理蕴含了什么思想呢？简单地说，假如你看到一个学生经常看书学习、请教老师、做作业认真，那么可以认为这个学生成绩好的概率比较大。这是因为经常看书学习、请教老师、做作业认真这三个事件或者说特征与成绩好的关联都比较大，而这其中的关联可以通过观察或统计进行估计。如果用数学语言表达，那就是：支持某个结果（或者说标签）的事件发生得越多，则该结果成立的可能性就越大。

回到自然语言处理领域，现在假设有一个简单的垃圾邮件文本分类任务，标签分别为垃圾邮件和普通邮件，并且每个文本包含 3 个特征，有 5 个样本，见表 2.1。

表 2.1　邮件分类样本

邮件名是否常见（特征 x_1）	邮件是否包含异常词汇（特征 x_2）	邮件是否包含链接（特征 x_3）	是否为垃圾邮件（标签 y）
否	否	是	否
否	是	否	否
是	否	否	否
否	是	是	是
否	是	是	是

那么对于特征为 $X =$（$x_1 =$ 否，$x_2 =$ 否，$x_3 =$ 否）的一封邮件，对应哪个类别的可能性更大？基于贝叶斯定理，将特征以及标签代入，可得：

$$P(y|X) = \frac{P(y)P(X|y)}{P(X)} \tag{2.8}$$

在 2.8 式中，X 表示特征向量，y 表示标签，$P(y|X)$ 表示给定特征后属于某一类别的概率，也称为后验概率，比较 $P(y = \text{是}|X)$ 和 $P(y = \text{否}|X)$ 的大小即可得出结论。由于特征已经给定，$P(X)$ 为固定项，因此，我们只需要比较 $P(y = \text{是})P(X|y = \text{是})$ 以及 $P(y = \text{否})P(X|y = \text{否})$ 的大小即可。其中，$P(y)$ 为邮件分类的先验概率，通过样本的简单计算可得：

$$\begin{cases} P(y = \text{是}) = 2/5 \\ P(y = \text{否}) = 3/5 \end{cases} \tag{2.9}$$

现在问题的关键在于如何计算条件概率 $P(X|y = \text{是})$ 以及 $P(X|y = \text{否})$。注意现在仅仅应用了贝叶斯定理，还有“朴素”二字代表的条件独立性假设还没用上。也就是说，假

设各个特征之间没有相关性，条件概率可转换为如下形式：

$$P(X \mid y) = P(x_1 \mid y)P(x_2 \mid y)P(x_3 \mid y) \tag{2.10}$$

将样本值代入公式（2.10）可得：

$$\begin{aligned} P(X \mid y=\text{是}) &= P(x_1=\text{否} \mid y=\text{是})P(x_2=\text{否} \mid y=\text{是})P(x_3=\text{否} \mid y=\text{是}) \\ P(X \mid y=\text{否}) &= P(x_1=\text{否} \mid y=\text{否})P(x_2=\text{否} \mid y=\text{否})P(x_3=\text{否} \mid y=\text{否}) \end{aligned} \tag{2.11}$$

以上公式（2.11）中的每一项都可由样本的统计计算得到结果，计算得：

$$\begin{aligned} P(X \mid y=\text{是}) &= \left(\frac{2}{3}\right)\times\left(\frac{1}{3}\right)\times\left(\frac{1}{3}\right) = 2/27 \\ P(X \mid y=\text{否}) &= \left(\frac{2}{2}\right)\times\left(\frac{1}{2}\right)\times\left(\frac{1}{2}\right) = 1/4 \end{aligned} \tag{2.12}$$

将先验概率和条件概率相乘得：

$$\begin{aligned} P(X \mid y=\text{是})P(y=\text{是}) &= \left(\frac{2}{27}\right)\left(\frac{2}{5}\right) = 4/135 \\ P(X \mid y=\text{否})P(y=\text{否}) &= \left(\frac{1}{4}\right)\left(\frac{3}{5}\right) = 3/20 \end{aligned} \tag{2.13}$$

通过以上过程的计算，最终比较可知：

$$P(y=\text{否} \mid X) > P(y=\text{是} \mid X) \tag{2.14}$$

因此，此封邮件不是垃圾邮件的概率比较大。通过这个简单的例子，应用贝叶斯算法的基本流程，即通过统计条件概率以及类别的先验概率，便可知给定特征的情况下样本属于某一类别的概率情况。

然而，由于样本集数据只是真实数据世界的有限子集，在真实预测过程中，可能存在一些在样本中没有遇到过的特征取值。那么按照之前的统计，此特征值对应的条件概率便为零。而由于所有特征的条件概率为相乘的形式，那么整个式子结果为零。也就是说，抹杀了其他特征对于分类结果的贡献，这就显得不太合理了。最简单的处理方法是，在计算概率时，可以在分子项加 1 以保证计算结果不为 0。此法叫作拉普拉斯平滑法（Laplace Smoothing），最早由法国数学家拉普拉斯（Pierre-Simon Laplace）提出。

举个例子，通过现有数据的统计，发现只要不做作业的学生成绩都不好，但是在预测过程中发现有个学生虽然不做作业，但是能够应用课堂知识进行发明实践，这是在之前的统计中从未出现的特征。那么就因为其不做作业就认定为成绩不好的学生，这样是不是不合理了呢？出现这种情况的根本原因在于，我们的既有数据或者说经验有限，未来总会遇到一些不可知状况，而平滑的方法则是让计算不那么苛刻，让决策过程保留一些弹性。

2.2.2 朴素贝叶斯的类型

在机器学习库 scikit-learn 中，简单调用朴素贝叶斯相关类进行学习器训练及测试的代码如下：

```
from sklearn.naive_bayes import
GaussianNB
def test_GaussianNB(X_train, X_test, y_train, y_test):
        #初始化模型
        cls =GaussianNB()
        #模型训练
        cls.fit(X_train, y_train)
        #模型预测
        print('Score: %.2f' % cls.score(X_test, y_test))
```

由以上代码可以看出，调用的包名为“GaussianNB”。事实上 scikit-learn 学习库总共提供了三种朴素贝叶斯分类算法，分别是 GaussianNB（高斯朴素贝叶斯）、MultinomialNB（多项式朴素贝叶斯）、BernoulliNB（伯努利朴素贝叶斯）。那么这三者有何区别？

通过上一节的分析，可知朴素贝叶斯的算法分类的原理是利用条件概率（特征与是否为垃圾邮件间的关系）与先验概率（正常与垃圾邮件本身的出现情况）得到后验概率。正是根据假设的样本特征先验分布的不同，高斯分布、多项式分布以及伯努利分布（二项分布）分别对应以上三种朴素贝叶斯算法。当我们的假设越接近数据本身分布情况的时候，相应的算法效果也越好，以上垃圾邮件分类的先验分布便可以认为是二项分布。

当假设特征的先验概率为正态分布时，条件概率表达式如下：

$$P(X_j = x_j \mid Y = C_k) = \frac{1}{\sqrt{2\pi\sigma_k^2}}\exp\left(-\frac{(x_j-\mu_k)^2}{2\sigma_k^2}\right) \tag{2.15}$$

其中，C_k 为 Y 的第 K 类别，而 μ_k 和 σ_k^2 表示相应的参数，通过样本统计可计算出。GaussianNB 类的主要参数仅有一个，即各个类别的先验概率，默认通过样本计算而得，如果样本不具有代表性，也可以通过先验知识设定类别的先验概率。

当假设特征的先验概率为多项式分布时，条件概率表达式如下：

$$P(X_j = x_{jl} \mid Y = C_k) = \frac{x_{jl}+\lambda}{m_k+n\lambda} \tag{2.16}$$

$X_j = x_{jl}$ 表示第 j 维特征取为第 l 个值的情况，m_k 表示样本集中第 k 类的数目。为了避免条件概率计算结果为 0，引入与 λ 相关的平滑项，当 λ 取值为 1 的时候，即为拉普拉斯平滑，通过对 λ 的调节可以改变模型的拟合效果。另外，与 GaussianNB 类一样，MultinomialNB 类中也有关于类别先验概率的参数调节，这里不再赘述。

最后，当假设特征的先验概率为二项式分布时，条件概率表达式如下：

$$P(X_j = x_{jl} \mid Y = C_k) = P(j \mid Y = C_k)\,x_{jl} + (1 - P(j \mid Y = C_k))(1 - x_{jl}) \tag{2.17}$$

在这里，由于特征为二项分布，因此只能有两种取值，即 x_{jl} 只能取值为 0 或 1，上述的垃圾邮件分类小例子便是二项分布。与 MultinomialNB 类相比，BernoulliNB 增加了关于处理转换二值特征的参数 binarize，作用是将数值特征转化为二值特征。假设我们有一个特征为身高，取值为高或者矮，但是实际输入值为具体的身高，那么可以通过将 binarize 设置为某一阈值，把输入值转化为高或矮的二值类型。

这里所涉及的其实是对于数据预先的分布估计，比如人的身高数据、人的体重数据、一年中的温度数据、国民收入数据、患某种疾病的数据等，不同的数据符合不同的分布情况。在具体的任务实践中，首先要对数据有深入的总体理解，才能在后续过程中选择合适的模型。

2.2.3 朴素贝叶斯的优势与不足

朴素贝叶斯算法基于古典数学理论，算法直观简单，对缺失数据不太敏感，在简单的数据集上分类效果不错。但是朴素贝叶斯是基于特征条件独立假设进行分类，因此当数据集的特征之间存在关联时，分类效果不佳。而对于文本而言，不仅仅是词的堆叠，其中词汇间存在相关性。如果把每个词汇当作文本特征，那么便不满足特征条件独立性假设，不适合用朴素贝叶斯算法来建模。

另外，由上一小节朴素贝叶斯的类型可知，需要事先假设特征的先验分布。如果假设与真实情况太不相符，那么模型效果肯定也会受影响。而类别的先验分布也一般基于训练数据来计算，在数据没有代表性，不太能表征真实数据的情况下，也会产生较多误分类。例如，在以上邮件分类的例子中，样本数据量很小，其中普通邮件和垃圾邮件的数量相差不多。而真实世界里，普通邮件的数量一般多于垃圾邮件。因此，朴素贝叶斯算法也对数据的采集、数据的预先掌握要求较高。

2.3 Kmeans 算法

在很多实际场景中，常常需要做分门别类的工作，例如，将庞大数据量的新闻文本进行分类并挖掘其中的主题，利用用户网上购物消费习惯进行潜在用户挖掘以及用户画像；将学生课外读物进行聚类分成不同的阅读等级，等等。往往数据都不带标签，也就是说我们根本不知道有哪些确切的类别可分，那么这些问题该如何解决？这就涉及 Kmeans 算法，也叫作 K 均值聚类算法，指事先定义 K 的值，将数据集中相似的样本聚合成 K 个类别的过程，是一种无监督学习。

2.3.1 Kmeans 算法基本原理

要想做好聚类的效果，其衡量标准便是同一类别间的距离尽量小，即属于同一类的数据同质性高；而类间的距离尽量大，即类别间区分程度高。假如需要把数据分为 K 个类别，那么根据以上需求可得目标函数：

$$L = \sum_{i=1}^{k} \sum_{x \in C_i} \| x - \mu_i \|_2^2 \tag{2.18}$$

其中 x 表示样本特征向量，μ_i 代表每个类的所有样本特征的均值向量，我们的目标是最小化上式，但是直接求解十分困难。针对此问题，Kmeans 算法的解决思想采用了期望最大化原理（Expectation-Maximization algorithm，EM）进行迭代，具体步骤如下：

（1）定义 K 的值以及最大迭代次数。

（2）随机选择 K 个样本作为初始质心，可以理解为每个簇（属于同一类的数据集合）的代表。

（3）分别计算其他样本与 K 个样本的距离，将其他样本指派到最近的类别上，形成 K 个簇，可以理解为每个类的集合。

（4）重新计算每个簇的质心。

（5）重复以上两个步骤直到质心不发生变化或者达到最大迭代次数。

初学者可能会困惑为什么应用这个方法能够达到聚类效果。简单地说，质心的选择以及数据点的分配都会影响目标函数，而且这两者可以相互计算而得。固定质心，找到最好的分配方式逼近目标函数；或者固定分配方式，找到最佳的质心逼近目标函数，两者交替进行，最终就能够逐渐达到目标。

另外，在这里有一个关键问题：如何计算样本点之间的距离？其实对于样本点之间的距离，存在非常多的计算方式。下面以二维特征的样本数据为例，介绍几种常见的距离计算方式：

- 欧式距离：$d = \sqrt{(x_1 - x_2)^2 + (y_1 - y_2)^2}$
- 曼哈顿距离：$d = |x_1 - x_2| + |y_1 - y_2|$
- 切比雪夫距离：$d = \max(|x_1 - x_2|, |y_1 - y_2|)$
- 余弦距离：$d = \dfrac{x_1 x_2 + y_1 y_2}{\sqrt{x_1^2 + y_1^2}\sqrt{x_2^2 + y_2^2}}$

需要注意的是，Kmeans 聚类算法中有两个需要初始化的值：类别数量 K 的选择以及初始质心的选择。在对数据有一定认识的基础上，可以优先选择合适的 K。在对数据不甚了解的情况下，利用枚举法多设置几个 K 值分别进行聚类，最后比较聚类效果确定合适的 K。另外，轮廓系数（Silhouette Coefficient）用于评估聚类的效果，结合了聚类的凝聚度（Cohesion）和分离度（Separation），该值越大，表示聚类效果越好。

由于 Kmeans 算法难以保证最后取得的是最优值，初始质心的选择也非常影响聚类效果。按照随机的方式选择质心，算法收敛速度可能会很慢。针对此问题，可以利用优化模型 Kmeans++ 进行质心选择，此策略很直观。

（1）随机选择第一个质心。

（2）分别计算其他样本点与第一个质心的距离。

（3）选择最远距离的点作为第二个质心点。

（4）重复上述两步直到找出 K 个质心点。

通过这种方法我们能够在初始阶段就尽可能地将质心分离开，从而达到类别间差距大的效果。

2.3.2 Kmeans 算法实践

在本小节中，我们应用 scikit-learn 里的 Kmeans 类进行聚类实战。首先，导入必要的库：

```
import matplotlib.pyplot as plt
from sklearn.datasets.samples_generator import
make_blobs
from sklearn.cluster import KMeans
```

并且利用工具初始化样本点，一共有 100 个样本点，3 个簇：

```
X, y_true = make_blobs(n_samples =100, centers =3, cluster_std =0.70, random_state =0)
plt.scatter(X[:, 0], X[:, 1], s =50)
plt.show()
```

样本点如图 2.3 所示。

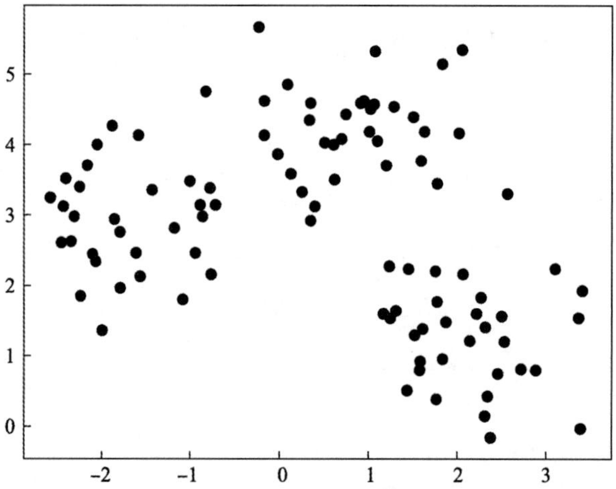

图 2.3　样本点

接下来，导入 Kmeans 类对样本点进行聚类，定义质心有 3 个：

```
kmeans = KMeans(n_clusters =3)
kmeans.fit(X)
y_kmeans =kmeans.predict(X)
```

下一步，显示训练完成后找到的 3 个质心：

```
plt.scatter(X[:, 0], X[:, 1], c =y_kmeans, s =50, cmap ='viridis')
centers =kmeans.cluster_centers_
plt.scatter(centers[:, 0], centers[:, 1], c ='black', s =300, alpha =0.5)
plt.show()
```

图 2.4 为所找到的三个类别的质心，用黑色大圆表示。

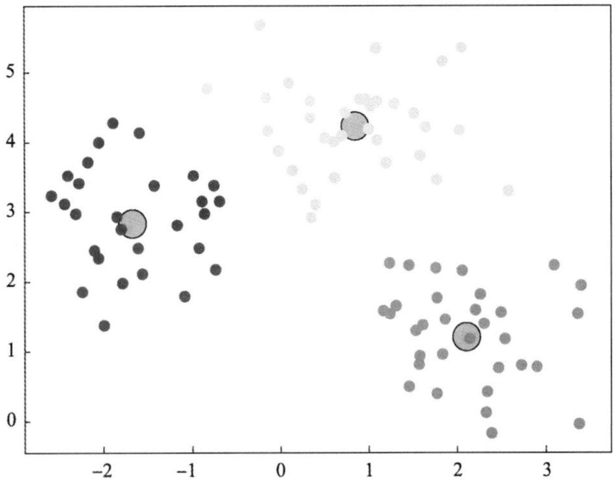

图 2.4　样本点质心

以上过程简单演示了 Kmeans 的聚类过程。在实际场景中，簇的个数无法预知，因此一般需要在对数据理解的基础上根据聚类效果对 *K* 值进行多次调节。

2.3.3　Kmeans 算法的优势与不足

Kmeans 作为简单实用的聚类算法，大至总统选举（根据各个簇不同的选民特征进行拉票），小至用户评论聚类，在很多领域都有应用。另外，Kmeans 的调节参数过程也比较简单，主要为 *K* 值的选择，而且算法的可解释性也较强。

另一方面，Kmeans 方法也有很多显而易见的缺点。首先，在数据比较复杂而且数据量大的时候，*K* 的取值不好把握；其次，基于质心的计算模式，异常数据对算法也有很大影响，因此检测及删除异常点是很重要的预先处理步骤；再者，如果类别数据不平衡也很难达到好的聚类效果，Kmeans 方法不能处理非球形簇、不同尺寸及不同密度的簇。

2.4　决策树

顾名思义，决策树是以一种树形结构来对问题做分层次判断的方式。比如，对于决定“明天是否去旅游”这个问题，首先考虑有无车票，若有票，再看住宿，如果有住宿然后再查天气；如果天气好，那就决定去，如图 2.5 所示。

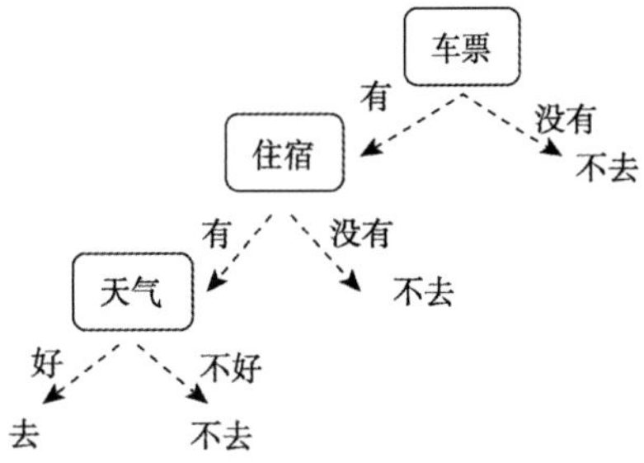

图 2.5　旅游的决策过程

当然，这只是个人的简单决策过程。可能有些人把美食放在第一位，有的人把风景放在第一位，有的人即使天气不好，也会想去。简而言之，决策树按照分而治之的方法，每一次根据某一属性值判断下步要考虑的情况，判断完最后一个属性后进行最终决策。由以上过程我们也可以察觉到，越早考虑的属性对分类结果的影响越大，例如车票是个首要考虑因素，如果没有车票便决定不去旅游，即便有再好的住宿、天气也不行。

2.4.1 决策树的属性划分

由以上旅游的例子可知，对于不同的属性优先的选择，会导致最终决策结果的不同。那么属性孰轻孰重，如何安排考虑的顺序，有什么划分依据吗？一般应用以下三种考虑标准：信息增益（Information Divergence）、增益率（Gain Ratio）以及基尼系数（Gini Index）。

在介绍信息增益之前，首先介绍信息熵（Information Entropy）的概念，它表示了一个样本集合的不确定性程度。假定在一个集合 D 中，第 n 类样本所占的概率为 P_n，那么此集合的信息熵为：

$$E(D) = -\sum_{i=1}^{n} p_i \log_2(p_i) \tag{2.19}$$

当 E 的值越大，此集合的不确定性越大。考虑各个属性进行决策的过程可以看作一个将不确定性不断减小，最终得到一个确定结果的过程。因此，通过比较集合原本的信息熵和考虑某一属性时的信息熵，此间的差值就是因此属性获取的信息增益。假设某一属性有 k 种取值，D_k 表示在集合 D 中相对应取值的子集，那么通过此属性对应的信息增益为：

$$Gain = E(D) - \sum_{i=1}^{k} \frac{|D_k|}{|D|} E(D_k) \tag{2.20}$$

举一个简单的例子，假设观察到一群人，一半人玩游戏 A，另一半人玩游戏 B，判断某个人玩什么游戏，随机猜测正确的概率为一半。现在考虑到性别这个属性，发现当性别为女的时候，大多数人玩游戏 A；当性别为男的时候，大多数人玩游戏 B。因此，我们可以说，如果需要判断某个人玩哪个游戏，性别所带来的信息增益很大，考虑性别因素对于判断决策会有很大帮助，猜对的概率更大。

但在实际应用上，信息增益的计算方式有个缺陷，即对可取值数目较多的属性有偏好。还是以玩游戏为例，这次我们考虑名字这个属性，假设这群人每个人名字都不相同，发现当取值名字 1 时，只有一个对应的人并且这个人玩游戏 A；取值名字 2 时，同样只有一个人并且这个人玩游戏 B……可见，以名字为属性，在各个取值下，样本也是很纯（一个样本当然只对应一个类别），只玩游戏 A 或者游戏 B，按照公式计算出来的信息增益也很大。然而直觉上，我们都知道名字这个属性对判断这个人玩哪类游戏几乎没有任何参考价值。

因此人们又提出了信息增益率，即在信息增益的基础上又约束了属性取值数量的因素以避免上述情况，公式如下：

$$Gain_{ratio} = Gain/\left(-\sum_{i=1}^{k} \frac{|D_k|}{|D|} log_2 \frac{|D_k|}{|D|}\right) \tag{2.21}$$

除了以上两种划分方式，还可以选择基尼指数来进行属性重要性的判断。基尼指数实际上是国际上通用的，用于衡量一个国家或者地区居民收入差距的指标。当贫富差距越大，基尼指数也就越大。换句话说，一个集合里的类别越杂乱，基尼指数就越大。假定在一个

集合 D 中，第 n 类样本所占的概率为 P_n，那么此集合的基尼指数公式如下：

$$Gini(D) = 1 - \sum_{i=1}^{n} p_i^2 \tag{2.22}$$

假设某一属性有 k 种取值，D_k 表示在集合 D 中相对应取值的子集，那么在考虑此属性的情况下，集合的基尼指数为：

$$Gini_{index} = \sum_{i=1}^{k} \frac{|D_k|}{|D|} Gini(D_k) \tag{2.23}$$

在具体实践中，我们可以选择以上某一种判断标准，计算逐个属性的相应值，最终选择合适的属性优先考虑。

在机器学习库 scikit-learn 中，简单调用决策树相关类进行学习器训练及测试的代码如下：

```
from sklearn.tree import
DecisionTreeClassifier
def test_DecisionTree(X_train, X_test, y_train, y_test):
    #初始化模型
    cls =DecisionTreeClassifier(criterion="entropy")
    #模型训练
    cls.fit(X_train, y_train)
    #模型预测
    print('Score: %.2f' % cls.score(X_test, y_test))
```

其中，在定义决策树分类器的时候，可以通过参数 criterion 选择属性优先级的计算方式。

2.4.2　随机森林的基本原理

决策树的生成过程直观易懂，规则性强，但是容易产生过拟合现象。通过剪枝（Pruning）处理可以缓解此类现象，即把相对流程复杂的树修剪成结构更简单的树，实质上是简化模型的手段。另外，通过集成学习的方式也可以减弱过拟合现象。

随机森林，顾名思义，即多棵树的集合，综合多个弱分类器成为一个强分类器。那么，如何从一批数据中产生多棵决策树？随机森林包含两个随机过程：

- 随机从样本集合中取一定数量的样本。
- 从所有属性中随机取一定数量的属性。

重复以上过程多次，我们便可以基于不同的样本以及属性得到多棵决策树形成随机森林，而最终的分类结果可以对多棵树的结果进行投票而得，如图 2.6 所示。

随机森林结合了多棵决策树的决策结果，可以有效地抑制单棵树过拟合的现象，鲁棒性更强。另外，由于树与树之间没有时间上的线性联系，随机森林的训练过程可以并行化，运行速度高。但在一些噪声比较多的训练集上，随机森林也容易产生过拟合现象。

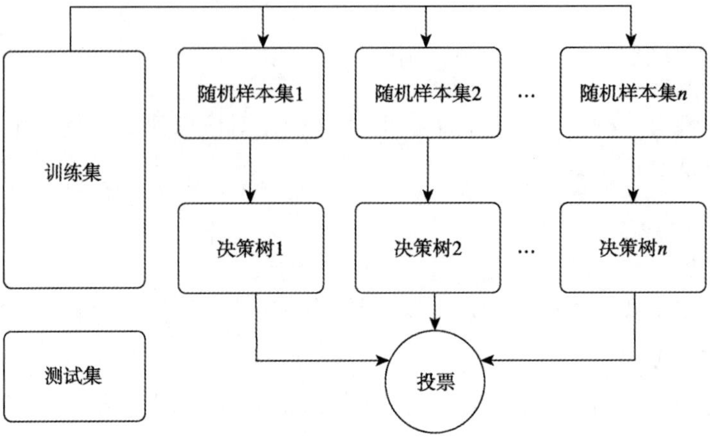

图 2.6　随机森林

2.4.3　随机森林在应用中的注意细节

在这一小节中，我们会基于 scikit-learn 机器学习库中的随机森林类 RandomForestClassifier，讲解一些主要的调节参数以及在应用上的注意事项：

- n_estimators：表示决策树的数据，默认值为 100，此值如果太小，容易欠拟合；太大，可能影响性能。因此，需要根据数据特性选择合适的值。
- criterion：表示的是特征划分标准，一般可以都试试看。
- max_features：表示在随机选择特征的过程中，需要考虑的能够选择的最大特征数，默认值为 $\sqrt{N}$，其中 N 为总特征的数目。另外，如果 N 特别大，也可以直接设置某一确定值来控制决策树的大小。
- max_depth：另外一个影响决策树大小的参数，表示树的最大深度默认不限制深度。但当样本特征很多的时候，可以适当地控制此参数。
- min_samples_split：在子树继续选择特征进行划分的过程中，如果样本量小于此参数设定的值，那么之后不再进行划分。此值的调节也根据样本量以及特征量而定。如果样本量很大，可以适当增大此值。
- min_impurity_split：如果某节点的样本不纯度小于此参数，则此节点也不再进行特征的选择和样本的划分，此参数也用于限制决策树的大小。
- 另外，叶子节点最少样本数 min_samples_leaf，叶子节点最大样本权重 min_weight_fraction_leaf 以及最大叶子节点数 max_leaf_nodes 都用于防止过拟合。

在了解基本的原理以及基础参数之后，真正学习分类器还是要在具体实践过程中才能获得更深刻的理解、特征处理以及模型训练的参数调节经验。

2.5　主成分分析

主成分分析（Principal Components Analysis，PCA），又称为主分量分析，目的在于降低数据维度，是一种应用非常广泛的降维技术。那么对数据进行降维有什么好处？

我们知道，现实中的数据往往维度很高，成百上千甚而更多，且存在不少多余或者说不那么重要的特征，如果将特征进行精炼提取，不仅能够节约存储空间，加快计算进程，还能够在一定程度上达到数据去噪的效果。另外，将数据降维至二维或三维更方便其可视化，也能使人们更直观地理解数据。

2.5.1　梯度上升法解 PCA

假设你是公司的招聘人员，了解公司的一系列情况，比如公司产值、公司福利、公司业务、公司产品、公司工资水平、公司职员人数、职员教育程度等，当求职人员向你咨询公司概况的时候，当然不能把这些数据一股脑儿地全盘介绍，而应当选择几个高度概括的角度，保证简单明了的同时又能覆盖公司的基本概况。

类似地，PCA 便是从数学的角度来做这个高度概括的工作，即用较少的新维度代替原来繁多的维度，并且使这些新维度能够尽量保留原始数据的信息。初学者需要特别注意的一点是，PCA 并不是从原来维度中找出最重要的维度，而是完全用新维度来表征原始数据。

先来看最简单的情况，假设我们有 5 个二维样本点，希望将其降至一维，并且降维后的数据能够尽可能地代表原始数据，如图 2.7 所示。

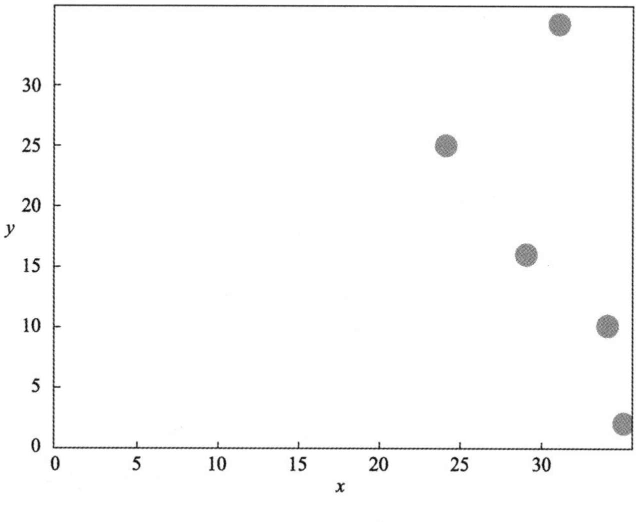

图 2.7　原始样本点分布

现在先不考虑 PCA 方法，观察数据点分别在 x 轴和 y 轴上投影的分布情况，如图 2.8 和图 2.9 所示。

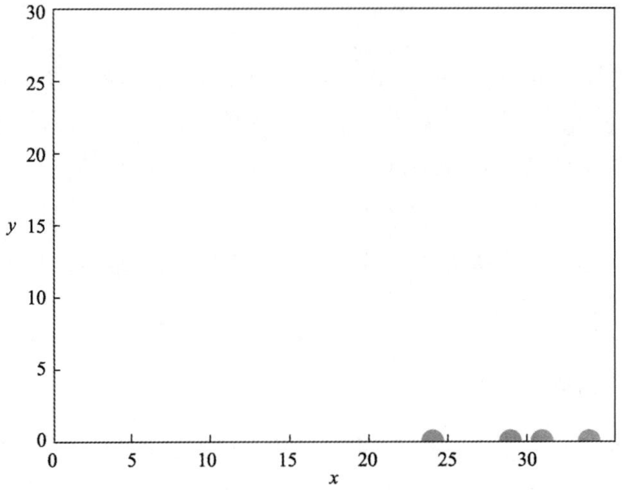

图 2.8　数据点在 x 轴上的投影分布

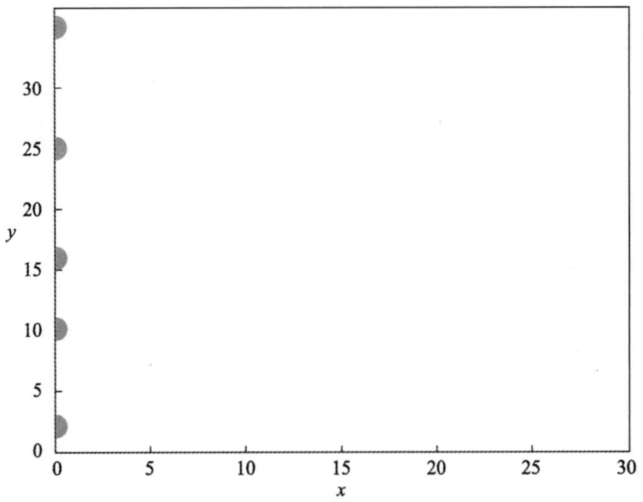

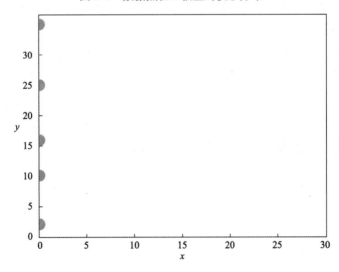

图 2.9　数据点在 y 轴上的投影分布

对比图 2.8 和图 2.9 可知，数据在投影之后在 x 轴上的分布更密集，而在 y 轴上的分布更零散。假如现在需要选择保留其中的一个分布，那么取哪个轴上的分布比较好呢？答案是取 y 轴上的，这是因为数据点之间的距离更大，可区分度越强，越能代表原始数据。设想一种极端情况，数据点在某一维度上的分布全部重叠（也就是说极度密集），全部为一样的值，此维度的特征基本上对于问题的预测没什么用。事实上，我们希望找到一个 z 轴，当数据点投影到此轴上时，分布最散，点之间的距离最大，也就是说方差最大。

假设 X 代表样本空间，m 表示样本量，n 表示样本的初始维度，w 代表参数（为 n 维的向量），$X_{project}$ 代表投影后的数据（这里投影后变成一维数据，代表第一主成分），则 $X_{project}$ 与 X 存在如下关系：

$$X_{project} = Xw \tag{2.24}$$

令投影后的数据均值为 μ，我们的目标是使得投影后数据的方差最大：

$$Var(X_{project}) = \frac{1}{m}\sum_{i=1}^{m}(X^i w - \mu)^2 \tag{2.25}$$

事实上我们可以提前将原数据进行中心化，那么投影后的数据均值也为零，即 $\mu = 0$，那么可得：

$$Var(X_{project}) = \frac{1}{m}\sum_{i=1}^{m}(X^i w)^2 \tag{2.26}$$

将公式（2.26）进一步细化可得：

$$Var(X_{project}) = \frac{1}{m}\sum_{i=1}^{m}\left(\sum_{j=1}^{n} X_j^i w_i\right)^2 \tag{2.27}$$

以上其实是一个目标函数取极大值的问题，可以使用梯度上升法求解参数 w。接下来我们用代码演示以上过程，首先初始化一些二维样本代码如下：

```
import numpy as np
import matplotlib.pyplot as plt
x =np.empty((100,2))
x[:,0] = np.random.uniform(0.,100.,size=100)
x[:,1] = 0.75* x[:,0]+3. +np.random.normal(0,10.,size=100)
plt.scatter(x[:,0],x[:,1])
plt.show()
```

生成的样本如图 2.10 所示。

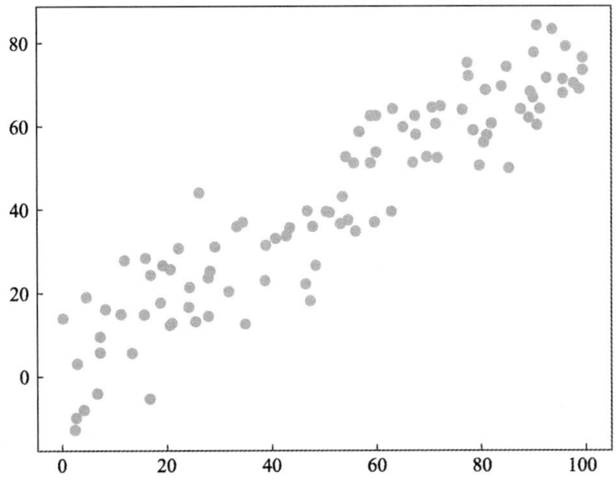

图 2.10　初始数据点

接下来将样本进行中心化，使得均值为零代码如下：

```
def demean(x):
    return x-np.mean(x,axis=0)
x_demean = demean(x)
plt.scatter(x_demean[:,0],x_demean[:,1])
plt.show()
```

均值处理如图 2.11 所示。

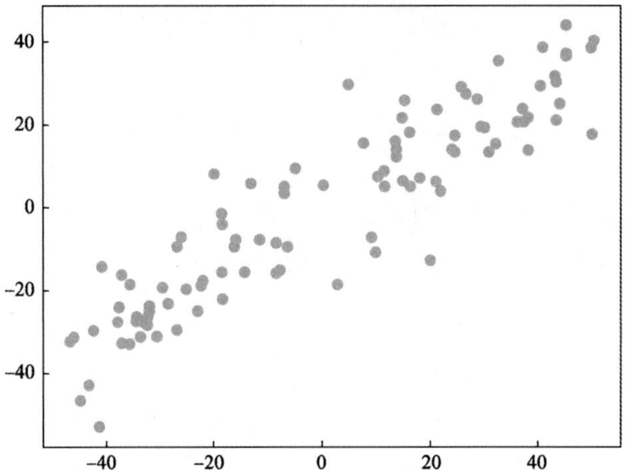

图 2.11　中心化之后的数据点

定义目标函数代码如下：

```
def f(w,x):
  return np.sum((x.dot(w)**2))/len(x)
```

对参数求导代码如下：

```
def df_math(w,x):
    return x.T.dot(x.dot(w))*2./len(x)
```

接下来应用梯度上升法进行求解，函数 direction 是为了将 w 变为单位方向向量。df 为求导后的函数，eta 为学习率，n_ iters 为上升次数，epsilon 为设定的最少下降程度，一旦小于这个值就停止上升。代码如下：

```
def direction(w):
    return w/np.linalg.norm(w)
def gradient_ascent(df,x,initial_w,eta,n_iters=1e4,epsilon=1e-8):
    w = direction(initial_w)
    cur_iter=  0
    while cur_iter < n_iters:
        gradient=df(w,x)
        last_w = w
```

```
        w = w+eta* gradient
        w = direction(w)
        if(abs(f(w,x)-f(last_w,x)) <epsilon):
            break
        cur_iter += 1
    return w
```

随机初始化 initial_ w，注意不能初始化为 0，因为当 $w = 0$ 时，是目标函数的极小值，梯度为 0 代码如下：

```
initial_w =np.random.random(x.shape[1])
eta = 0.001
```

在图像中显示求解得的 w 代码如下：

```
w = gradient_ascent(df_math,x_demean,initial_w,eta)
plt.scatter(x_demean[:,0],x_demean[:,1])
plt.plot([0,w[0]* 30],[0,w[1]* 30],color='r')
plt.show()
```

w 为图 2.12 所示中所示直线的方向。

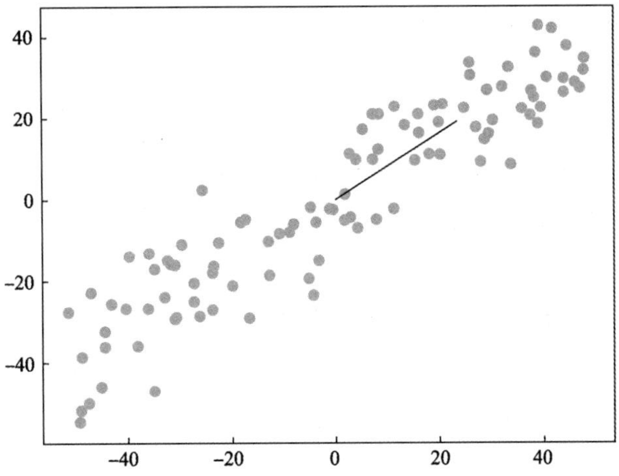

图 2.12　梯度上升法求得的投影轴

2.5.2　协方差矩阵解 PCA

上述的 PCA 过程均是寻找第一主成分，也就是说把原数据降至一维，如果将样本量为 m，初始维度为 n 的数据 X 降至 k 维（$n > k$，也就是前 k 个主成分）的样本 $X_{project}$，那么参数矩阵 W 的大小应当为 $n \times k$，维度变化的表达式如下：

$$m \times n \cdot n \times k = m \times k \tag{2.28}$$

参数矩阵 W 本质上为原数据 X 的协方差矩阵的 k 个特征值所对应的特征向量矩阵。用梯度上升法解以上问题存在一定偏差，因此一般操作中可以直接借助协方差矩阵求解，具体流程如下：

（1）对原数据进行中心化处理。

（2）计算中心化处理之后数据的协方差矩阵。

（3）对协方差矩阵进行特征值分解。

（4）取最大的 k 个特征值对应的特征向量，将其标准化得到特征向量矩阵 W。

（5）利用 W 将原样本转化处理成 k 维数据。

那么，具体如何决定 k 值的大小？如何评判转化后的数据能够在多大程度上代表原数据的信息？从特征值的角度来理解。只要计算前 k 个特征值的和占总特征值之和的比重，便能够代表这 k 个特征对于数据的代表程度。一般情况下我们希望此比重的值在 80% 以上。

PCA 算法的优势是计算方法简单，易于实现，并且计算而得的主成分（或者说特征）之间为正交关系，避免特征间相互影响的情况；另一方面，这些新生成的特征不具备可解释性，含义模糊，很难进行后续的特征处理操作，对于某些需要强解释性的实际问题而言是一个致命缺陷。

2.5.3 实战 PCA

在机器学习库 scikit-learn 中已经封装好了 PCA 方法，直接调用便可以快速实现降维。以下说明几个主要参数：

n_ components：可以为 int、float、None 或 string，即主成分数，也就是降维后的特征数；如果赋值为 string，如 n_ components = ‘mle’，将自动选取特征个数，使得满足所要求的特征贡献百分比；如果没有赋值，默认为 None，特征个数不会改变。

copy：取值为 True 或 False，默认为 True，即是否需要将原始训练数据复制一份。若为 True，PCA 算法在原始数据的副本上进行；若为 False，算法直接在原始数据上进行降维计算。

whiten：取值为 True 或 False，默认为 False，即是否白化，即对每个特征进行归一化，使得每个特征具有相同的方差 1。

接下来我们应用一个实例来实现 PCA 算法过程。首先导入一些必要的包：

```
import numpy as np
np.seterr(divide='ignore',invalid='ignore')
import matplotlib.pyplot as plt
from mpl_toolkits.mplot3d import Axes3D
from sklearn.datasets.samples_generator import make_blobs
```

生成一些三维数据并可视化，其中 X 为样本特征，Y 为样本簇类别，共 1000 个样本，每个样本 3 个特征，共 4 个簇：

```
X, y = make_blobs(n_samples=1000, n_features=3, centers=[[3,3, 3], [1,1,1],
[2,2,2],[0,0,0] ], cluster_std=[0.2, 0.5, 0.2, 0.3], random_state=8)
fig =plt.figure()
ax = Axes3D(fig, rect=[0, 0, 1, 1], elev=35, azim=25)
plt.scatter(X[:, 0], X[:, 1], X[:, 2])
plt.show()
```

原样本数据如图 2.13 所示。

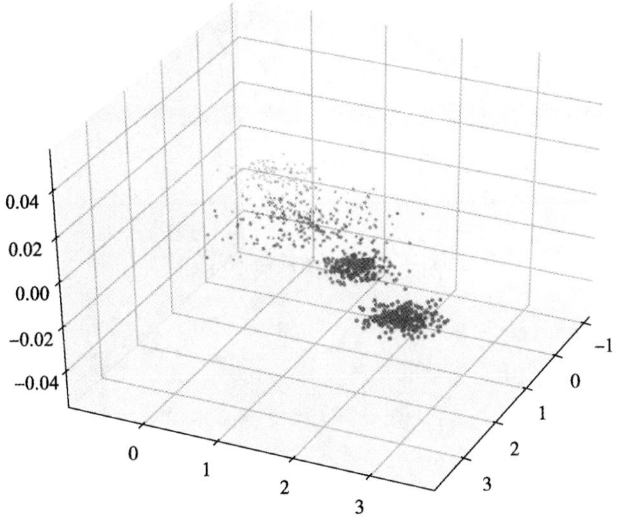

图 2.13　原数据分布

接下来将数据降至二维，并观察前二个维度所对应的方差比重：

```
pca = PCA(n_components=2)
pca.fit(X)
print(pca.explained_variance_ratio_)# 输出为[0.94883173 0.0265878 ]
```

查看转化后的数据：

```
X_new =pca.transform(X)
plt.scatter(X_new[:, 0], X_new[:, 1])
plt.show()
```

降维后的数据如图 2.14 所示。

对比图 2.13 以及图 2.14，前者中各个簇间的区分不明显，而后者中很明显能看到 4 个类别的数据，因此降维后的数据更能体现簇的个数，或者说更能够对数据进行区分。

当然，我们也可以通过指定主成分的方差和所占的最小比例阈值，让程序根据样本特征方差自动决定降到几维：

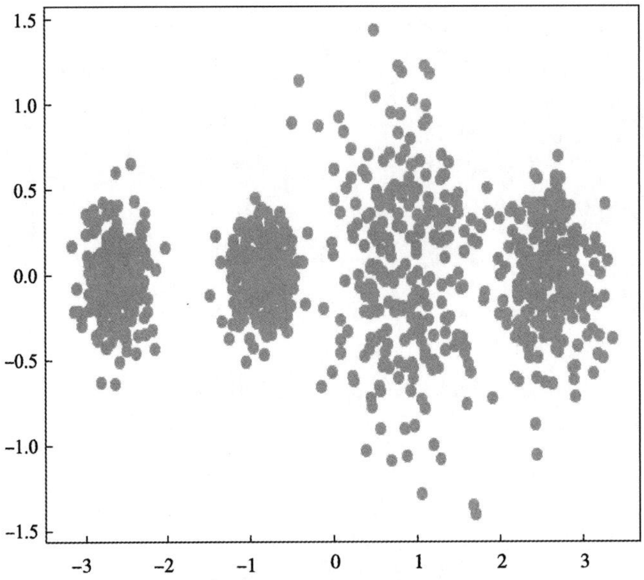

图 2.14　降维后数据分布

```
pca = PCA(n_components=0.90)
pca.fit(X)
print(pca.explained_variance_ratio_)# 输出为[0.94883173]
print(pca.n_components_)# 输出为 1
X_new =pca.transform(X)
```

由 pca.explained_ variance_ ratio_ 的输出值可见，第一主成分的方差所对应的比重已达到 90% 以上，因此程序自动选择将数据降至一维。

本章小结

虽然如今深度学习在很多领域都取得了突破性进展，超越了传统机器学习的效果，但后者仍然不会被抛弃，这是因为传统机器学习方法也有许多深度学习难以比拟的优点。

在数据量不足的情况下，深度学习便显得心有余而力不足。而在许多实际场景中，缺少系统的数据收集方式、打标签太费时费力等原因，导致此现象非常普遍，因此传统机器学习以其所需样本量相对少的优势还是占据了一席之地。

其实就目前而言，很大一部分人工智能应用并非我们在电影中所见的高大上场景，诸如谷歌开发的棋手 AlphaGo、动作敏捷的机器人 Atlas，已经代表了目前全球范围内的顶尖水平，而更多的实用场景比较普通简单，因此应用传统机器学习的方法也能取得一定的效果。在数据量少而且任务简单的情况下，使用复杂的神经网络结构反而很容易在建模中产生适用能力弱的现象。

深度学习的另一大缺点是可解释性较弱，当面对一个不好的训练结果时，很难解释这是什么原因造成的，如何针对性地进行解决，因此深度学习中的模型设计以及调节参数很多时候带有盲目试错以及碰运气的成分。而大部分经典的机器学习模型基于明确的数学理论，可解释性强，可以根据数据特性、具体任务、训练结果等进行模型的重建以及参数调节。

综合而言，传统的机器学习方法在很多场景下值得一试，并且也是任何一个算法岗位所必需的技能。由于本书的核心不是机器学习，本章主要介绍了几种原理偏简单但是常用的学习器，还有诸如支持向量机（Support Vector Machine）、梯度增强算法（Gradient Boosting）等更复杂一些的算法。感兴趣的读者可以通过阅读专业讲解机器学习的书籍获得更深入的理解。

思考题

1. 逻辑回归应用于何种问题？
2. 逻辑回归有什么优缺点？
3. 朴素贝叶斯中的“朴素”指什么？
4. Kmeans 的一般步骤是什么？
5. 对于 Kmeans 中质心的选择有什么改进方案？
6. 决策树有哪些选择特征的方法？
7. 什么是随机森林？
8. 还有哪些经典的机器学习算法？

第 3 章

自然语言处理与神经网络

2016 年初，DeepMind 研发的以神经网络技术为基础的围棋程序 AlphaGo 战胜了世界围棋冠军李世石，引起了全世界的广泛关注。围棋棋盘上有 19 × 19 = 361 个交叉点，每一步都可能影响之后的几百步，很难从当前棋子的分布判断局势，与象棋、国际象棋相比要复杂得多，一个人类棋手需要十几年的刻苦训练以及具备极高悟性才能达到一定水平。

那么，深度学习究竟有着什么样的魔力，能够让 AlphaGo 在短时间内在如此复杂的棋类游戏上达到世界顶尖水平？本章将为大家揭开深度学习的神秘面纱，读者将有以下收获：

- 熟悉神经网络的基本结构
- 对常见的神经网络结构具备基本认识
- 了解一些常见的训练过程中的优化方案

3.1 神经网络初探

人类虽然拥有智慧，但对智慧是如何产生的却不得而知，对于大脑结构的模仿或许是一个探索的起点，神经网络的起点就在这里。准确地说，本章所述的神经网络其实是人工神经网络，仅仅是模仿了人脑神经网络的部分结构特征与机制。在本小节，我们来对人类所设计的神经网络一探究竟。

3.1.1 神经元结构

人类神经系统的基本单元是神经元，约有 1000 亿个，是一种高度分化的细胞。神经元能够接受、整合、传导和输出信息，实现信息的传递、重组以及交换。正是基于此，人类大脑能够作出极其复杂的决策。人脑的神经元大体结构如图 3.1 所示。

胞体以及树突上的受体用于接收信息，当信息达到特定阈值后产生动作电位并且由轴突传递给另外的神经元。由于有多个轴突末梢，因此信息可以传递给多个神经元；反之，同一个神经元也可以接收来自多个神经元的信息。要注意这里有两个关键点：特定阈值，神经元之间多对多的关系。人们便是基于此设计了人工神经元的结构，其数学表达式如下：

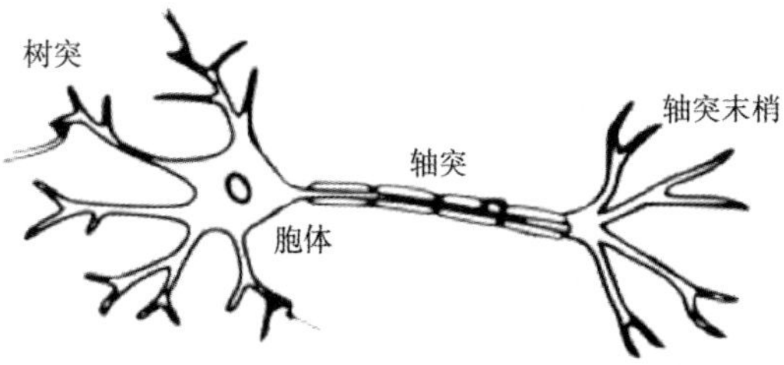

图 3.1　神经元结构

$$f(b + \sum_{i=1}^{n} x_i w_i) \tag{3.1}$$

其中，n 表示有 n 个 x 的输入，w 表示与输入进行线性运算的参数，b 为偏移量，f 表示非线性变化（也叫作激活函数），这便是一个人工设计的神经元基本结构。

对照真实的神经元，x 表示由其他神经元传递过来的信息，w 及 b 的运算表示树突接收信息之后进行的转化处理，求和并且加入非线性变化便是胞体中对信息进行整合及设置阈值的功能。人类神经元的形态以及功能多种多样。相应地，在人工神经结构中，不同的 w、b 以及 f 组合，便构成了处理不同信息的神经元。神经网络则是多个不同神经元的组合结果，而当神经元的传递超过一级的时候，神经网络结构在深度上进行延展，称为深度神经网络，学习过程则称为深度学习。

3.1.2　常见的激活函数

在日常生活中，可以观察到，每个人对疼痛的敏感程度不一样，比如有的人稍微刺一下就很痛，有的人要用力才会痛。也就是说，对于疼痛的传递，需要超过一定的阈值才能传导到人类的感觉层面，并且由于每个人阈值的不同导致了对于同一刺激产生不同反应。另外，还观察到一个现象，疼痛的感觉并不和刺激呈线性关系，有可能一开始随着刺激增加疼痛感也会增加，也可能疼到一定程度后就麻木了。

如此可见，在真实世界中，输入（疼痛的刺激）与输出（疼痛的感觉）并不是呈简单的线性关系，往往用非线性关系来描述更确切。如何使得两者之间呈非线性关系？这便是在上一节中所提到的非线性函数或者说激活函数的作用了。从“激活”本身的语义出发，激活函数可通俗地理解为，定义在某些特定刺激条件下产生特定活动的函数。接下来总结几种在神经网络结构中常见的激活函数。在上一章逻辑回归中提到的 Sigmoid 就是一种常用的激活函数，数学表达式如下：

$$\text{sigmoid}(x) = \frac{1}{1 + e^{-x}} \tag{3.2}$$

Sigmoid 对应的图形如图 3.2 所示。

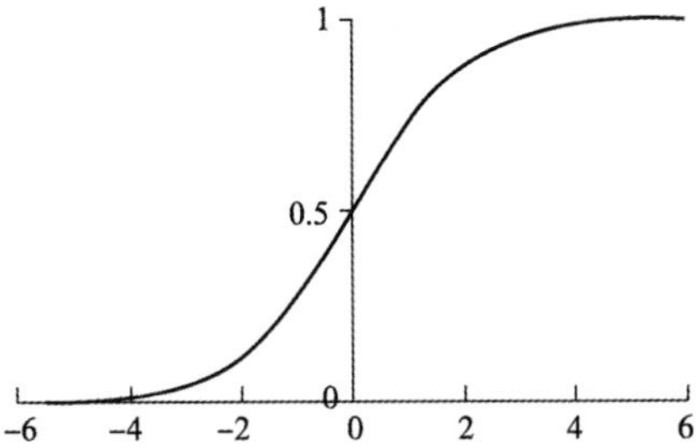

图 3.2　Sigmoid 函数

由图 3.2 可知，Sigmoid 能够把输入映射到 0 和 1 之间，此时的神经元其实就是一个简单的逻辑回归结构。当有多个神经元时，便是多个逻辑回归结构的组合，因此拟合数据的能力更强。同时，由图 3.2 中也可以观察到在函数的两端，输出的变化随着输入的变化很小。换句话说，当输入的绝对值较大的时候，此神经元对变化不再敏感。

另一个比较常见的激活函数为 Tanh 函数，数学表达式如下：

$$\tanh(x) = \frac{e^x - e^{-x}}{e^x + e^{-x}} \tag{3.3}$$

Tanh 对应的图形如图 3.3 所示。

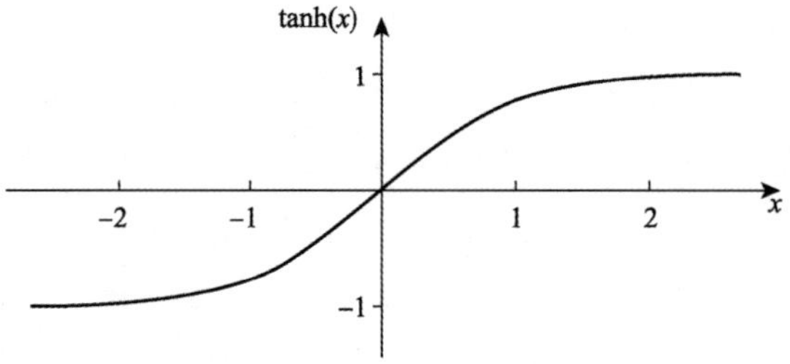

图 3.3　Tanh 函数图形

由图 3.3 可知，它能够把输入映射到 -1 和 1 之间，并且以 0 为中心对称，但同时也存在着与 Sigmoid 函数类似的对两端值不敏感的问题。

还有一种非常简单的激活函数叫作 Relu，数学表达式如下：

$$f(x) = \begin{cases} x, & x \geq 0 \\ 0, & x < 0 \end{cases} \tag{3.4}$$

这种单边的输出特性和生物学意义上的神经元阈值机制十分相像，当输入小于 0 时，输出为 0；当输入大于等于 0 时，输出保持不变。也就是说，当输入小于 0 时，此神经元是不产生任何作用处于失活状态的，这也和人脑的工作机制类似。早在 2001 年，Attwell 等人在基于大脑能量的研究上，推测在一般情况下，大脑中大部分神经元是处于失活状态的，也就是说只有少部分神经元处理特定任务，比如人在说话时只有一部分与语言相关的大脑区域处于激活状态。另外，它也不存在诸如 Sigmoid 函数和 Tanh 函数的两端不敏感问题，因此应用也比较广泛。

除了以上所述的几种激活函数，还有 leaky Relu，exponential linear units 等激活函数。各种激活函数有其各自的优缺点，在不同的数据集上表现也会有差异，因此在训练模型的过程中，激活函数的选择也是需要调节的重要参数。

3.1.3　误差反向传播算法

前几个小节介绍了神经元的基本结构以及不同种类的激活函数，而根据万能近似定理（Universal approximation theorem），理论上通过神经元的组合可以拟合出任何函数，也就是说利用神经网络理论上可以建模任何难题。这个理论令人振奋，但是设计好网络结构之后，接下来的问题便是，如何确定这些神经元的参数？

深度学习的基本思想是，一开始根据一定方式随机初始化参数，接着给神经网络准备大量带标签数据，也就是给它一个输入，比较经神经网络计算后的输出与真实输出之间的差别，再利用这个差别去更新网络的参数。那么，这关键的最后一步具体如何操作呢？这就引出了这一小节的主题：误差反向传播算法（Back Propagation，BP）。

BP 算法包含两个过程：初始化参数后将训练数据代入，逐步计算，得到最终结果后计算其与真实标签间的差别；以梯度下降法为基础，用反向传播的方式对参数进行更新。反复这两个过程直到模型的拟合能力达到一定程度或者达到最大迭大次数为止。输入输出过程的表达式如下：

$$x_n \rightarrow network(\theta) \rightarrow y_n \overset{C_n}{\leftrightarrow} y'_n \tag{3.5}$$

其中，x_n 表示某一训练数据，$network(\theta)$ 代表神经网络结构，θ 为所有参数的集合，y_n 表示运算结果，而 y'_n 表示真实结果，所以 C_n 表示两者间的误差。那么这个 C_n 是如何衡量的呢？这就涉及损失函数（Loss Function），用于估量两者不一致的程度，对于不同的任务可以设定不同形式，比如对于数值预测问题可以应用均方误差函数，对于分类问题可以应用对数似然损失函数。

假设现在，输入一个样本，便对某一参数 w 进行更新，设置好学习率 α 后，只需求解网络结构对于参数的导数更新 w 至 w'：

$$w' = w - \alpha \frac{\partial C_n(\theta)}{\partial w} \tag{3.6}$$

如何计算公式（3.6）取决于公式（3.5）中的 network 是何种结构。现假设 network 的结构为：x_n 经由一层线性变换 z 以及激活函数 σ 即求得最终结果。那么对于线性变换里的某一参数 w，根据链性求导法则，可得：

$$\frac{\partial C_n(\theta)}{\partial w} = \frac{\partial C_n(\theta)}{\partial \sigma} \frac{\partial \sigma}{\partial z} \frac{\partial z}{\partial w} \tag{3.7}$$

假如公式（3.5）中的 network 变得更复杂一些，x_n 结由一层非线性变换 z 以及激活函数 σ 之后，又经历了第二层线性变换 z' 以及激活函数 σ' 后才得到最终计算结果。那么如果要求解第一层线性变换中的参数 w，我们同样可以根据链式求导法则推导出计算表达式再求导。如公式（3.8）所示，对第一层参数 w 的直接求导：

$$\frac{\partial C_n(\theta)}{\partial w} = \frac{\partial C_n(\theta)}{\partial \sigma'} \frac{\partial \sigma'}{\partial z'} \frac{\partial z'}{\partial \sigma} \frac{\partial \sigma}{\partial z} \frac{\partial z}{\partial w} \tag{3.8}$$

然而，真正的神经网络结构十分复杂，同一层便有成百上千的参数，再经历多层的运算，对每层参数依次进行求导存在许多重复运算，如何有效地利用这些重复操作呢？

现在考虑这样一个事实：样本经由一系列的参数运算之后得到了最终的结果，那么越是后面用到的参数，与最后结果的关系越是简单；反之，越早用到的参数就越复杂。原因在于越早的参数要经由越多的运算才能抵达最终结果，在求导过程中也就有越多的依赖关系。那么，可以通过从后往前的顺序求导各层参数的方法来解决此问题。比如在上面的例子中，先求导第二层也就是最后一层的参数，这里只有一层的计算量。接着，再依赖第二层的求导结果求导第一层的参数，也只有一层的计算量。

这样一来，从后往前对参数进行求导，每次依赖之前的求导结果，计算就简单了，所以说 BP 算法中的“反向”二字便是其精髓所在。从算法思想层面来看，反向传播与动态规划存在相似之处，当前的运算基于之前的运算结果，减少计算的冗余重复。

3.2 常见的神经网络结构

本小节主要介绍最常见的几大神经网络结构，多层感知机、循环神经网络结构以及卷积神经网络结构，很多看似复杂的神经网络本质上均是基于这些基本结构，因此这是入门深度学习的必备知识。除了认识这三者的基本原理，还需要对神经网络的优势与不足做一个基本了解，以便更好地统筹神经网络的应用。

3.2.1 多层感知机

在理解多层感知机（Multi-Layer Perception，MLP）之前，我们先简要地介绍深度学习的起源算法——感知机（Perceptron）。事实上，多个感知机相连便成了深层次的感知机。感知机接受多个输入并且只有一个输出，模拟的便是人类神经元的基本结构。感知机的基本结构（还可以在纵向上进行扩充）如图 3.4 所示。

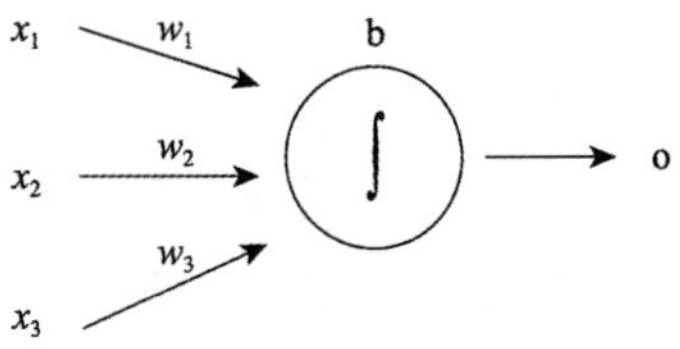

图 3.4 感知机

假设 x_i 为输入，o 为输出，w_i 以及 b 为参数，那么从输入到输出经历了什么样的历程呢？首先对输入进行线性运算：

$$z = \sum_{i=1}^{n} w_i x_i + b \tag{3.9}$$

接下来对线性运算结果 z 进行 sign（符号函数）非线性运算得到最终结果 o：

$$o = \text{sign}(z) = \begin{cases} -1 & z < 0 \\ 1 & z > 0 \end{cases} \tag{3.10}$$

这就是感知机的基本原理，非常简单，可应用于二分类，但是对复杂一点的问题就无能为力了，因此应用场景十分有限。而多层感知机又可称为深度神经网络（Deep Neural Network，DNN），是感知机的扩充结构，由输入层、隐含层（可以有多层）以及输出层构成，每一层之间都是全连接关系，如图 3.5 所示。

比较图 3.4 以及图 3.5，可以发现，MLP 在横向上进行了扩充，具备多层，因此能够进行更加复杂的运算，增强了模型的表达能力；而且模型的输出也能有多个，可以针对多分类问题；另外，感知机所应用的非线性函数（或者说激活函数）是简单的 sign，处理过程过于粗暴，输出形式过于简单，而 MLP 结构可以应用 Sigmoid、Softmax、Tanh 以及 Relu 等，而且在不同地方分情况应用，拟合能力进一步增强。

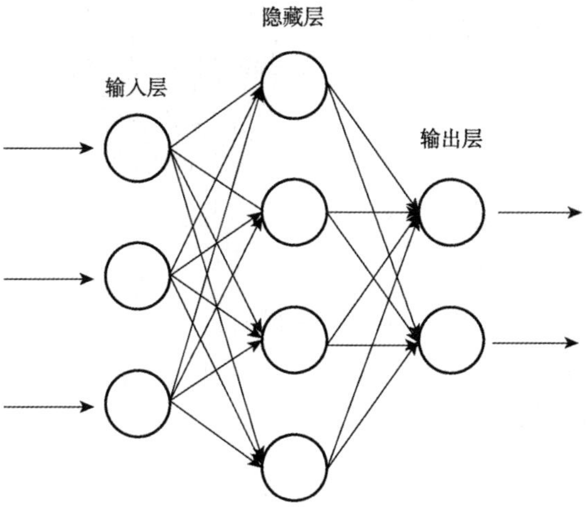

图 3.5　多层感知机

我们可以简单地理解为：感知机就像是人脑中单层神经元，信息处理方式简单，只能解决一些异常简单的问题，而 MLP 则是由众多的神经元构成的巨大网络，便能够协同运作，对信息进行复杂的加工以处理更有难度的问题。

其实 MLP 在 20 世纪 80 年代就相当流行，但是由于环境限制效果不如支持向量机（SVM）。如今随着数据量的增多、计算力的增强，MLP 的结构能够设计得更加复杂，因此又在深度学习的浪潮下强势回归，一般在具体应用中与其他神经网络结构结合使用。

3.2.2　循环神经网络的基本原理

循环神经网络（Recurrent Neural Network，RNN）是一种非常重要的深度学习算法，输入数据的形式为序列，比如一段文字、一段语音等，并且在序列的演进方向上进行递归运算，与人类阅读一段文本或者表达一段话语等过程十分类似，因而在许多自然语言处理任务上有着举足轻重的地位。

循环神经网络是一个有向循环的过程，“有向”是朝着序列方依次输入各序列成分以及上一步的输出成分，“循环”是每个序列成分进行运算的参数是一致的，其基本结构如图 3.6 所示。

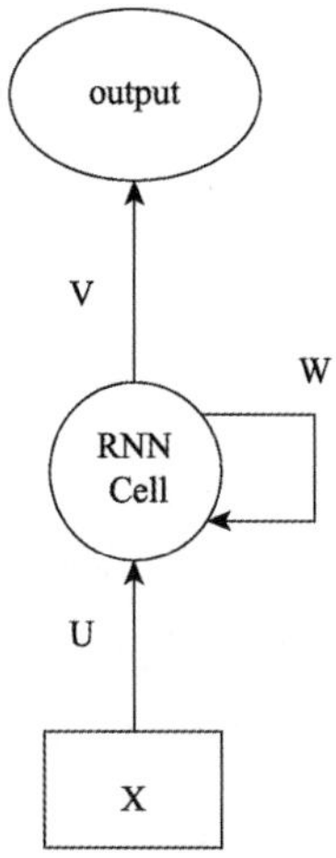

图 3.6　RNN 结构

其中 x 表示每一步的输入，output 为每一步的输出，U、V、W 表示相关参数，RNN Cell 表示一次运算过程，序列有多长就有多少个 RNN Cell。假设序列长度为 t，θ 代表所有参数，每一步的输出为 o，则有如下表达式：

$$o_t = f(o_{t-1}, x_t, \theta) \tag{3.11}$$

其中的 f 表示激活函数，常见的有 Sigmoid 函数和 Tanh 函数。由公式（3.11）可知，循环神经网络每一步的输出都包含了前面步骤的信息，因此具备记忆功能，而记忆功能是解读语境的关键。比如，对于“小梅很喜欢吃橘子，她不喜欢吃苹果”这句话，如果逐词输入分析但是缺少记忆性，我们只能解析出一个个独立词所表达的意思；反之，在具备记忆的情况下，当看到橘子时，可知其不仅仅指“水果的概念”，而是“一个人喜欢的食物对象”。因此循环神经网络很适合处理序列间存在联系的场景。

图 3.6 展示了一个基本简单的循环神经网络，实际上根据需求可以在此基础上有所改进。首先可以将单向序列行进的网络改为双向循环神经网络，因为很多时候，对于一个序列，元素之间的影响可以是双向的，即从前往后以及从后往前。还是以“小梅很喜欢吃橘子，她不喜欢吃苹果”为例，如果从后往前看，先看过“她不喜欢吃苹果”，再看到“橘子”，也能大概知道“橘子”可能和“一个人的喜好”相关。所以，双向循环神经网络能够提供更多的信息。

另外，从纵向来看神经网络的结构，在图 3.6 中，经过 RNN Cell 处理过后，只经历了一次运算便得到了输出。如果通过多层处理之后再输出结果，可以获取更深层次的信息，就好比对于一个单词的记忆，有浅层记忆加工（比如依靠重复阅读记忆单词），也有深层记忆加工（比如结合生活中的实际用法场景记忆单词），后者的记忆更持久更深刻。

还有一个思路是从 RNN Cell 本身的结构入手，常见的变种有 LSTM（Long Short-Term Memory）和 GRU（Gated Recurrent Unit）。LSTM 的主要思想是通过对信息的传递进行输入输出以及遗忘程度的控制，目的是过滤掉一些无用信息，保持一种与最后的任务相关性最强的最佳记忆状态。GRU 也是基于类似的机制，但是结构上更加简洁，模型复杂度更低，在很多时候能够减弱过拟合。

3.2.3 卷积神经网络的基本原理

卷积神经网络（Convolutional Neural Networks，CNN）是深度学习的另一大经典算法，主要构成为卷积层（Convolutional Layer）和池化层（Pooling Layer）。CNN 的思想来源于人类的视觉处理中分步逐层抽象的机制。也就是说，人眼在“看到”画面时，大脑中一些初级神经元细胞首先处理一些线条类的基本特征，然后把这些基本信息传递给处理基本图形的、更复杂一些的神经元。越往后传递，能够解析出来的特征越高级、越抽象。最终大脑才能理解所呈现的画面。

其实早在 1988 年，贝尔实验室的 Yann LeCun 就提出了卷积网络技术并用于提高手写数字的识别。而真正让此技术引起世人关注的是在 2012 年的 ILSVRC 挑战赛（ImageNet Large-Scale Visual Recognition Challenge）上，Alex Krizhevsky 等人基于此技术提出的 AlexNet 模型以极大优势获得大赛冠军。AlexNet 模型如图 3.7 所示。

由图 3.7 可知，AlexNet 包含 5 层卷积层，3 层池化层以及 3 层全连接层，并且应用 Relu 作为激活函数以及 Dropout 技术（随机忽略一部分神经元）用于避免过拟合。下面简单介绍卷积过程以及池化过程。

图 3.8 简单展示了卷积层中的操作原理。

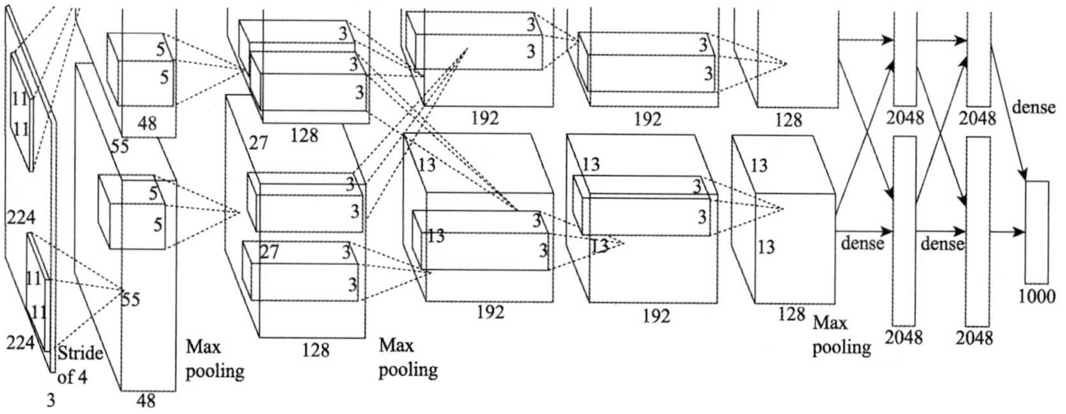

图 3.7　AlexNet 模型

（图片出自论文 ImageNet Classification with Deep Convolutional Neural Networks）

其中第一个方框为原始数据，5×5 大小的 image，第二个方框为参数，也称为卷积核（filter），第三个方框代表最终的处理结果，为 2×2 大小的图像特征（feature map）。那如何进行运算？方法很简单，把参数贴合到原始数据上，并且以一定步长（此处步长为 2）向右以及向下运动，每贴合一次，便与相应的元素相乘并累加求合便得到最后 feature map 中的数据。当卷积核里的参数变化时，最终的结果也相应地发生变化。因此，使用多种卷积核便可以对同一数据进行不一样的特征提取处理。

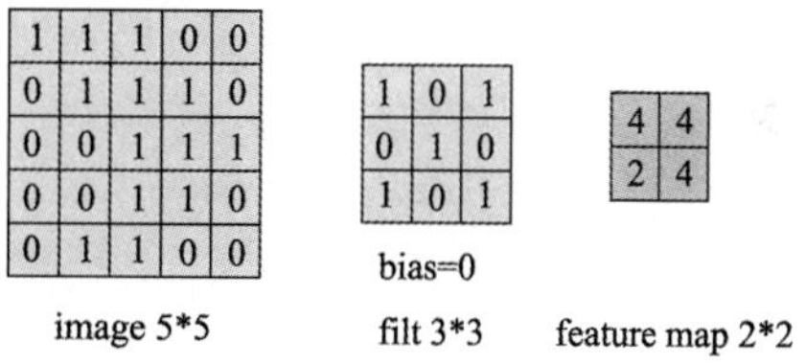

图 3.8　卷积过程

图 3.9 简单展示了池化层中的操作原理。

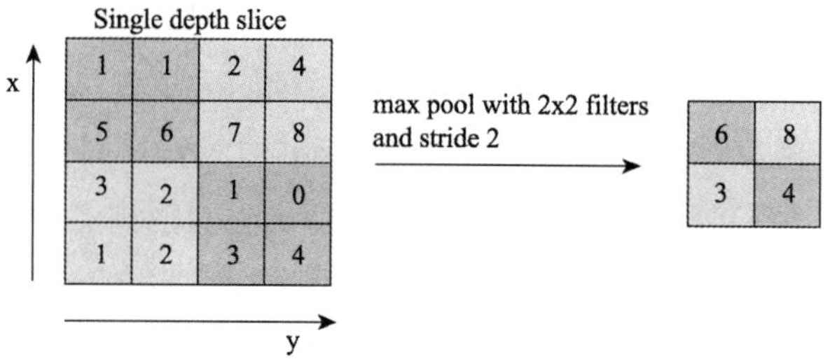

图 3.9　池化过程

观察图 3.9 中左右侧的变化，可知原图中的元素以 2×2 个小格子为单位，只保留单位中最大的元素值，比如最左上方的 4 个小格子中的最大值为 6，而最右下方 4 个格子的最大值为 4。当然，此处也可以变换单位的大小以及步长，从而得到不一样的池化结果。

卷积过程尝试从不同角度提取特征并且逐级往上多次卷积，类似于人脑中不同分工的视觉细胞以及之间的信息层级传递，而池化过程适当地减少了数据量，过滤掉了一些不那么重要的信息如同当一张照片的像素降低时，我们还是可以进行辨认。

综合以上描述，似乎卷积神经网络是专为图像处理而生，那么在自然语言处理任务上是否也适用？答案是肯定的。对于文本而言，由笔画组成字，再由字组成词，词又组成短语，继而构成句子。这个过程与图像类似，文本也是由层层特征自下而上，最终构成较为抽象的语义层，因此也适合利用卷积的模式逐层提取及加工特征。另外，池化层也可以过滤掉文本中一些与任务无关的信息，可减弱过拟合。事实上，卷积神经网络在文本上的应用并不亚于循环神经网络，当然，有时候研究者们也会综合两种网络尝试从不同方面提取更多信息。

3.2.4 神经网络的优势与不足

以上两小节中简单介绍了神经网络结构中的多层感知机、循环神经网络以及卷积神经网络三种基本模型，这三大类模型及其变种在人工智能应用上十分广泛，在很多任务上取代了传统的机器学习方法。

相比于传统的机器学习方法，基于神经网络结构的深度学习的最大优势便是对于特征的自主学习以及强大的拟合能力。我们知道，在传统的机器学习中，特征工程至关重要，但是如何提取以及表示有用特征，往往是一大艰巨任务。比如在文本处理中，哪些词汇是无用的，哪些词汇之间有相关性，哪些词汇比较重要，以及如何表征词汇才能不丢失语义信息，这些都是很棘手的问题。深度学习利用带标签的大数据自主地学习特征，并且还能在一定深度上进行多层次分析，对特征进行加工以及挖掘隐性特征，因此能够提取更丰富的数据信息。

虽然丰富的数据以及强大的计算机算力使得深度学习大热，并且渗透到了各行各业，但从目前的发展情况来看，深层神经网络结构也存在一些致命问题。一是，虽然模型变得复杂可以适当提高拟合，然而随着隐藏的增加以及参数的增长，非凸优化的目标函数愈加高阶复杂，局部最小值急速增多，导致深度学习找到的一般都是局部最优解。二是随着层数的增加也会产生网络的前面几层梯度消失的问题，学名为 Gradient Vanish，导致模型的前面几层学习能力很弱。三则是另一个普遍的问题：过拟合，几乎所有稍微复杂一点的神经网络结构都存在此问题，虽然复杂的结构以及众多的参数使得模型在训练数据集上表现优秀，但是一到测试集上的表现就可能一落千丈。这就相当于一个学生在平时模拟考试的时候成绩优秀，一到大考就表现不佳。

过拟合产生的本质原因在于训练数据与真实数据的不对等（或者说学生平时学习的内容覆盖不全），导致模型把一些训练集本身具备的特别特征误当作普遍特征，如图 3.10 所示，只有中间的拟合情况才是较好的。

以上所述的三类问题普遍存在，而且三者往往共同作用导致模型效果不佳。首先，因为 Gradient Vanish 的存在，初始层的参数得不到很好的训练，因此未能提取到有效特征，使得居后的网络层面对的几乎是原始数据，直接拟合的结果便是很容易陷入局部最小值并且过拟合。这就类似于在生活中，光从表象比如外貌、穿着打扮等试图了解一个人，但不去进一步分析其内在，比如性格、三观等更加本质的特征，那么这种认知方法是比较肤浅局部而且不具备迁移性的。

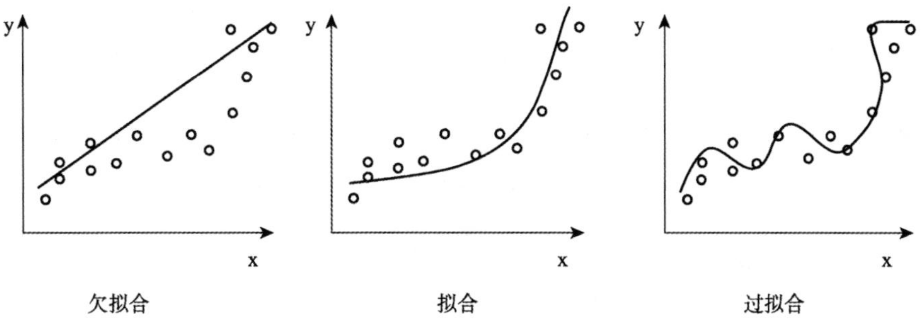

图 3.10　拟合情况

3.3　神经网络算法的改进与提升

虽然神经网络结构起初是模拟人类大脑结构而生，利用数学模型来模仿神经元之间的信息传递，有很坚实的生理学意义，在实际应用中却体现出了与人脑的诸多不同。比如，人类大脑并不需要大数据，能够通过几个简单例子举一反三。而神经网络结构恰恰相反，而是举三反一，准确地说，是举千举万才反一。

因此，神经网络结构的改进与提升需要针对特定的任务、特定的问题，而不是一味地模仿大脑结构，其实由于后者的高度复杂性，实际上也未必能够真正模仿。本小节将从模型结构、训练模型等方面出发，总结常见的用于提升人工神经网络性能的方法。

3.3.1　防止过拟合的方法

在训练神经网络的时候，研究者们常常要与过拟合作斗争。那么有哪些有效的斗争法宝呢？这里为大家介绍几种常见的减弱过拟合的方式。

鉴于上文所述，过拟合本质根源是训练数据与真实数据的不对等，那么一个最直观也是最有效的方式便是数据增强，包括增大训练数据量以及提高数据质量，减弱不对等性。但是如何收集、清洗、整理得到质量上乘的训练数据也是一个很难的任务。

比如闲聊系统中所需要的对话数据集，原始噪声往往很大，人工筛选费时费力，而且带有与数据来源相关的特性，社交网络上的对话风格往往不同于不常上网的人群，网上的对话数据大部分是年轻人的语言，数据搜集难以兼顾到日常生活中的各类人群以及各个场景，也就是说难以表现真实生活中人类的全部日常对话风格。当然，也存在人工增加数据的方法，在图像以及语音领域十分常用，比如对图像进行旋转缩放等操作，对语音数据加入噪声、进行加减速等操作，这些方法都可以人工生成更多的数据。

另一种常见的方法是对参数进行正则化（Regularization），也就是在目标函数上加入参数相关项以限制参数，常见的有 L1 正则化以及 L2 正则化。L1 正则化能够使参数变得稀疏，相当于降低了模型的复杂程度；L2 正则化能够使参数变小，避免个别参数过大引起的震荡性，使模型更加稳定。

此外，模型过于复杂也会引起过拟合，可以适当减小模型规模，如减少神经元/层的数量，这符合奥卡姆剃刀定律，如无必要，勿增实体。在降低模型复杂度的操作上，Dropout 技术更加简单粗暴，在训练过程中直接随机删除了一部分神经元。相当于对模型结构进行随机采样，得到多个网络结构，因此有类似模型融合的效果。这就好比集合众人的意见进行决策，也能有效减弱过拟合。

另外，在特征输入时，也可以通过选择适当地减少输入特征的数量或者类型来减弱过拟合。在训练过程中，可以通过提早停止（Early Stopping）的方式减弱过拟合。但是这些做法也存在一定风险，可能会增加模型偏差。

3.3.2 训练速度与精度的提高方法

在本小节中，我们将从批归一化、梯度下降方式以及迁移学习几个方面来谈谈如何有效提高训练的速度与精度。

批归一化（Batch Normalization）是在网络结构中对数据进行正则化的一种方法，不仅能够大幅度地提升训练速度，还能在一定程度上提高模型训练效果。在批归一化提出之前，我们有时候会对输入数据进行归一化，比如对初始图像数据进行白化（Whiten），即变换到零均值单位方差的正态分布，以加快收敛速度。

那么对于模型中任一层的输入数据，进行归一化是否也能提升效果？原始数据在经过神经网络层的计算后，分布会发生偏移以及变动并且影响模型效果，比如在激活函数为 Sigmoid 的情况下，分布向两端偏移造成梯度消失。通过批归一化能够让每一层的输入都保持比较标准的分布，便可以避免此问题。

在上一章节中，简单介绍了在优化过程中使用的小批量梯度下降法，在提高训练速度的情况下又能保证梯度前进方向的准确性。当然这是在最理想的情况下，实际上还存在许多问题需要处理，如，如何合适地初始化学习率，训练过程中如何调整学习率，如何避免局部最优值，等等。下面介绍几种典型的梯度下降优化方法，能够使得梯度前进方面更加平滑而且速度更快。

Momentum 方法模拟了物理中动量的概念，在当前梯度的基础上也考虑了上一步的梯度影响，如果前后方向相像则有加速的作用，如果不太一致则趋于两者的平衡。Adagrad 方法则从学习率的角度出发对其进行约束，在训练前期放大梯度，后期减速小梯度。Adam 则结合了以上两种思想，在每次更新过程中对梯度方向以及学习率都进行自适应的校正。然而这些自适应的方法有时候会产生极端学习率，从而导致模型结果受到消极影响。Adabound 方法是一种新变体，给学习率限制了动态上下边界，能够使得梯度下降过程更稳定。

打个比方来说，利用梯度下降法找到最优解，便是在群山之中找到最低点。刚开始下山的时候，由于都是下坡，步子可以迈得大点；到达两个小山之间最低点的时候，可能爬过当前的小山还能找到更低的点，因此仅靠当前的状态难以判断，需要迈开步伐爬上小山头观察一番；然而如果步子迈得太大，也有可能直接跨过了最低点。以上所述的方法便是基于这些层面进行优化。但是这些自适应方法虽然在理论上有诸多好处，在具体实践中还需根据数据及任务情况谨慎使用。

还有一个能够快速利用模型得到结果的法宝便是迁移学习，简单地说，就是基于前人积累及经验学习。试想，我们每个人如果从小没有从学校或者家庭汲取知识，而仅靠自身的探索和发现，认知能力的发展肯定是极其缓慢的。

在深度学习领域，能过利用并整合在大数据集上训练过的模型结构及参数，可以很大程度上提高解决自身问题的效率。接下来的问题是如何使用这些预训练模型？可以从自身数据集的大小以及数据集间相似度两个方面考虑：

- 如果自身数据集大而且数据集间相似度高，那么迁移效果会很好，可以保持预训练模型的原始结构及初始参数权重，随后利用自身数据进行微调（Fine tuning）。
- 如果自身数据集大而且数据集间相似度不高，那么迁移效果可能不大。
- 如果自身数据集小而且数据相似度高，那么可以冻结预训练模型的参数，只需根据具体任务微调输出层即可。
- 如果自身数据集小而且数据相似度不高，可以通过冻结前几层的参数弥补训练数据的不足，并且通过训练往后的几层来获取自身数据集的特征。

以上要点如图 3.11 所示。

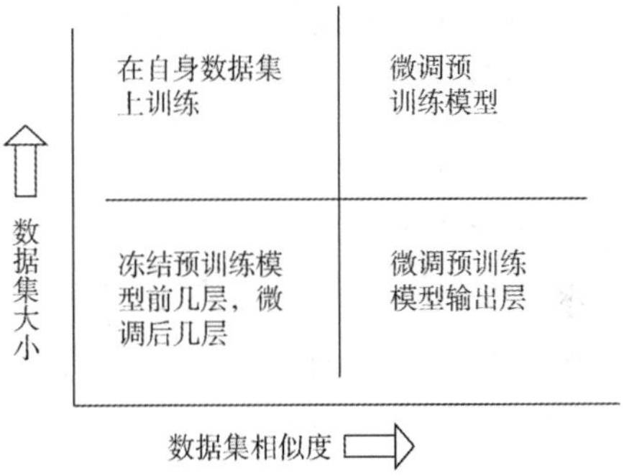

图 3.11　在不同场景下的迁移方式

3.3.3　注意力机制

注意力机制（Attention mechanism）源于认知科学，指的是人类会有选择性地关注一部分信息而忽略另一部分信息，也就是说，对于不同的信息具有不同程度的关注度。这种机制使得人类能够最大化地利用有限的视觉资源，并且获取最关键的信息。那么在深度学习上应用注意力机制又会产生什么样的效果？

2014 年，谷歌大脑团队应用结合了注意力机制的卷积神经网络在图像分类以及物体检测任务上取得了巨大成功。随后的 2015 年，在自然语言处理领域，结合了注意力机制的循环神经网络结构也在机器翻译任务上取得了前所未有的成绩。

在机器翻译任务中，输入与输出分别是两个序列，因此应用两个循环神经网络结构，一个用于对输入语句的编码，简称编码器（Encoder）；另一个用于生成输出语句，简称解码器（Decoder）。类似传统翻译过程中的对齐原理（源文与译文的词语存在对应性），编码过程中对输入语句中各词施加不同程度的注意力提高了翻译准确度。

打个比方，对于输入语句“我是学生”，在解码器生成英语的时候，比如当解码出“am”时，对于输入语句中的“是”施加注意力最大，那么可以更精确地进行翻译。经过大数据的训练，模型能够发现不同语言间词与词的内在联系。研究者们也提出了各种各样计算注意力的方式。然而不管如何改进，当语句过长的时候，由于循环神经网络本身结构的局限性，翻译效果还是会大打折扣。

直到2017年，谷歌机器翻译团队完全摒弃了循环神经网络结构，提出的完全基于自注意力机制的Transformer模型在机器翻译任务上取得了新的进展。顾名思义，自注意力机制便是句子对其本身的注意力，相当于源语句和目标语句为同一句子。这种机制有什么用呢？

举个例子，“我抱着一只小猫穿过了街道，它实在是太饿了”，句子中的“它”指的是“小猫”还是“街道”，对于人类来说很好识别，但对于机器来说，这种指代消解的问题实在是太难了，不仅需要懂语法句法，还要具体一定的先验知识，比如“街道不会感觉饿”这种常识。而利用了自注意力模型的编码器，即每一个词汇的编码基于与句子中其他词汇的关系而得，如图3.12所示，模型可以通过自主学习发现同一句话中词与词之间的联系，因此获得更多更深层次的编码信息。另外，由于没有使用循环神经网络结构，Transformer对于长句的处理能力以及运算速度也大幅提升。

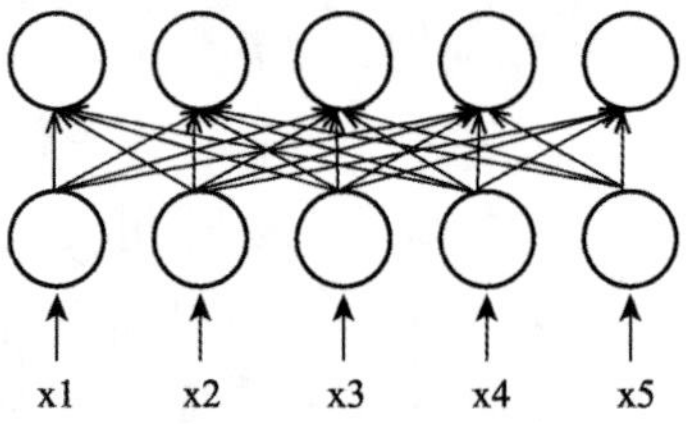

图3.12 自注意力机制

2018年末，谷歌基于双向Transformer推出的Bert（Bidirectional Encoder Representations from Transformers）模型在11项自然语言处理任务中都刷新了纪录，具备里程碑式的意义。想必大家学英语的时候都做过完形填空这类题目，如果要准确地填空，对于上下文的理解是必不可少的，而Bert的本质思想便是如此。

Bert中训练数据的输入包含两个句子，有一半的可能性为上下文，并且在输入的句子中随机遮盖住15%的词汇，让输出预测是否为上下文以及这些词汇，而其中的结构还是应用了Transformer的编码过程。如此训练而得的系统能够获取句子间以及句子中的上下文信息，编码能力十分强大。不管是从数据量还是结构上，Bert作为一个强大的预训练模型，只需要在某些特定层上稍加改造，便能够在许多下游任务上取得不错的效果。

2019年初，谷歌和卡耐基梅隆大学联合推出的XLNet在20个任务上超越了Bert，并且在18项任务上取得了历史最优的成绩。Bert的一大优势便是通过遮盖的方法，能够同时考虑到上下文信息。然而这种方法的弊端在于，训练过程中需要遮盖部分词汇作为输入，而在下游任务的微调过程中并不需要遮盖，因此存在训练与微调过程数据形式不一致的问题，会减弱模型性能。另外，被遮盖掉的词汇在训练过程中被认为相互独立，然而实际上这些词语间均存在上下文联系，这也是遮盖模式的另一大不合理之处。

另一方面，在自回归语言模型中，也就是由上文预测下文或者由下文预测上文的形式，不需要进行遮盖，但是不能同时使用上下文特征，而是通过两个预测方向隐节点的简单拼接得到双向的语言模型信息，因此损失了部分只有同时考虑上下文才能得到的信息。那么，能不能整合以上两者的优势，既能同时考虑上下文，又不需要遮盖机制呢？基于这种思路，XLNet 在自回归语言模型的基础上，摒弃了遮盖的设计，输入仍旧维持原来的句子，保证训练与微调过程的一致性，但是在自注意力编码过程中将句子顺序打乱，从而使得模型能够学习上下文，充分利用信息。

人类智力的一大组成部分便是记忆力，是一种识别、保持、再认识和重现客观事物相应内容及经验的能力。相应地，纵观近些年自然语言处理相关的深度学习研究，也是一路在机器的记忆力上做文章。

首先，适用于自然语言的循环神经网络，其最大优势便是对于序列数据具备记忆功能。之后提出的注意力机制可认为是有侧重点地记忆；Transformer 则在对输入数据编码解码过程中更完全地应用了自注意力机制；随后的 Bert 利用完形填空的思想同时考虑对于上下文的记忆；而 XLNet 为了解决 Bert 训练与微调过程不一致的问题，在模型内部处理过程中考虑上下文的相关记忆。

本章小结

纵观人工神经网络的发展历程，有过质疑，有过盲从，有过爆发，可谓一波三折。未来的方向是什么，有的人认为可以朝着模拟人脑的方向走，有的人则认为机器难以复现复杂的大脑结构，有的人担忧发展出强人工智能威胁到人类自身，有的人则认为所造物的智慧远不能超过造物者。虽然不同人见解各异，不同时代冷暖相甚，但是人工智能仍一直为人所思考，所探索，所发展。

本章前两小节主要介绍了人工神经网络的基本结构，分析了其优缺点，在后一小节着重介绍了在训练过程中一些常见的优化方案以及基于注意力机制的目前最新研究成果。从注意力机制首次在自然语言处理上的应用及其发展脉络来看，很多思路都借鉴了人类的阅读、理解以及生成话语的思维模式，因此，学习自然语言处理少不了在日常生活中对自身认知方式的观察及思考。

思　考　题

1. 人类神经元的结构是什么样的？
2. 激活函数有什么作用？有哪些常见的激活函数？
3. Sigmoid 作为激活函数的时候有什么缺点？

4. 相比于传统的机器学习，深度学习有哪些优势？
5. 有哪些基础的神经网络结构？
6. 预训练模型有什么作用，在什么场景下可以用到？
7. 有哪些减弱过拟合的方法？
8. 注意力机制和自注意力机制的差别是什么？

第三部分

自然语言处理基本任务

第 4 章 文本预处理

事情无论巨细，往往存在一个准备阶段。比如做饭炒菜，需要择菜、洗菜、切菜、热锅等准备工作；出远门需要整理好身份证、手机、钱包等随身物品。类似地，在处理文本的任务中，也存在预处理这么一个重要阶段，包括诸如统一数据格式、去噪、词形还原、文本纠错、分词之类的基本操作，以及语义分析、关键词提取、对于数据不平衡的处理等初步工作。

本章主要介绍在自然语言处理任务的初级阶段对于文本的预处理工作。通过此章节的学习，读者朋友们将有以下收获：

- 熟悉文本预处理的基础项目以及相关工具
- 了解关键词提取的一些常用的方法
- 掌握数据不平衡的处理方法

4.1 文本预处理的基础项目

在本小节中，主要介绍文本预处理过程中的一些流水线项目，即已经工序化的常见操作。当然，具体过程也会根据语言的不同而有所差异，比如中文需要分词而英文则不需要，英文需要词形还原而中文不需要。很多工具包都提供了这些操作的应用接口，使用十分方便，然而更重要的是，我们需要明白为什么需要这些操作以及在不同情况下具体如何使用。

4.1.1 文本规范化

文本规范化旨在对文本格式及内容的统一标准化处理，接下来介绍几个常见的项目，并且适当借助 Python 中的工具进行处理的例子作为示范。

OCR（Optical Character Recognition）技术：即字符识别技术，如果文本的表现形式不是纯文本格式，比如为 PDF 格式，图片格式等，则需要通过 OCR 工具将其转化为可编辑的文字形式。

大写字母转小写：在处理字母文字时经常使用，目的在于将同一词汇统一为同一书写形式，避免被计算机当作多个词汇处理。例如：

```
# 输入文本
input_str = "The 5 biggest countries by population in 2019 are China, India, United States, Indonesia, and Brazil."
#转为小写
output_str = input_str.lower()
print(output_str)
#输出结果为：
#the 5 biggest countries by population in 2017 are china, india, united states, indonesia, and brazil.
```

数字处理：有时候一些数字对于语义理解并没有什么用处，比如列表序号、大小标题的序号等，因此可以将其剔除。例如：

```
import re
# 输入文本
input_str = "The 5 biggest countries by population in 2019 are China, India, United States, Indonesia, and Brazil."
#剔除数字
output_str =re.sub(r'\d+', '', input_str)
print(output_str)
#输出结果为：
# The biggest countries by population in are China, India, United States, Indonesia, and Brazil.
```

标点符号处理：标点表达的语义信息并不多，诸如符号［!” # $ % &’ ( ) * +, - ./:; < = > ? @ [\ ] ^_ ` { | } ~］，可以利用一些工具进行剔除。例如：

```
import string
# 输入文本
input_str = "The 5 biggest countries by population in 2019 are China, India, United States, Indonesia, and Brazil."
#剔除标点
output_str = input_str.translate (string.maketrans("",""), string.punctuation)
print(output_str)
#输出结果为：
# The biggest countries by population in are China India United States Indonesia and Brazil
```

空白处理：在原文本中，比如句子的两端，标题与正文之间，段落之间常常存在一些空白，需要删除。

```
# 输入文本
input_str = "\t The 5 biggest countries by population in 2019 are China, India, United States, Indonesia, and Brazil. \t"
#剔除空白
output_str = input_str.strip()
print(output_str)
#输出结果为:
# The biggest countries by population in are China, India, United States, Indonesia, and Brazil.
```

词干提取（Stemming）：针对可变化形态的语言，提取词汇的主干部分，最终结果不一定能够表达完整语义，比如将“several”转化为“sever”。词干提取更多被应用于信息检索领域，用于扩展检索，粒度较粗。自然语言处理库NLTK中便提供了此类工具，可以直接调用。例如：

```
from nltk.stem import
PorterStemmer
from nltk.tokenize import
word_tokenize
#词干提取工具
stemmer =PorterStemmer()
# 输入文本
input_str= "There are several types of stemming algorithms"
#词干提取
output_str = word_tokenize(input_str)
for word in output_str:
   print(stemmer.stem(word))
#输出结果为:
# There are sever type of stem algorithm
```

词形还原（Lemmatization）：针对可变化形态的语言，将词汇转化为最常规的格式，比如将“was”、“were”转化为“is”。词形还原更主要被应用于文本挖掘、文本分析等，粒度较细。同样地，可以借助NLTK进行处理。例如：

```
from nltk.stem import
WordNetLemmatizer
from nltk.tokenize import
word_tokenize
#词形还原工具
lemmatizer =WordNetLemmatizer()
# 输入文本
```

```
input_str = "I had a dream"
#词形还原
output_str = word_tokenize(input_str)
for word in output_str:
  print(lemmatizer.lemmatize(word))
#输出结果为：
# I have a dream
```

停用词：在每一种语言中，都有一些词汇十分常见但是对具体的文本处理任务而言并没有提供很多的语义信息，比如一些助词、介词、语气词等，一般可以删除。

在具体实践中，需要根据实际情况使用以上这些项目，切勿盲目轮番操作。举个例子，在情感分类任务中，可能语气词对于情感倾向性的表达相当重要，所以此时便不能当作停用词进行去除。

4.1.2 语义分析

前一小节的处理过程涉及文本格式、特殊符号、词形等，这一小节主要介绍在更进一步的语义层面上，我们如何对文本进行预处理，主要包括以下几个方面。

词性标注：一般而言，文本里的动词可能比较重要，而助词可能不太重要，因此，词性标注为文本处理提供了相当关键的信息。很多工具都提供了词性标注功能，比如 NLTK、Apache OpenNLP、Stranford CoreNLP 等。例如：

```
import nltk
# 输入文本
input_str = "Dive into NLTK: Part-of-speech tagging and POS Tagger"
#词性标注
tokens =nltk.word_tokenize(input_str)
output = nltk.pos_tag(tokens)
print(output)
#输出结果为：
# [('Dive', 'JJ'), ('into', 'IN'), ('NLTK', 'NNP'), (':', ':'), ('Part-of-speech', 
'JJ'), ('tagging', 'NN'), ('and', 'CC'), ('POS', 'NNP'), ('Tagger', 'NNP')]
```

以上代码中词性标注的输出结果为数组形式，其中的元素为一个单词及其词性，具体的词性用大写符号代替。

命名实体识别（Named-entity recognition，NER）：目的在于识别文本中具有特定意义的实体，比如人名、地点名、组织机构名、时间等。例如：

```
from nltk import word_tokenize, pos_tag, ne_chunk
#输入文本
```

```
input_str = "Bill works for Apple so he went to Boston for a conference."
#命名实体识别
print(ne_chunk(pos_tag(word_tokenize(input_str))))
#输出结果为:
#(S (PERSON Bill/NNP) works/VBZ for/IN Apple/NNP so/IN he/PRP
#went/VBD to/TO (GPE Boston/NNP) for/IN a/DT conference/NN ./.)
```

一般工具提供的接口只能识别一些常见的实体，如果需要识别某一特定领域的实体，比如识别医疗领域的疾病名称、药品名称，则需要应用其他途径来解决，比如基于规则、基于知识图谱、深度学习、迁移学习等多种方法。

词组提取：抽取一些由两个及以上词汇组成的常见固定搭配，比如 keep in mind、warm up、be careful 等。例如：

```
from ICE import CollocationExtractor
# 输入文本
input = ["he and Chazz duel with all keys on the line."]
#提取器
extractor = CollocationExtractor.with_collocation_pipeline("T1" , bing_key = "
Temp",pos_check = False)
#输出结果为:
# ["on the line"]
```

在定义提取工具的时候还需要特别定义词组的长度，如以上代码中设置中的长度为 3。特别地，对于一些不粘连在一起的固定搭配比较难提取，譬如“如果……就”，“又……又”等，可能要应用到深度学习等更复杂的算法。

同样地，以上所述的语义分析相关项目也是需要根据具体的任务需求针对性地进行，如果是比较特殊的领域或者比较复杂的文本，可能还需要结合工具及自定义规则及算法进行处理。

4.1.3　分词

特别地，由于中文文本中词与词之间没有标志界线的空格，因此需要对其做特别的分词处理。在分词过程中，常见的有以下几大难点：

未登录词（即训练过程中未出现的词）的识别：由于个性化词汇的存在以及新词再生能力强，不存在一个词表能够收录所有的词汇，比如“何欲是一个勤奋且有天赋的画家”，这里的“何欲”是个人名，应当为一个词，但很可能计算机的词库中没有“何欲”，因此会切分为“何/欲/是/一个/勤奋/且/有/天赋/的/画家”。

词的界限无统一标准：比如“中华人民共和国”可以看作一个词语，也可以看作三个词汇，“中华/人民/共和国”，因此很多词汇本身存在分词歧义性。

切词产生歧义：比如“羽毛球拍卖完了”可以切分为“羽毛球/拍卖/完了”或者“羽毛球拍/卖/完了”，在语法上都逻辑正确，需要一定的生活常识或者联系上下文才能断定到底哪种分词模式更正确。

作为中文语义挖掘的必要步骤，关于分词算法的研究渊源已久，接下来介绍几大类常见的分词方法：

机械分词法：即基于词典资源按照一定的策略，对文本中的字符串进行匹配，中心思想很简单，若在文本中找到词典中存在的某个词，则识别出此词。按照匹配的方向，可以分为正向最大匹配法、逆向最大匹配法以及最小切分双向最大匹配法。

假设有语句“谁不会休息，谁就不会工作”，并且词典中存在“谁”“会”“不会”“休息”“工作”“就”等词汇以及标点符号。如果用正向最大匹配法进行分词，则从左往右逐字扫描文本，一旦发现尽可能长的字符串匹配词典中的词，则进行切分，最后分词结果为“谁/不会/休息/，/谁/就/不会/工作”。这种方法简单快速，但是对于未登录词以及切分歧义的情况无法处理。

基于 N-gram 的分词法：首先介绍其中心思想，此算法假设每个词的出现只与它之前的 N-1 个词相关，通过大量的语料统计便可以得知句子中每个词的出现概率，继而计算出整个句子的出现概率。如果一个句子的出现概率越大，那么便越符合自然语言的规律。因此，基于 N-gram 的分词法的第一步是找出所有可能的分词情况，接着基于 N-gram 语言模型对分词序列进行概率计算，找出出现可能性最大的分词序列。这种方法的准确性比机械算法更好，但是计算开销较大，并且也难以处理未登录词的问题。

基于隐马尔科夫模型（Hidden Markov Model，HMM）的分词法：HMM 是关于时序的概率模型，描述由一个隐藏的马尔科夫链随机生成不可观测状态（或称为隐状态）的随机序列，再由各个状态生成观测变量从而产生观测序列的过程，常应用于序列标注的问题。

那么首先需要把分词问题转化为序列标注问题，比如分别用 B、M、E 来表示某词的头、中、尾三部分，并且 S 代表单字成词。以句子“王先生就职于武汉大学”为例，其序列标注便是“BMEBESBMME”，切分一下便是“BME/BE/S/BMME”，对应“王先生/就职/于/武汉大学”。

将以上问题对应到 HMM 模型，所要标注的句子便是观测序列，而标注便是隐状态序列，那么现在的问题便是根据观测序列计算隐状态序列。首先，通过对海量已标注数据的学习，估算出 HMM 模型的参数，包括隐状态转移概率矩阵、隐状态到观测状态的发射概率矩阵以及初始隐状态的概率分布，接下来便可以通过维特比算法（Viterbi Algorithm）针对任一语句求解标注序列。

基于条件随机场（Conditional Random Field，CRF）的分词法：是一种判别式的无向图模型，试图对多个变量在给定观测值后的条件概率进行建模，常用于序列标注问题。具体而言，CRF 根据语言特性定义了一系列特征函数集，以 BMES 标注为例，比如 S 后面不能跟随 M，B 后面不能跟随 S 等都可以作为特征函数，每一个特征函都有相应权重，接着便可以针对某一标注序列，对所有特征函数进行加权求和并且可以转化为概率值或者说置信度，依此判断此序列标注的合理性。在 HMM 的假设中，当前隐状态只受上一时刻隐状态的影响，观测变量只与当前隐状态相关。而 CRF 考虑的影响范围更大，顾及更多数量的特征函数以及相应权重。因此，精度也更高，当然计算代价也偏高。

基于深度学习的分词法：深度学习中的循环神经网络模型也适用于序列标注问题，因此也可以解决分词任务。比如，首先将文本转化为词嵌入层（即转化为词向量），再将词嵌入层输入 LSTM 结构，通过有监督学习便可以学习出序列标注。

当然，在实际应用中，我们并不必从零开始建立分词算法，因为很多工具都提供了现成的分词功能。下面为读者朋友推荐一些常用的中文分词工具以及相关用法。

StanfordCoreNLP 是由斯坦福大学研发的自然语言处理工具，其中也提供了中文分词接口。例如：

```
from stanfordcorenlp import StanfordCoreNLP
#加载分词工具
nlp_model =StanfordCoreNLP(r'stanford-corenlp-full-2018-02-27', lang='zh')
#分词
s = '自然语言处理很有趣'
word_seg = nlp_model.word_tokenize(s)
#输出分词结果
print(word_seg)
# ['自然', '语言', '处理', '很', '有趣']
```

HanLP 由大快搜索主导开发，包含了一系列自然语言处理操作。例如：

```
from pyhanlp import *
#分词
s = '自然语言处理很有趣'
word_seg = HanLP.segment(s)
#输出分词结果
print(word_seg)
# ['自然', '语言', '处理', '很', '有趣']
```

THULAC（THU Lexical Analyzer for Chinese）是由清华大学研发的具有中文词汇分析功能的自然语言处理工具。例如：

```
import thulac
#加载分词工具
thulac_model =thulac.thulac()
#分词
s = '自然语言处理很有趣'
word_seg = thulac_model.cut(s)
#输出分词结果
print(word_seg)
# [['自然', 'n'], ['语言', 'n'], ['处理', 'v'], ['很', 'd' ], ['有趣', 'a']]
```

SnowNLP 是用于中文自然语言处理的工具，主要用于分词、情感分析等。例如：

```
from snownlp import SnowNLP
#分词
s = '自然语言处理很有趣'
word_seg = SnowNLP(s).words
#输出分词结果
print(word_seg)
# ['自然', '语言', '处理', '很', '有趣']
```

jieba 是一个专门针对中文分词的应用工具，分词效果不错，并且提供了多种分词模式。例如：

```
import jieba
s = '自然语言处理很有趣'
#全模式分词
wordseg_all =jieba.lcut(s, cut_all=True)
#输出分词结果
print(wordseg_all)
#['自然', '自然语言', '语言', '处理', '很', '有趣']
#精确模式分词
wordseg =jieba.lcut(s, cut_all=False)
#输出分词结果
print(wordseg)
#['自然语言', '处理', '很', '有趣']
# 搜索引擎模式分词
wordseg_search =jieba.lcut_for_search(s)
print(wordseg_search)
#['自然', '语言', '自然语言', '处理', '很', '有趣']
```

全模式分词会将语句所有可以组合的词都分出来，精确模式则只是将语句进行正常的分词，而搜索引擎模式则在精确模式的基础上，对长词再次划分。另外，在 jieba 中还可以加入自定义的词汇以修正分词效果。

目前分词算法已经是自然语言处理任务中相对成熟的模块，借助很多现有工具都可以达到较好的分词效果。针对一些特殊领域中的特殊词汇及特殊表达，可以通过添加规则、自定义词典的方式进行改进。

4.1.4 文本纠错

文本纠错又称为拼写错误或者拼写检查，由于纯文本往往来源于手打或者 OCR 识别，很可能存在一些错误，因此此技术也是一大关键的文本预处理过程。一般存在两大纠错类型，Non-word 拼写错误以及 Real-word 拼写错误。

第一种表示此词汇本身在字典中不存在，比如把“要求”误写为“药求”，把“correction”误拼写为“corrction”。这类问题的解决思路可分为两个步骤：首先找到字典中与错拼词汇相近的词作为候选词，接着基于特定算法找出与错拼词关联度最高的一个或多个单词作为纠正选项。例如，对于错误单词“atress”，存在多个相近候选词［“actress”，“caress”，“stress”，“across”，“cress”］，接下来通过算法计算得到“actress”为纠正选项。

那么如何确定候选项？对于英文而言比较简单，通过编辑距离运算（即对单词中的字母进行增删改操作）便可得到一系列相近候选词汇。而对于中文来说，存在两种相近模式，一是拼写相近，比如在拼音打字时出错，也适用于编辑距离；二则是字形相近，比如在五笔打字时出错，一般需要通过构建相近字词表查找候选词汇。而有了候选列表后，如何选出最有可能的纠正选项呢？可以根据贝叶斯定理，得到如下表达式：

P（候选项 | 错误单词） ∝ P（候选项） * P（错误单词 | 候选项）

也就是说，某一候选项的可能性，取决于“此选项本身在语料中出现的可能性”和“人们意图打候选项时会错打成错误单词的可能性”的乘积。前者可视为 uni-gram 语言模型，需要计算词语的出现频次，当然也可以扩张至二阶或三阶，比如计算“错误单词左边单词 + 候选项 + 错误单词右边单词”在语料中的出现情况，以便更好地考虑语境信息；而后者需要基于历史的错误项、纠正项相对应的语料进行概率统计。

第二种情况是 Real-word 拼写错误，意思是指单词本身没有错误，但是不符合上下文语境，常常涉及语法语义层面的错误，比如把“我现在在公司里”错写成“我现在在公式里”，这类错误计算量较大，因为每个单词都是待纠错对象。通常的解决方案与第一种情况类似，首先针对每个单词根据编辑距离、同音词、近形词等方式选出候选项（也包括单词本身）；接下来计算基于候选项的语言模型，以及在候选项情况下出现错误单词的条件概率；如果综合计算而得单词本身出现在此语境中的概率较大，则不进行纠正，否则推荐纠正项。

综合而言，纠错涉及的知识点有贝叶斯定理、语言模型、编辑距离、词表构建、语料统计等基础技术。接下来我们通过一个实例，简单展示对于错拼英文单词的纠错。

我们的语料为“bayes_ train_ text. txt”，首先统计语料中各单词的出现情况：

```
import re,collections
# 提取语料库中的所有单词并且转化为小写
def words(text):
    return re.findall("[a-z]+",
    text.lower())
#统计词频
def train(features):
# 若单词不在语料库中,默认词频为1,避免先验概率为0的情况
    model = collections.defaultdict(lambda:1)
```

```
    for f in features:
        model[f] + =1
    return model
words_N = train(words(open("bayes_train_text.txt").read()))
```

接下来计算错拼单词编辑距离为 1 以及 2 的所有候选项：

```
#英文字母
alphabet = "abcdefghijklmnopqrstuvwxyz"
# 获取编辑距离为 1 的所有单词
def edits1(word):
    n = len(word)
    # 删除某一字母而得的相近词
    s1 = [word[0:i] +word[i +1:] for i in range(n)]
    # 相邻字母调换位置而得的相近词
    s2 = [word[0:i] +word[i +1] +word[i] +word[i +2:] for i in range(n -1)]
    # 替换某一字母
    s3 = [word[0:i] +c +word[i +1:] for i in range(n) for c in alphabet]
    # 插入某一字母
    s4 = [word[0:i] +c +word[i:] for i in range(n +1) for c in alphabet]
    edits1_words = set(s1 + s2 + s3 + s4)
    edits1_words = known(edits1_words)
    return edits1_words
# 获取编辑距离为 2 的所有单词
def edits2(word):
    edits2_words = set(e2 for e1 in edits1(word) for e2 in edits1(e1))
    return edits2_words
```

有了候选项之后，便可以通过一定算法找出最有可能的纠正项，由于我们这里没有历史的错误项、纠正项相对应的语料，因此只根据词语在语料中的出现频次来确定此词语的候选可能性：

```
#过滤非词典中的单词
def known(words):
    return set(w for w in words if w in words_N)
def correct(word):
    if word not in words_N:
        candidates = known(edits1(word)) |known(edits2(word))
        return max(candidates, key = lambda w:words_N[w])
    else:
        return None
```

做一些简单实验：

```
print(correct("het"))
# 输出 the
print(correct("hete"))
# 输出 here
```

通过此例子可以观察到，对于一般的拼写错误，即使缺少错误项、纠正项相对应的语料，基于贝叶斯原理的纠错能力还是不错的。当然，对于文本纠错来说，语料的收集至关重要，数据量越大、语料来源越是全面，模型纠错的效果就越好。另外，针对 Real-word 拼写错误，在实际应用中不可能对每个词进行排查，可以应用语言模型等方式对句子进行粗粒度的初步筛查，如果发现某个句子的出现可能性很小（或者说像自然语言的程度很小），再将其中的单词作为待纠正对象。

4.2　关键词提取

在生活中，我们发现有些人看文章速度很快，而且还能做到透彻理解，那这其中有什么诀窍？其中之一便是能够快速地定位到文本中的关键部位，从而抓住文章的中心思想。同样地，在自然语言处理领域，也可以首先识别关键信息再对其进行相应处理，因此提取关键词在某些场景下也是文本预处理中的核心任务。本小节主要介绍几种常见的提取手段。

4.2.1　基于特征统计

为什么一篇新闻的标题常使用黑体并且字号偏大？当然是为了引人注目。反之，也可以得出一个结论，文本中颜色明显而且字号大的部分很可能是关键信息。所以，根据对词本身及词相关特征的统计及分析，可以评估一个词的重要程度。这种方法可解释性强，而且计算便捷。以下整理了一些用于评估重要性的常见指标。

词频：一般来说，一个词在文本中出现次数越多，表明作者越想表达这个词，因此可以通过对词频的简单统计便可以评估出词语的重要性。当然，这种做法并不严谨，存在一些漏洞，比如“的”“了”“吗”之类的介词、助词、语气词等在很多文本中都频繁出现，却不是重要信息；又比如某些词很重要，但可能只在开头出现了一次，之后用指代的方式进行描述，类似“特朗普…他…这个人…他”的形式。

TF-IDF（term frequency-inverse document frequency，详见 5.1.2）：综合考虑了词在文本中的词频以及普遍重要性。直观地说，一个词在其他文本中出现越少，在本文本中出现越多，那么对此文本的重要性越强。例如有一个文本中，“石墨”和“实验”这两个词出现次数都很多，但是前者在其他文本中出现很少，而后者在其他文本中也经常出现，根据 TF-IDF 的算法，表明“石墨”比“实验”在本文中更关键。

位置特征：在做阅读理解的时候，老师常常教我们要仔细留意标题、副标题、摘要、导语、文首文末等地方的信息，这说明词出现的位置与其重要性也有紧密关联。

词跨度：指的是一个词在文本中首次与末次出现的距离，距离越大，说明重要性越大。比如，小说中的主人公都是活到最后的，主人公对应的词跨度都很大。

词的固有属性：包括一系列特征，词长、词性、对应的句法成分、开头大小写、是否全部大小写、词缀等。例如在一般情况下，名词和动词在文本中相对重要，在特定情况下形容词比较重要，如对于某商品的评价文本、对于一些物品的宣传文本等。

这些指标都有各自的理论基础及实践意义，但也存在一些缺陷。在大多数情况下，研究者会根据具体的场景，搭配组合使用各项特征。

4.2.2 基于主题模型

在讲解主题模型之前，先观察下面几句文本：

- 明明养了一只狗和一只猫。
- 一般来说，猫比狗要安静些。
- 多吃香蕉有利于肠胃健康。
- 柿子最好不要空腹吃，相比于香蕉，明明比较喜欢柿子。

如果单纯从词频分析的角度来看，狗、猫、香蕉、柿子可能是这几个文本的关键词。但进一步思考，可以发现这几个句子主要讲的是“动物”和“水果”这两个主题。主题模型的核心假设便是存在隐含变量，即文本主题决定了文本中词汇的出现情况。

LDA（Latent Dirichlet Allocation）是最典型的主题模型，它假设语料库中蕴含了多个主题，而每个主题下面对应了一系列的词语。当作者在书写某篇文章时，是先设定某个主题再从中选择某个词的过程。

如图 4.1 所示，左侧表示一系列主题，每个主题下对应有相关词的概率分布，中间的直方图代表了文本中所蕴含主题的概率分布，这两类概率分布决定着文本中每一个词的出现情况。

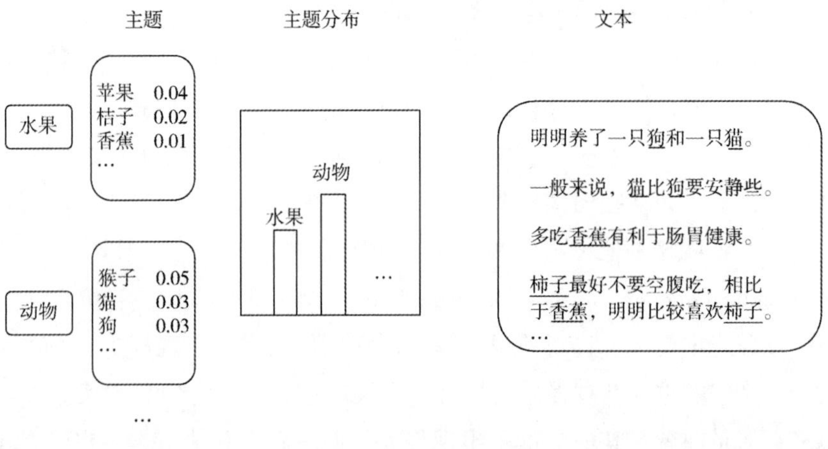

图 4.1 主题模型

在具体运算中，首先需要指定主题的数目，一般需要根据实验结果多次调节，主题模型根据文本中词的出现频率情况即词袋模型去学习两类概率分布，最后我们可以认为每个主题下概率较大的词汇为关键词。主题模型的数学理论十分扎实，涉及贝叶斯理论、Dirichlet 分布、多项分布、图模型、变分推断、EM 算法、Gibbs 采样等知识，非常适合用于无标签的大型文本数据的主题挖掘。

用通俗的语言解释主题模型，便是透过现象看本质。在生活中，我们会根据一个人的衣着外貌、学历职业等外在表现去判断这个人的真实情况。对应到主题模型，各个文档中词汇的出现情况便是外在表现，而我们感兴趣的本质便是文档中蕴含的主题，也可以称为隐变量、topic、concept 等。从这个层面而言，隐马尔科夫模型中的隐变量、神经网络中的中间层输出，其实都是那些重要的本质，不同的算法从不同的角度提出不同的方法建立外在与本质的联系；而主题模型应用了概率分布的方式去建立联系，即词汇与主题以及文档与主题的关系。

4.2.3　基于图模型

我们知道，图是由一系列节点和边构成的。在图模型的框架下，词被当作图的节点，词与词之间的关系便是图的边，根据关联的程度还可以为边施加权重值。比如图 4.2 便表示了词语“股票”与其他词之间的关系，边上的数值还可以表示关系的关联度。

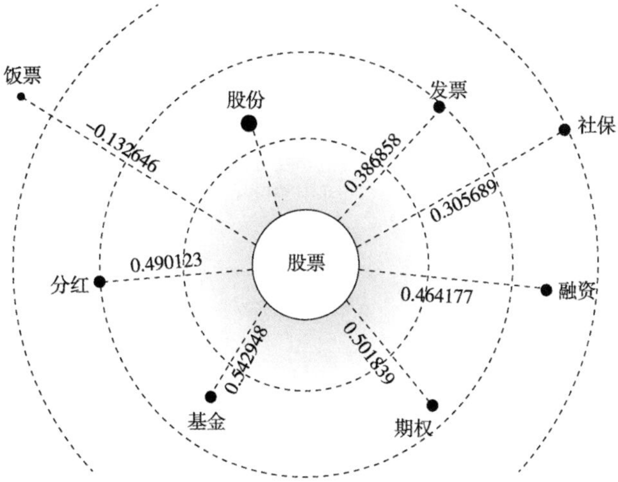

图 4.2　词之间的关系

因此，抽取关键词的任务便转化成了按照重要性将节点进行排序的过程。那么，对于节点重要性的考量，涉及哪些方面的因素？

度：节点的度是指和该节点相关联的边的条数，又称关联度，表明了节点的影响能力。特别地，对于有向图，节点的度又分为入度和出度，分别表示指向该节点的边的条数和从该节点出发的边的条数。这就好比越是重要的城市，与周边城市的铁路连接线越多。

接近中心性：每个节点到其他节点最短路径的平均长度。对于一个节点而言，距离其他节点越近，那么它的中心度越高。比如一个城市的中心地带往往出行方便，离各个公共设施都比较近。

中介中心性：指的是一个节点担任其他两个节点之间最短路径中介的次数。一个节点充当“中介”的次数越高，它的中介中心度就越大。比如，在城市地铁交通网络中，一些比较重要的地点往往在很多路线上都会出现。

特征向量：由周围所有连接的节点决定，等于其相邻节点的中心化指标之线性叠加，表示的是通过与具有高度值的相邻节点所获得的间接影响力。有一句俗话说，你所有朋友的平均收入便是你的收入，说的便是同一个道理。

这一系列指标都从不同侧面反映了节点的重要程度。在实际应用中，可以根据具体情况选择或者组合合适的计量方式。另外，除了综合考虑各项指标以外，基于图提取关键词的一大重要算法便是 TextRank，这种算法源自谷歌搜索的核心算法 PageRank，其思想主要为以下两个方面：

- 如果一个网页被很多其他网页链接到，说明这个网页比较重要，也就是 PageRank 值会相对较高。
- 如果一个 PageRank 值很高的网页链接到一个其他的网页，那么被链接到的网页的 PageRank 值会相应地因此而提高。

类似地，基于 PageRank 的 TextRank，其核心思想如下：

- 如果一个单词在很多单词边上都会出现，说明这个单词比较重要。
- 一个 TextRank 值很高的单词边上的单词，TextRank 值会相应地因此而提高。

TextRank 不仅可应用于关键词的提取，还可应用于摘要提取。很多工具包都提供了现成的 TextRank 算法，比如 jieba 中提供了 TextRank，只需要几行代码便能提取出关键词。例如：

```
from jieba import analyse
#引入 TextRank 关键词抽取接口
textrank =analyse.textrank
#文本
text = "度：节点的度是指和该节点相关联的边的条数，又称关联度，表明了节点的影响能力。\
        特别地，对于有向图，节点的度又分为入度和出度，\
        分别表示指向该节点的边的条数和从该节点出发的边的条数。这就好比越是重要城市，\
        与周边城市的铁路连接率越高。\
        接近中心性：每个结点到其他结点的最短路的平均长度。\
        对于一个结点而言，它距离其他结点越近，那么它的中心度越高。\
        比如一个城市的中心地带往往是出行方便，离各个公共设施比较近的。"
```

```
#对文本进行 TextRank 算法处理
keywords = textrank(text)
#按重要性输出抽取出的关键词
print("\nkeywords by textrank:")
for keyword in keywords:
    print(keyword)
```

输出结果如图 4.3 所示。

```
keywords by textrank:
节点
条数
中心
中心地带
城市
表明
分为
关联度
铁路
连接
周边城市
短路
比如
影响
又称
距离
出度
入度
好比
```

图 4.3　以本章中的两个小段为例，通过 TextRank 抽取的关键词

4.3　数据不平衡的处理

在分类任务中，我们所收集的真实数据往往存在数据类别不平衡的问题，因为在现实场景下，不是所有的类别都以均等的机会出现。比如，垃圾邮件比正常邮件少些，患癌症的人比健康的人少些，有错字的文本比正常的文本少些。

那么，对于样本少的类别，模型可能就学习不到其特性。而有时候我们恰恰又非常希望模型能够识别某些出现比较少的类，比如对于癌症的预测。因此，对于数据不平衡的处理是数据预处理过程中的关键环节。

4.3.1　常见方法

很多初学者往往存在一个误区，以为模型准确率高便完事大吉了。现假设有 100 个样本，99 个为正样本，1 个为负样本，那么即使模型一股脑儿地把所有结果都预测为正，准确率也只有 99%，所以在类别不平衡的情况下，准确率并不能代表模型好坏。下面为读者朋友介绍几种常见的处理数据不平衡的方法。

改变性能评估方式：如前所述，光靠准确率的评估方式会给人带来误判。因此，需要结合多种评价标准来确定模型的性能，比如混淆矩阵、查全率、查准率、F1 值、AUC 和 ROC 曲线等。

为模型添加特殊的惩罚/代价机制：思路是使用同样的算法，但为其提供不一样的目标预期。通过设计特定的惩罚项使模型在训练过程中更关注数量少的类别。很多机器学习库也直接提供了带惩罚项版本的学习器，比如带惩罚项的 SVM、LDA 等。但是在具体的设计中，怎么对不同的误分类错误制订不同力度的惩罚，需要多次尝试。

数据重采样（Re-sampling）：包括上采样（Over-sampling）和下采样（Under-sampling），前者是增多量少的类别的样本数，最简单的方式便是直接随机复制；而后者则是删除量多的类别的样本数。然而，如果简单地使用随机的方式，采样的样本不一定具备代表性。

另一种常见的采样方式是基于聚类进行，这种方法尝试从类别内部结构出发进行样本量的调整。具体而言，对于需要上、下采样的类别分别独立地进行聚类计算，再对其中的聚类类别进行上下采样。比如，某个类别进行聚类后可以分成三个聚类，对应的样本量分别为 150、120、230，进行上、下采样后各类别样本量变为 170、170、170。这种方式可以使得在采样的过程中考虑到类别本身内部的平衡性。

总体而言，在重采样过程中也需要掌握一些技巧，比如尝试不同的样本类别比例，在总数据量很多的时候采用下采样，而总数据量少的时候采用上采样。同时也应该注意到上采样会加大过拟合的可能性，而下采样可能丢弃了有价值的潜在信息。

合成样本：最简单的方式是从数量小的类别中随机采样属性合成新样本，比如可以利用朴素贝叶斯分类器的反向过程，独立地采样每个属性。这种重生数据的方式可以缓解重复上采样中的过拟合问题，但是这些新生数据可能无法体现真实数据中属性间的关联性。

有很多系统化的算法都可以实现样本合成，其中最为出名的便是 Synthetic Minority Over-sampling（SMOTE），这种算法基于相邻样本或者说“插值”的方式来合成新样本。比如存在样本 x_1，根据距离计算出其邻近样本 x_2，令 $0<\lambda<1$，那么可得新样本 $x_3=\lambda x_1+(1-\lambda)x_2$，通过更换不同的邻近样本对以及 λ 值，便可以合成多个新样本。

这种方式在生成样本时没有考虑到其他相邻的类，生成的 x_3 可能实质上 属于其他类别，这样反而引入了额外的噪声，因此又有了 SMOTE 方法的改进版本 MSMOTE，这种算法通过一定策略选择合适的近邻样本作插值处理。通过计算数量少的类别样本和总样本数据间的距离，将邻近点候选项分为 3 个不同的组：安全样本、边界样本和潜在噪声样本。安全样本是指可以提高分类器性能的数据点，噪声是指降低分类器的性能的数据点，而两者之间的数据点被分类为边界样本。该算法是从安全样本及边界样本中选择 x_1 及 x_2，而不对潜在噪声样本进行任何操作。

特别地，针对文本数据而言，在未转化成数值表征形式的时候，可以在字符层面进行数据增广，常见的方法有同义词替换，即根据同义词典或者词向量相似度替换相同用法的词汇，以此获取不同的文本表述方式；文本回译，将文本翻译成某一语言再反译回来，一般能生成意思相近但表达不同的文本，这里需要注意的两点是，某些特殊文风、特殊领域或长度较长的文本翻译效果不佳，再回译会造成更多的误差传递，需慎用。选择回译语言的时候尽量选择与源语言渊源相近的语言或者被广泛应用于翻译研究的语言，如对于中文而言，可选择渊源更近的日文或者研究广泛的英文以减少回译误差；另外，针对某些具备特殊条件的文本，在语块层面重新进行语序的排列并不影响整体的语义表达（如一些条例类的文本），也是可以尝试的数据增强手段。

使用 K-fold 交叉验证：即把原始数据随机分成 K 个部分，选择其中一份作为测试数据，剩余的 K-1 份作为训练数据。交叉验证的过程实际上是将上述过程重复 K 次，最后把得到的 K 个实验结果平均，以此保证训练数据的多样化。

采用不同的分类器：这种方法的思路是修改现有的分类算法使其适用于不平衡数据集。假设你采用了决策树算法，可以采用多种树的类型，如 C4.5、C5.0、CART 或者随机森林。很多情况下，结合多个分类器进行共同决策是解决不平衡问题的有效方案，这便是集成的思想。

集成方法中有一大类型为 Bootstrap Aggregating（Bagging），中心思想是利用随机抽样的方式从总数据中抽取不同的训练集进行模型训练，产生多个模型，而最终的决策结果则是综合各个模型的预测结果。

另一种集成技术是 Boosting，其中 Ada Boosting 是最早的 Boosting 技术，采用串行训练的方式生成分类器，每一次针对此次分类器的效果，增大误分类较多的类别的样本量来作为下一次训练分类器的数据，最后结合所有模型形成一个强分类器。然而这种方法会对噪声数据及异常值比较敏感。Gradient Boosting 也是利用了串行的训练方式，但在具体的操作上有显著的差异。该方法将每一次分类器的计算损失，即真实值与预测值差异，作为下一次分类器的目标函数。

对于不平衡数据的处理本身便是一个开放性问题，除了以上几种常见的方法，我们完全可以打开思维方式进行更多的尝试，比如将数量多的类别分成几个小类；将问题转化为异常值检测问题；利用多种方法平衡数据得到多个平衡数据集，再进行相应的学习。

4.3.2　数据不平衡问题实战

本节以 scikit-learn 中的数据不平衡处理工具 imbalanced-learn 为例，通过代码展示对于不平衡数据的操作。首先，人为地建立一个不平衡数据集：

```
from sklearn.datasets import
make_classification
#总共有5000个样本,分为三个类别,样本量比例为1:5:94
X, y = make_classification(n_samples=5000, n_features=2, n_informative=2,
                           n_redundant=0, n_repeated=0, n_classes=3,
                           n_clusters_per_class=1,
                           weights=[0.01, 0.05, 0.94],
                           class_sep=0.8, random_state=0)
```

接下来，先尝试使用最简单的随机过采样方法增加数量少的类别样本量：

```
from imblearn.over_sampling
import RandomOverSampler
#进行随机上采样
ros = RandomOverSampler(random_state=0)
X_resampled, y_resampled = ros.fit_resample(X, y)
#打印处理后的样本量
from collections import Counter
print(sorted(Counter(y_resampled).items()))
#输出结果为(类别标号,样本量):
#[(0, 4674), (1, 4674), (2, 4674)]
```

由以下输出结果可知，三个类别的样本量均等，都达到了之前最大类别的样本量。在上节中，也提及了随机上采样的一些弊端，因此也可以应用SMOTE方法进行采样：

```
from imblearn.over_sampling
import SMOTE
#进行SMOTE上采样
X_resampled, y_resampled =SMOTE().fit_resample(X, y)
#打印处理后的样本量
from collections import Counter
print(sorted(Counter(y_resampled).items()))
#输出结果为(类别标号,样本量):
#[(0, 4674), (1, 4674), (2, 4674)]
```

另外，也可以尝试使用SMOTE的变种，BorderlineSMOTE以及SVMSMOTE，这些方法在利用插值生成样本时做了更细致的处理。

本章小结

俗话说，好的准备是成功的一半。在自然语言处理任务中，预处理是非常关键的一大基础步骤。本章第一小节介绍了一些常见的文本预处理方法，包括数据规范化、词形还原、去除停用词等。特别地，对于中文而言，还需要进行分词处理，因此也介绍了一些分词算法的大概思路以及常见的分词工具。

由于关键词的提取是很多文本挖掘任务的重要部分，本章第二小节专门介绍了关键词提取的各类方法及其原理，包括基于统计的方法，基于主题模型的方法以及基于图模型的方法。

另外，数据不平衡是在自然语言实践中面临的常见问题，因此，最后一小节着重介绍了针对此问题的不同解决方案，以及如何利用现有工具进行自动化的不平衡数据处理。当然，思路是开放的，在具体实践中，我们可以多进行尝试，根据实际情况进行创造性的个性化处理。

思考题

1. 有哪些常用的文本预处理项目？
2. 中英文本的预处理过程有何不同？
3. 你知道哪些关键词提取的方法？
4. 有哪些常用的分词工具？
5. 数据不平衡会对模型训练带来什么影响？
6. 从数据层面有哪些针对数据不平衡问题的思路？
7. 从算法层面有哪些针对数据不平衡问题的思路？
8. 你用过哪些处理数据不平衡的工具？

第 5 章

文本的表示技术

图像处理领域的发展快于自然语言处理的一大关键原因，便是文本无法像图像一样直接数值化，继而方便地进行计算机运算处理。文字是用来表示语言的抽象符号，从文字到语义，其间的对应关系需要学习，是一种认知过程。作为自然语言处理任务的第一步，即对输入的文本信息进行合适的数值化表征，一直是困扰研究者们多年的经典难题。在早期，人们基于词频信息表示文本，与原文本相比丢失了大量信息，现在，人们应用深度学习学得词汇的分布式语义向量表征，其表达能力得到大幅度提升。

本章将纵向梳理文本表示技术的发展脉络，分析各类表示方法的优缺点，通过本章的学习，读者将有以下收获：

- 掌握基础的文本表征方式，如词袋模型、TF-IDF
- 熟悉 Word2Vec 的训练过程
- 学会利用工具训练 Word2Vec 模型
- 熟悉一些改进后的词表征模型
- 熟悉句子的表征方式

5.1 词袋模型

虽然词语无法直接转换为数值，但是通过统计文本中词语的出现情况，我们也能获取一定的文本信息。本节主要介绍基于频次和 TF-IDF 的词袋模型，以及如何调用现有的工具进行自动化表示。

5.1.1 基于频次的词袋模型

词袋模型（Bag-of-Words，BOW），顾名思义，即把文本中的词用袋子装起来统一作为文本的表示。基于词频的词袋模型是将文本进行数值化表示的一种简单模型。具体地，文本的表示与词典的大小、词的索引以及词在文本中的出现频次相关，下面以一个简单的例子表述其构建过程。

假设数据集（现代诗人卞之琳于 1935 年创作的一首现代诗歌《断章》）为两个经过预处理且分好词的句子：

1）你/站在/桥上/看/风景/看/风景/的/人/在/楼上/看/你

2）明月/装饰/了/你/的/窗子/你/装饰/了/别人/的/梦

可得对应的长度为 15 的词典如下：

［“你”“站在”“桥上”“看”“风景”“的”“人”“在”“楼上”“明月”“装饰”“了”“窗子”“别人”“梦”］

每个句子的数值化表达（或者说向量化表示）的长度均为词典长度，并且计算词典中各个词在句子中的出现频次，按照词的索引位置进行填充，以上两个句子的向量化表示如下：

1）［2, 1, 1, 3, 2, 1, 1, 1, 1, 0, 0, 0, 0, 0, 0］

2）［2, 0, 0, 0, 0, 2, 0, 0, 0, 1, 2, 2, 1, 1, 1］

以第一个向量为例，首位对应词典中的词为“你”，在第一个句子中出现了 2 次，第二个位置对应词典中的词为“站在”，出现了 1 次，而最后 6 个位置分别对应单词“明月”“装饰”“了”“窗子”“别人”“梦”，在第一个句子中并无出现，因此对应的数值为 0。

基于频次的词袋模型的优点是简单易用，原理明晰；缺点也很显而易见，没有考虑词序、词之间的联系以及文法，丢失了许多重要信息。另外，实际情况中词典的大小成千或上万，因此文本表示是一个非常稀疏的高维向量（大部分位置为 0）。

5.1.2　基于 TF-IDF 的词袋模型

TF-IDF（Term Frequency-Inverse Document Frequency）的核心包含两部分，TF 表示某个词在某一文本中出现的频率，IDF 为逆向文档频率，与某词在综合语料库中出现的频率相关。TF-IDF 可用于评估某一词对所在文本的重要程度，其在当前文本中出现的频次越多，在其他文本中出现频次越少，我们可认为此词越是重要。

例如单词“原子弹”在某一文本中出现为次数很多，而在总体语料库中并不常见，因此对该文本来说，“原子弹”属于十分关键的词汇。又比如“的”在此篇文本中也时常出现，但其在总体语料中也十分常见，因此它并不是特别重要的词汇。用 TF-IDF 表示单词兼顾了局部与整体，相比单纯地考虑词频更加合理一些。假设我们的语料库为若干篇文本，接下来看具体的公式表达：

$$TF_{i,j} = \frac{n_{i,j}}{\sum_k n_{k,j}} \tag{5.1}$$

其中，$TF_{i,j}$ 表示第 j 篇文本中第 i 个词的 TF 值，$n_{i,j}$ 表示第 j 篇文本中第 i 个词的出现频次，$\sum_k n_{k,j}$ 则表示第 j 篇文本中所有词的出现频次，k 表示第 j 篇文本中的词汇量。

$$IDF_{i,j} = \log \frac{|D|}{1 + |D_{t_i}|} \tag{5.2}$$

$IDF_{i,j}$ 表示第 j 篇文本中第 i 个词的 IDF 值，$|D|$ 表示数据库中文本的总数，$|D_{t_i}|$ 则表示数据库中含词 t_i 的文本数量，为了防止该词语在语料库中不存在使得分母为 0 的情况，取 $1 + |D_{t_i}|$ 作为分母，取对数是为了防止 $\frac{|D|}{1 + |D_{t_i}|}$ 过小而不方便计算。

接下来计算第 j 篇文本中第 i 个词的 TF-IDF 值：

$$TF\_IDF_{i,j} = TF_{i,j} \times IDF_{i,j} \tag{5.3}$$

现在来看一个具体的例子，假设某一文本中“原子弹”的出现次数为 3，而其总词汇量为 100，那么“原子弹”在此文本中的 TF 值为 3/100 = 0.03。另外，假设“原子弹”在 10 000 000 份文本构成的数据库中的 999 份文本中出现过，其逆向文档频率则为 log（10 000 000/1 000）= 4。综合两者，最后的 TF-IDF 值为 0.03 × 4 = 0.12。

虽然，相比于基于频次的词袋模型，TF-IDF 考虑得更加全面，然而此方法还是没有考虑到语序以及更深层次的语义，并且其每个文本的 TF-IDF 表示向量也需要同词典大小的维度，因而也是稀疏向量的形式。

5.1.3 相关工具的使用

利用 Python 工具包 gensim 以及 scikit-learn 都可以轻松地将文本转化为基于词频的词袋表示以及 TF-IDF 表示，并且可以配置某些参数，接下来还是以诗作《断章》为例进行代码演示。

首先我们来看如何利用 gensim 进行文本的表征，导入相关的类以及分词工具 jieba，如下：

```
from
gensim.models import
TfidfModel
from gensim.corpora import Dictionary
import jieba
```

准备好数据：

```
raw_texts = [
    '你站在桥上看风景',
    '看风景的人在楼上看你',
    '明月装饰了你的窗子',
    '你装饰了别人的梦',
]
```

对文本进行分词处理：

```
texts = [[word for word in jieba.cut(text, cut_all = True)] for text in raw_texts]
```

建立词典：

```
dictionary = Dictionary(texts)
print(dictionary.token2id)
```

词典输出部分如图 5.1 所示。

```
{'你': 0, '站': 1, '在': 2, '桥上': 3, '看': 4, '风景': 5, '的': 6, '人': 7, '楼上': 8, '明
```

图 5.1　词典输出部分

对文本进行词袋表示：

```
bow_texts = [dictionary.doc2bow(text) for text in texts]
print(bow_texts)
```

输出结果部分如图 5.2 所示。

```
[[(0, 1), (1, 1), (2, 1), (3, 1), (4, 1), (5, 1)], [(0, 1), (2, 1), (4, 2), (5, 1), (
```

图 5.2　部分输出结果

数组中的每一个子数组表示文本中的一句话，包含多个 tuple，其前一项表示单词在词典中的索引，后一项表示在相应句子中出现的频次，如第一个子数组中的第一个 tuple（0，1）表示“你”在第一个句子中出现了 1 次。

接下来对文本进行 TF-IDF 表示，需要以上述过程中的词袋表示作为输入：

```
tfidf = TfidfModel(bow_texts)
tfidf_vec = [tfidf[text] for text in bow_texts]
print(tfidf_vec)
```

输出结果部分如图 5.3 所示。

```
[[(1, 0.6030226891555273), (2, 0.30151134457776363), (3, 0.6030226891555273), (4, 0.30151134457
```

图 5.3　部分输出结果

同样，数组中的每一个子数组表示文本中的一句话，其中每个 tuple 的前一项表示单词索引，后一项表示 TF-IDF 值。可以观察到第一个子数组中没有了索引为 0（即单词“你”）的相关 tuple 项，这是因为 gensim 具备去除停用词的默认功能。

另外需要注意的是，这里基于词频的文本词袋表示及 TF-IDF 表示与上一小节中理论中的矩阵表示形式不同，这是由于这两种表示方式都会产生稀疏矩阵，为了节省存储空间，只将其中的非零元素用 tuple 的形式进行表示。

接下来看一下 scikit-learn，首先导入必要的包，如下：

```
from sklearn.feature_extraction.text
import CountVectorizer,
TfidfVectorizer
import jieba
```

准备好数据：

```
raw_texts = [
    '你站在桥上看风景',
    '看风景的人在楼上看你',
    '明月装饰了你的窗子',
    '你装饰了别人的梦',
]
```

对文本进行预处理，注意 scikit-learn 中的 TfidfVectorizer 所需要的输入形式为用空格隔开的单词组成的字符串：

```
texts = ["".join(jieba.lcut(text, cut_all =True)) for text in raw_texts]
print(texts)
```

输入格式部分截图如图 5.4 所示：

```
['你 站 在 桥上 看 风景', '看 风景 的 人 在 楼上 看 你', '明月 装饰 了 你 的 窗子
```

图 5.4　输入格式部分截图

对文本进行词袋表示：

```
bow_vec =CountVectorizer()
bow_matrix = bow_vec.fit_transform(texts)
```

打印词典信息：

```
print(bow_vec.vocabulary_)
```

完整结果如图 5.5 所示：

```
{'桥上': 2, '风景': 6, '楼上': 3, '明月': 1, '装饰': 5, '窗子': 4, '别人': 0}
```

图 5.5　输出结果

打印词袋表示：

```
print(bow_matrix)
```

完整结果如图 5.6 所示，前面 tuple 中的第一项表示文本的标号，后一项表示单词的标号，tuple 后的数字表示单词的出现频次。

```
(0, 6)    1
(0, 2)    1
(1, 3)    1
(1, 6)    1
(2, 4)    1
(2, 5)    1
(2, 1)    1
(3, 0)    1
(3, 5)    1
```

图 5.6　完整结果

对文本进行 TF-IDF 表示：

```
tfidf_vec =TfidfVectorizer()
tfidf_matrix = tfidf_vec.fit_transform(texts)
打印词典信息:
print(tfidf_vec.vocabulary_)
```

打印结果如图 5.7 所示。

```
{'桥上': 2, '风景': 6, '楼上': 3, '明月': 1, '装饰': 5, '窗子': 4, '别人': 0}
```

图5.7　打印结果

打印词袋表示：

```
print(tfidf_matrix)
```

完整打印结果如图5.8所示。

```
(0, 2)	0.7852882757103967
(0, 6)	0.6191302964899972
(1, 6)	0.6191302964899972
(1, 3)	0.7852882757103967
(2, 1)	0.6176143709756019
(2, 5)	0.48693426407352264
(2, 4)	0.6176143709756019
(3, 5)	0.6191302964899972
(3, 0)	0.7852882757103967
```

图5.8　打印词袋结果

可以发现，相较于之前利用 gensim 工具的结果，以上的词典小了很多，这是因为 scikit-learn 中的工具会默认过滤长度为1的单词。一般认为，长度为1的单词在文本中无足轻重，但也可能是一些重要单词，比如某些专有名词、某个具备重要意义的数值。因此，在初始化 CountVectorizer 或者 TfidfVectorizer 时，对参数 token_ pattern 进行更改，使其也能匹配长度为1的单词：

```
# 修改单词匹配表达式
tfidf_vec = TfidfVectorizer(token_pattern=r"(?u)\b\w+\b")
bow_vec = CountVectorizer(token_pattern=r"(?u)\b\w+\b")
```

另外，还有几个重要的参数需要注意：

max_ df/min_ df:：区间［0.0，1.0］内的浮点数或者正整数，默认值为1.0。当设置为浮点数时，过滤超过 max_ df 或者低于 min_ df 比例的词；当为正整数时，则表示过滤超过 max_ df 或者低于 max_ df 频次的词语。

stop_ words：为 list 类型，直接过滤指定的停用词。

vocabulary:：为 dict 类型，作用与 stop_ words 相反，表示只专注于词典中的词语。

5.2　Word2Vec 词向量

Word2Vec，中文称作词向量或者词嵌入，可以认为是自然语言处理史上的一大里程碑式的突破，使机器在理解语义层面有了质的提升。本节主要介绍 Word2Vec 的基本原理、模型细节及代码演示，最后展示如何基于自定义语料，应用现有工具库进行词向量训练。

5.2.1　Word2Vec 的基本原理

在介绍 Word2Vec 的原理之前，首先解释什么是词嵌入（Word Embedding）。Embedding 是一个数学专有名词，是指某个对象 X 被嵌入另外一个对象 Y 中：

$$映射\ f: X \to Y$$

Word Embedding 则表示把词汇表中的单词映射为由实数构成的向量，比如独热编码

(One-Hot) 就是一种简单的 Word Embedding，每个词对应的向量维数为词典大小，词所在的索引位置为 1，其余位置均为 0。但是这种表示方法没有考虑单词之间的位置关系并且表征能力非常有限。

而 Word2Vec 是谷歌在 2013 年开源的一款用于训练词向量的工具，引起了工业界以及学术界的广泛关注。从训练的角度来说，Word2Vec 可以对百万数量级的词典和上亿的数据集进行高效训练；就结果而言，其训练出的词向量能够很好地表征词义，并且能够度量两个词汇之间不同层面的词义相似度，比如“早上”和“早晨”在意义上相似，“父亲”与“母亲”在用法上相似。

Word2Vec 实质上包含 CBOW（Continuous Bag-of-Words）和 Skip-Gram 两种深度学习模型，直观地说，CBOW 是给定上下文作为输入，来预测中心词，而 Skip-Gram 则是给定中心词作为输入来预测上下文。以分好词并预处理好的句子“夏天/的/时候/小明/尤其/喜欢/吃/冰西瓜”为例，来看看如何为以上模型准备输入以及输出数据。

针对 CBOW 模型，例如选取“喜欢”作为需要预测的中心词，那么接下来选取其上下文的词汇，在这里设定上下文窗口大小为 2，那么上下文为［“小明”，“尤其”，“吃”，“冰西瓜”］，因此最终的输入输出样本对为：

（“小明”，“喜欢”）

（“尤其”，“喜欢”）

（“吃”，“喜欢”）

（“冰西瓜”，“喜欢”）

对于 Skip-Gram 而言，若也选取同样的中心词及窗口大小，则数据为：

（“喜欢”，“小明”）

（“喜欢”，“尤其”）

（“喜欢”，“吃”）

（“喜欢”，“冰西瓜”）

这个过程其实相当于我们给模型呈现很多上下文相关的词语对，期望其能够学习到这其中的联系。上述例子在模型中的结构如图 5.9 所示。

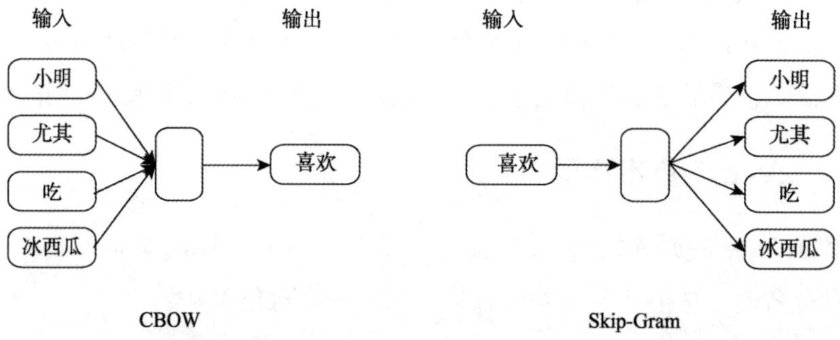

图 5.9　CBOW 与 Skip-Gram 结构

构建好样本数据，接下来需要将其数值化，统计训练数据并构建词典表，接着根据词典中的索引将单词表示为独热向量。假如上述句子为所有训练数据，那么对应的词典为：

{0：“夏天”，1：“的”，2：“时候”，3：“小明”，4：“尤其”，5：“喜欢”，6：“吃”，7：“冰西瓜”}

以“小明”，“喜欢”两个单词为例，对应的独热向量分别为：

[0，0，0，1，0，0，0，0]

[0，0，0，0，0，1，0，0]

之后将数值化表示的输入输出代入模型便可进行训练。讲到这里，初识词向量的读者朋友可能会有一个很大的疑惑，既然要训练词向量，那么这个词向量到底在哪里？其实词向量就藏在模型的隐层之中，而隐层的大小就是想要设定的词向量维度。

假设在某一训练数据中，词典大小为 5，设定词向量维度为 3，那么隐层的参数矩阵大小就为 5 ×3，模型训练好之后的参数矩阵即为词典中所有词汇的词向量表示。具体而言，矩阵中第 x 行表示的向量即为索引为 x 的词所对应的词向量。为什么可以这么认为？由于我们输入的是独热编码，经过隐层的时候，1 所在的索引位置便映射到了对应行的向量，如图 5. 10 所示，第 4 个索引位置的单词对应的词向量便为 [10，12，19]。

$$[0\quad 0\quad 0\quad 1\quad 0]\times\begin{bmatrix}17 & 24 & 1\\ 23 & 5 & 7\\ 4 & 6 & 13\\ 10 & 12 & 19\\ 11 & 18 & 25\end{bmatrix}=[10\quad 12\quad 19]$$

图 5. 10　One-hot 向量经过隐层后的表示

那么 Word2Vec 的原理是什么？简单来说，就是基于词与词之间的上下文关系，应用深度学习的方法训练词向量。回想我们学习语言的过程，在遇到生词的时候，也是通过生词周边的上下文对生词词义进行预测。例如有以下几个句子：

- 夏天的时候，小明尤其喜欢吃冰西瓜。
- 夏天的时候，小明尤其喜欢吃棒冰。
- 夏天的时候，小明尤其喜欢吃 × ×。

其中，“ × ×”为一个生词，其上下文与冰西瓜、棒冰的类似，那么我们可以大胆猜测，“ × ×”也是一种冰凉解暑的食物。从这个角度而言，语境赋予了单词特定的意义，词向量的训练思想借鉴了人类学习语言的思路。

5. 2. 2　Word2Vec 模型细节及代码演示

以上简要介绍了 Word2Vec 的基本原理，其深度学习模型并不复杂，然而在实际搭建过程中，我们会发现这是一个巨大的神经网络，操作上存在诸多困难。首先，谷歌使用的词典大小是百万级别的，那么相应的输入输出向量以及隐层的矩阵规模都是超级巨大的，因此此模型的收敛速度必然会非常慢。为了解决这个工程上的难题，Word2Vec 的研发者 Mikolov 等人针对实际训练方式提出了三个创新点：

将常见的单词组合（或者说词组）当作一个单词来处理：很多单词组合其实是固定的表达，如果拆分为单个词反而会影响语义，比如 New York、United Stated 等。谷歌所使用的训练数据中，单词组合（或者说词组）有 300 万之多。

对高频词进行抽样处理：对于一些常见词汇来说，比如 the、a 等，其所对应的训练样本非常巨大，不仅消耗了大量的计算力，同时也是一种数据不平衡现象从而影响训练效果。因此，对于文本中的每个词，设定一个抽样概率（即保留下来的概率），并且单词越是常见，此概率便越小。具体表达式如下：

$$P(w_i) = \left(\sqrt{\frac{Z(w_i)}{0.001}} + 1\right) * \frac{0.001}{Z(w_i)} \tag{5.4}$$

其中 $P(w_i)$ 表示保留单词 w_i 的概率大小，$Z(w_i)$ 为其出现频次。

负采样：按照原先的思路在模型最后的输出阶段，经由 Softmax 层后，我们希望正确词的概率更接近于 1，其他词对应的概率更接近于 0，因此需要对所有这些单词对应的参数进行更新。而谷歌所使用的训练样本数以亿计，利用这么大量的数据对大规模的参数进行更新，如此训练起来非常耗时。因此，我们可以转换思路，将一个多分类问题转变为二分类问题。具体方案为：输入中心词及上下文单词，作为正样本，标签为 1，而输入中心词及非上下文单词，作为负样本，标签为 0，同样能够学习到单词之间的关系。由于每个中心词的非上下文单词太多，这里存在的问题是负样本过多，便引出了负采样的技巧。

负采样的思想是，每次的训练样本只更新中心词以及一小部分其他单词对应的权重，从而大幅度地减小计算量。这一小部分单词便是所谓的负样本（negative words），研发者在论文中指出，对于小规模数据，一般选择 5 ~ 20 个负样本会比较好，对于大规模数据集可以仅选择 2 ~ 5 个负样本。假设词典总大小为 10 000，选取 5 个负样本进行相关的参数更新，再加上正样本，相当于计算量为原来的 6/10 000。

那么，按照什么标准选择负样本呢？在这里，一个单词被选作负样本的概率也与它的出现频次相关，出现频次越高的单词越容易被选作负样本。某个单词被选中的概率计算表达式如下：

$$P(w_i) = \frac{f(w_i)^{3/4}}{\sum_{j=0}^{n}(f(w_j)^{3/4})} \tag{5.5}$$

其中 $P(w_i)$ 表示单词 w_i 的被当作负样本的概率大小，$f(w_i)$ 表示其出现频次，n 表示词典大小。

接下来我们利用深度学习框架 PyTorch 搭建基于负样本采样的 Skip-gram 结构，训练并可视化词向量。首先导入涉及的包：

```
import numpy as np
import torch
from torch import nn, optim
```

```
import random
from collections import Counter
import matplotlib.pyplot as plt
```

作为演示，这里用于词向量训练的文本数据很简单，如下：

```
text = "i like dog i like cat i like animal dog cat animal apple cat dog like dog fish milk like dog \
cat eyes like i like apple apple i hate apple i movie book music like cat dog hate cat dog like"
```

基本的参数设置如下：

```
EMBEDDING_DIM = 2 #词向量维度
PRINT_EVERY = 100 #可视化频率
EPOCHS = 100 #训练的轮数
BATCH_SIZE = 5 #每一批训练数据中输入词的个数
N_SAMPLES = 3 #负样本大小
WINDOW_SIZE = 5 #周边词窗口大小
FREQ = 0 #词汇出现频率
DELETE_WORDS = False #是否进行高频词抽样处理
```

接着对文本进行简单的预处理，包括大小转换，去除低频词，在实践中针对真实数据，还需要依据文本情况进行更复杂的处理，比如多文本的处理、特殊符号的处理、词形还原等。

```
def preprocess(text, FREQ):
    text =text.lower()
    words =text.split()
    #去除低频词
    word_counts = Counter(words)
    trimmed_words = [word for word in words if word_counts[word] > FREQ]
    return trimmed_words
words =preprocess(text, FREQ)
```

构建词典并将文本数据转化为数值数据：

```
vocab = set(words)
vocab2int = {w: c for c, w in enumerate(vocab)}
int2vocab = {c: w for c, w in enumerate(vocab)}
#将文本转化为数值
int_words = [vocab2int[w] for w in words]
```

由于在对高频词进行抽样处理以及负采样过程中都涉及单词的出现频次，因此可提前计算单词的出现情况：

```
int_word_counts = Counter(int_words)
total_count = len(int_words)
word_freqs = {w: c/total_count for w, c in int_word_counts.items()}
#单词分布
unigram_dist =np.array(list(word_freqs.values()))
noise_dist =torch.from_numpy(unigram_dist ** (0.75) / np.sum(unigram_dist ** (0.75)))
```

对高频词进行抽样处理，注意这里采用的方式与公式5.4有些出入，但是基本原理一致：

```
if DELETE_WORDS:
    t = 1e-5
    prob_drop = {w: 1-np.sqrt(t/word_freqs[w]) for w in int_word_counts}
    train_words = [w for w in int_words ifrandom.random() < (1-prob_drop[w])]
else:
    train_words = int_words
```

接下来构建获取目标词汇（输入词的周边词）的函数：

```
def get_target(words, idx, WINDOW_SIZE):
    target_window =np.random.randint(1, WINDOW_SIZE +1)
    start_point = idx-target_window if (idx-target_window) >0 else 0
    end_point = idx +target_window
    targets = set(words[start_point:idx] +words[idx +1:end_point +1])
    return list(targets)
```

接下来对数据进行批次化处理，构建批迭代器。这里需要注意的一点是，对于每一个输入词而言，虽然设置的 window_ size 一致，但是周边词的多少也并非一致，这是由于词汇本身的上下文大小不一致，比如位于 text 最初始位置的“I”不存在上文，而位于末位的“like”没有下文，在中间的词汇则有更多的上下文：

```
def get_batch(words, BATCH_SIZE, WINDOW_SIZE):
    n_batches = len(words)//BATCH_SIZE
    words = words[:n_batches* BATCH_SIZE]
    for idx inrange(0, len(words), BATCH_SIZE):
        batch_x, batch_y = [],[]
        batch = words[idx:idx +BATCH_SIZE]
        for j in range(len(batch)):
            x = batch[j]
            y = get_target(batch, j, WINDOW_SIZE)
            batch_x.extend([x]* len(y))
            batch_y.extend(y)
        yield batch_x, batch_y
```

以上过程主要包括参数设置、文本的预处理、输入输出数据的构建，属于一些基本的准备工作。接下来进入模型的搭建阶段，首先定义基于负采样的 Skip-gram 模型，主要包括词向量层的定义及初始化、输入词、目标词以及负样本的前向过程，如下：

```
class SkipGramNeg(nn.Module):
    def __init__(self, n_vocab, n_embed, noise_dist):
        super().__init__()
        self.n_vocab = n_vocab
        self.n_embed = n_embed
        self.noise_dist = noise_dist
        #定义词向量层
        self.in_embed = nn.Embedding(n_vocab, n_embed)
        self.out_embed = nn.Embedding(n_vocab, n_embed)
        #词向量层参数初始化
        self.in_embed.weight.data.uniform_(-1, 1)
        self.out_embed.weight.data.uniform_(-1, 1)
    #输入词的前向过程
    def forward_input(self, input_words):
        input_vectors = self.in_embed(input_words)
        return input_vectors
    #目标词的前向过程
    def forward_output(self, output_words):
        output_vectors = self.out_embed(output_words)
        return output_vectors
    #负样本词的前向过程
    def forward_noise(self, size, N_SAMPLES):
        noise_dist = self.noise_dist
        #从词汇分布中采样负样本
        noise_words = torch.multinomial(noise_dist,
                                        size * N_SAMPLES,
                                        replacement = True)
        noise_vectors = self.out_embed(noise_words).view(size, N_SAMPLES, self.n_embed)
        return noise_vectors
```

定义损失函数，重点在于将输入词向量、输出词向量（目标词向量）以及负样本词向量转化成可相互作运算的维度形式，并且综合目标词损失以及负样本损失，如下：

```
class NegativeSamplingLoss(nn.Module):
    def __init__(self):
```

```
        super().__init__()
    def forward(self, input_vectors, output_vectors, noise_vectors):
        BATCH_SIZE, embed_size = input_vectors.shape
        #将输入词向量与目标词向量作维度转化处理
        input_vectors = input_vectors.view(BATCH_SIZE, embed_size, 1)
        output_vectors = output_vectors.view(BATCH_SIZE, 1, embed_size)
        #目标词损失
        out_loss =torch.bmm(output_vectors, input_vectors).sigmoid().log()
        out_loss = out_loss.squeeze()
        #负样本损失
        noise_loss = torch.bmm(noise_vectors.neg(), input_vectors).sigmoid().log()
        noise_loss = noise_loss.squeeze().sum(1)
        #综合计算两类损失
        return-
        (out_loss + noise_loss).mean()
```

模型、损失函数及优化器初始化：

```
model = SkipGramNeg(len(vocab2int), EMBEDDING_DIM, noise_dist =noise_dist)
criterion =NegativeSamplingLoss()
optimizer =optim.Adam(model.parameters(), lr=0.003)
```

以上过程将数据部分以及模型部分都处理完毕。接下来进行数据训练，主要包括数据批次化、计算损失及可视化损失以及梯度回传，如下：

```
for e in range(EPOCHS):
    #获取输入词以及目标词
    for input_words, target_words in get_batch(train_words, BATCH_SIZE, WINDOW_SIZE):
        steps + = 1
        inputs,targets =torch.LongTensor(input_words), torch.LongTensor(target_words)
        #输入、输出以及负样本向量
        input_vectors = model.forward_input(inputs)
        output_vectors = model.forward_output(targets)
        size, _ = input_vectors.shape
        noise_vectors = model.forward_noise(size, N_SAMPLES)
        #计算损失
        loss =criterion(input_vectors, output_vectors, noise_vectors)
        #打印损失
        if steps% PRINT_EVERY = = 0:
            print("loss:",loss)
        #梯度回传
```

```
        optimizer.zero_grad()
        loss.backward()
        optimizer.step()
```

在以上参数设置的情况下，损失的变化情况如图 5.11所示。

```
loss:  tensor(2.4996, grad_fn=<NegBackward>)
loss:  tensor(2.6968, grad_fn=<NegBackward>)
loss:  tensor(2.2294, grad_fn=<NegBackward>)
loss:  tensor(1.9710, grad_fn=<NegBackward>)
loss:  tensor(1.8051, grad_fn=<NegBackward>)
loss:  tensor(1.7684, grad_fn=<NegBackward>)
loss:  tensor(1.5801, grad_fn=<NegBackward>)
loss:  tensor(1.5488, grad_fn=<NegBackward>)
```

图 5.11　损失变化情况

据图 5.11 可知，损失随着训练的进行逐渐下降。接下来对所训练出来的词向量进行可视化，由于我们设置的 EMBEDDING_ DIM 为 2，因此可以直接在二维平面上展示，只需要取出模型中 in_ embed 层所对应的参数矩阵即可：

```
for i, w in int2vocab.items():
    vectors =model.state_dict()["in_embed.weight"]
    x,y = float(vectors[i][0]),float(vectors[i][1])
    plt.scatter(x,y)
    plt.annotate(w, xy=(x, y), xytext=(5, 2), textcoords='offset points', ha='right', va='bottom')
plt.show()
```

各个词向量的位置如图 5.12 所示。

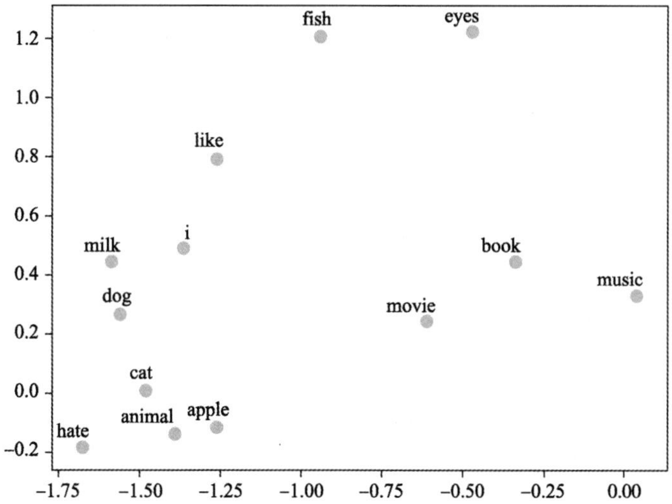

图 5.12　词向量（1）

由图 5.12 可知，dog 与 cat 距离较近，book、movie、music 有聚类的倾向，从这个角度而言，这些词汇的训练效果不错。

接下来我们尝试增加训练次数，将 EPOCHS 设置为 1000，训练而得的词向量如图 5.13 所示。

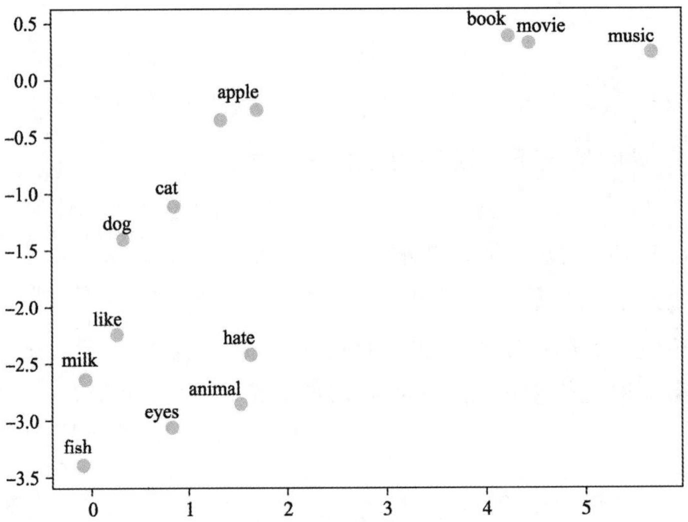

图 5.13　词向量（2）

如图 5.13 可知，dog 与 cat，book、movie 及 music 之间的距离更加相近，并且 fish 和 animal，like 和 hate 之间似乎也存在某些联系，词向量训练得更好了。当然，由于我们的文本数据实在太少，这里所训练出的词向量难以在其他任务上迁移应用，但通过以上的简单演示，Skip-gram 模型的效果可见一斑。

5.2.3　应用工具训练 Word2Vec

gensim 中的 Word2Vec 库封装了谷歌 c 语言版本的 Word2Vec 模型。在实际应用中，我们可以在 python 中方便地调用此库，轻松实现对自定义语料的词向量训练。具体而言，与训练相关的所有参数都在 gensim. models. word2vec. word2vec 这个类中。这里首先针对几个重要参数进行简要介绍，内容来自其 API 文档。

- Sentences：用于训练词向量的语料，可以是一个列表，当数据量较大时也可以从文件中遍历读出。
- Size：词向量的维度，默认值为 100。这里的取值一般与语料大小相关，如果语料库较大，建议适当增大维度。
- window：即上下文窗口大小，默认值为 5，可以根据实际的情况如训练速度要求、语料大小等，进行动态调整。
- sg：即 Word2Vec 中两个模型的选择，默认为 0，表示 CBOW 模型，更改为 1 则是 Skip-Gram 模型。
- negative：使用负采样时负样本的个数，推荐取值为 5 ~ 20。
- min_ count：需要计算词向量的词的最小词频，可以去掉一些很生僻的低频词，默认是 5。如果是小语料，可以调低此值。
- iter：随机梯度下降法中迭代的最大次数，默认是 5。对于大语料，可以增大这个值。

- alpha：在随机梯度下降法中迭代的初始步长，默认是 0.025。

接下来我们以诗作《断章》为语料进行词向量训练，首先导入相关包：

```
from gensim.models import
word2vec
import jieba
```

准备语料及转化为输入格式：

```
raw_texts = [
    '你站在桥上看风景',
    '看风景的人在楼上看你',
    '明月装饰了你的窗子',
    '你装饰了别人的梦',
]
texts = [[word for word in jieba.cut(text, cut_all = True)] for text in raw_texts]
```

模型训练：

```
model = word2vec.word2vec(texts, min_count = 1, window = 3, size = 5)
```

以上简单的步骤便训练好了一个迷你版本的词向量库，接下来可作如何应用？直接获取某词的词向量：

```
print(new_model["你"])
#输出[-0.00118061  -0.00537402  -0.0992209  0.04718886  0.08855273]
```

比较两词的相似度：

```
print(new_model.wv.similarity("窗子", "楼上"))
#输出 0.5213799936233425
```

获取某词 topN 的相似词：

```
print(model.wv.similar_by_word("你", topn = 3))
#输出
# [('窗子', 0.8573505878448486), ('在' 0.592522382736206), ('明月'),
0.5414426922798157)]
```

当然，由于此处的语料实在太小，这里的词向量所表达的语义并不是那么准确。因此可以预保存已训练好的模型，等下次搜集更多语料后接着训练。假设新的语料为 new_texts，相关代码如下：

```
model.save("w2v_model")
new_model = word2vec.word2vec.load("w2v_model")
new_model.train(new_texts)
```

5.3 改进后的词表征

虽然 Word2Vec 相较于早期的文本表征有了突破性进步，但还是存在一些缺陷，比如没有利用全局统计信息，没有考虑到词形信息，对未登录词或者多义词没有很好的解决方案等。本小节主要介绍，后续的研究者们基于以上缺点提出的一些改进版本的词表示模型。

5.3.1 GloVe 模型

GloVe 的全称叫 Global Vectors for Word Representation，由斯坦福 NLP 研究小组在 2014 年提出，是一种基于全局词频统计的词向量生成方法。研发者指出，一般的 Word2Vec 模型训练方法只关注词汇的上下文信息而忽略了词与词之间的共现信息，因此缺少全局性，而 GloVe 在 Word2Vec 捕捉局部信息的基础上，还结合了全局矩阵分解方法（Matrix Factorization），其训练而得的词向量在很多自然语言处理任务上都有效果提升。

那么，如何对词的全局信息加以关注？研发者首先基于训练语料库构建一个共现矩阵（Co-occurrence Matrix），其中每一个元素 X_{ij} 代表单词 i 和上下文单词 j 在特定大小的上下文窗口（context window）中的共现次数。需要特别注意的是，这里的次数并非简单的计数，还考虑到两个单词距离的远近，研发者提出了一个衰减函数作为计算权重，距离越远，共现的计数所占权重越小。

接着研发者提出一个自定义函数构建词向量与共现矩阵之间的关系，由于共现矩阵是已知的，便可以更新词向量的参数，使其趋近于上述函数构建的与共现矩阵间的关系。其关系公式如下：

$$w_i^T w_j' + b_i + b_j' = log\ (X_{ij}) \tag{5.6}$$

其中，w_i^T 和w_j' 为要求解的词向量，b_i 和b_j' 为词向量所对应的偏置，X 为共现矩阵。目标函数如下：

$$J = \sum_{i,j=1}^{V} f(X_{ij})(w_i^T w_j' + b_i + b_j' - \log\ (X_{ij})\ )^2 \tag{5.7}$$

注意，此函数在均方误差的基础上还加了一项权重函数 $f(X_{ij})$，这是因为对于训练最终结果的贡献，我们希望共现次数多的单词对的权重要大于共现次数少的，但此权重到达一定程度后也不再增加，对于没有共现过的单词对，其权重为 0。因此设定此项的表达式为：

$$f(x) = \begin{cases} (x/x_{\max})^{\alpha} & if x < x_{\max} \\ 1 & otherwise \end{cases} \tag{5.8}$$

对应的图像如图 5.14 所示。

简单地说，为了考虑到整体文本，GloVe 通过一个自定义函数，应用词向量去拟合语料的全局统计信息。这里的全局统计信息可认为是表象，而词向量是我们感兴趣的本质，自

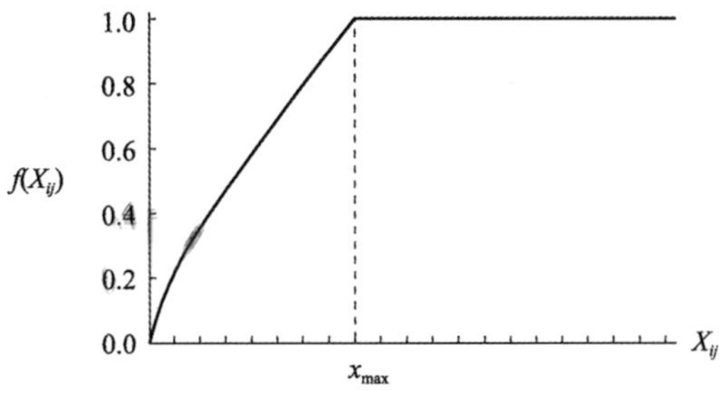

图 5.14　权重函数

定义函数则是 GloVe 所提出的，对表象与本质间的联系建模。在应用方面，斯坦福 NLP 研究小组开源了模型的多个训练结果，包括不同的语言及不同的词向量维度，只需要在其网站（https：//nlp. stanford. edu/projects/glove/）上下载即可迁移应用。

5. 3. 2　FastText 模型

FastText 由脸书的 FAIR 实验室在 2016 年开源，用于实现快速文本分类以及训练词向量的资料库，其相关的论文有两篇，分别为 Bag of Tricks For Efficient Text Classification 和 Enriching Word Vectors with Subword Information。前者在文本分类的任务基础上能够顺带地训练出词向量，而后者与上文中的 Skip-grams 模型一脉相承并且添加了子词信息。在这里我们只讨论第二篇论文中的词向量训练方式，由于其训练方式与平台 FastText 相关，因此常被称为 FastText 词向量。

Word2Vec 模型被证实十分有效，但每个词都以独热向量初始化，这种操作方法未考虑到词内部的形态信息。在很多词形信息丰富的语言中，比如土耳其语、芬兰语等，形态相近的词汇之间有着非常密切的联系；另外，这些语言中还富含大量的罕见词汇，用普通的 Word2Vec 模型进行训练，难以很好地表征这部分词汇的语义；最后，Word2Vec 训练出的词向量，在应用过程中针对未登录词也无能为力。

基于以上问题，FastText 词向量的研发者提出了基于子词信息 N-gram 的词汇表示形式。以单词“apple”为例，N 取为 3，那么其子词 N-gram 集合为：

[ap,pp,pl,le,app,ppl,ple]

为了更好地表达词汇的前后缀，具体操作中研发者在单词前后加了特殊符号“<apple>”，如此便可以区分相同的字符串作为前后缀以及中间部分的不同，现在所对应的子词 N-gram 集合为：

[<a,ap,pp,pl,le,e>,<ap,app,ppl,ple,le>]

最终某个单词的表达形式为这些 N-gram 集合中字符对应向量以及词汇本身向量的结合。为了减少计算量，在实际操作中，对于前 k 个频率高的单词，不使用 N-gram 信息。而模型的其他部分，基本与 Skip-grams 一致，同样也采用了负采样的方法减小计算量。

实验结果表明，对于不同的语言，FastText 词向量的效果有所不同，关键在于语言本身的形态丰富性，比如针对德语，应用 FastText 的效果比一般的 Word2Vec 好很多。另外，针对语料中未训练到的词，FastText 具备对未登录词的表征功能，即能根据其形态信息提供词向量。在 gensim 中也提供了 FastText 相关的工具包，使用方式与 Word2Vec 类似，这里不再赘述。

5.3.3 ELMo 模型

以上所介绍的所有词向量训练方法，最终目标均是为某一个词语提供能够表征其语义的向量。然而，在语言中非常常见的一个现象是一词多义，针对这部分词，显然应用同一词向量是效果不佳的。例如作为水果的“苹果”和作为公司名称的“苹果”，显然不能用同一词向量进行表达，例子如下：

- 乔布斯是苹果的前 CEO。
- 乔布斯吃了一个苹果。

因此华盛顿大学的 Peters 等人在 2018 年提出了 ELMo 词向量训练方法，他们认为一个好的词向量需要兼具语义及语法的复杂特点和随着语言环境而改变的能力。

在介绍 ELMo 之前，首先简要介绍循环神经网络在语言模型上的应用，即神经概率语言模型。语言模型的主要功能是计算各个词语组成序列的概率，用以判断某个句子出现的概率是不是高，或者说像不像一句话，在机器翻译、文本校对等多项自然语言处理任务中有重要作用。

那么，如果应用循环神经网络，如何学习词与词之间的关系继而训练语言模型？其实也很简单，只需要将输入和输出的句子隔一个词错开，让前一个词作为输入，后一个词作为输出，模型便学习到了词语之间的关系。例如，以“我/喜欢/吃/苹果”作为循环神经网络的序列输入，以“喜欢/吃/苹果/<结束符>”作为输出序列，那么实质上输出的每一个词均与前几个词相关，如图 5.15 所示。

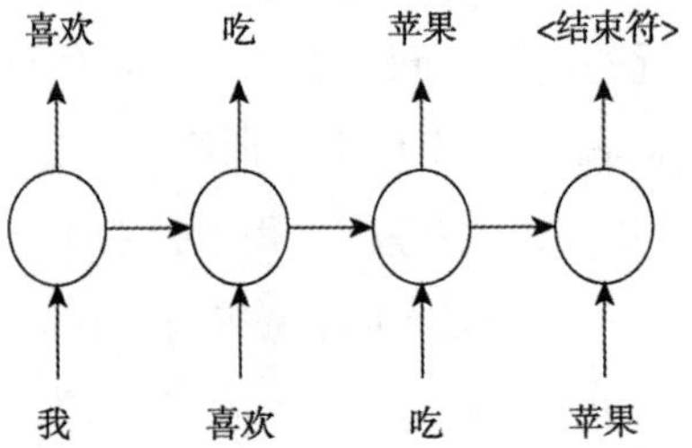

图 5.15 循环神经网络训练语言模型

而 ELMo 的核心正是语言模型任务，通过搭建一个深层的双向 LSTM 网络结构，进行大规模语料的训练，其原始词向量及一系列双向隐层状态特征的线性组合便可以是词表征。这个过程以人类解读词汇的角度来理解也很直观，举个例子，对于句子“我/在/吃/土豆”中的词汇“吃”，从前往后阅读此句，可理解为“这是我在施行的一个动作”，从后往前阅读，可认为是“对于土豆施行的动作”，对应 LSTM 网络的双向隐层特征，而词汇“吃”本身也可解读到一种语义信息，对应原始词向量，综合三者，人脑便解读出了“吃”在这个句子中的特定内涵。正是基于这种解读方式，ELMo 所考虑的是，词汇在特定句子中的特定含义。

利用 ELMo 预训练好的双向语言模型，接着根据具体任务的输入从模型中得到具备上下文依赖关系的词表示。由于 ELMo 模型的输入为整句话，其中每个词对应的向量实际上是关于整个句子的函数，因此同一个词在不同的句子中会有不同的词向量表示。最后把这些词表示当成特征加入具体的有监督模型里，进一步地进行微调，提高特征与任务的契合性。以下为 ELMo 模型中的一些细节：

- 使用了双向循环神经网络，更好地学习词语间的上下文关系。
- 使用双层循环神经网络，使模型能够兼顾浅层及深层的语义表征。
- 对原始输入进行字符级别的卷积，能够更好地抓取子词的内部结构信息。
- 循环神经网络的低层能够提取语法、句法方面的信息，而高层则擅长于捕捉语义特征。

实验结果表明，此方式在问答、情感分析、命名实体实别等下游任务中都取得了不错的效果。

5.4 句向量

自从 Word2Vec 模型被提出以来，人们对于词向量的研究已经到了相当成熟的阶段。对于很多自然语言处理任务，输入的是长文本，那么如果一篇文章以句子为单位进行句向量的表示是不是效果更佳？因此，句向量的研究在近几年也受到了广泛关注。本节主要介绍一些基础的句向量表示方法以及最新的前沿研究。

5.4.1 基于词向量的平均

既然我们可以通过训练或者加载开源工具的方式得到词向量，而句子由词组成，很自然地，将一个句子中的词向量相加求均值，便可认为是某种意义上的句子表示。不过，这种方法并没有考虑到不同词语在句子中的重要程度，因此又有加权平均的方法被提出。

SIF Embedding（Smooth Inverse Frequency Embedding）是一个简单且有效的加权平均模型，效果超过了很多基线模型，其基本操作可以分为两步。首先，作者基于词频为每个词分配权重：

$$a/(a+p(w)) \tag{5.9}$$

其中 $p(w)$ 为词 w 对应的词频，a 为超参数，原论文中取 0.0001，由公式（5.9）可知，词的出现频率越高，其权重越小。

接下来，SIF Embedding 另一大核心操作是去除文本中与语义无关的向量。具体地，取上述加权平均而得的句向量矩阵，计算其最大的奇异值向量，研发者认为此向量代表了文本中的停用词或者语法层面等对语义无重大影响的内容，因此可以将这些向量或者说噪声去除。

还有研究者提出了基于幂均值（Power Mean）的句向量表示方法。对于由各词向量 x 组成的一个句子 s，计算其 K 个幂均值：

$$\left(\frac{x_1^p + \cdots + x_n^p}{n}\right)^{1/p} \tag{5.10}$$

其中 n 为句长，K 是自定义的数据目，p 也可以随意选择（研发者在论中建议选择 2 或 3 会更好）。接下来的步骤也很简单，将上述得到的 K 个幂均值向量进行简单拼接便可作为整个句子的句向量。实际上，研发者使用了不同的预训练词向量，那么可利用以上方式得到多个句向量，同样地再做拼接操作，作为最终的句向量结果。

5.4.2　沿用 Word2Vec 思想

Word2Vec 利用词与词之间的上下文关系，通过大量语料即可以训练出质量相当好的词向量。那么类似地，以一个句子为单位，同样可以用此方式训练出句向量。

Skip-Thoughts 借用了 Skip-Gram 的思想，以三个相邻的句子为一组，利用中心句来预测前后两个句子，其模型结构如图 5.16 所示。

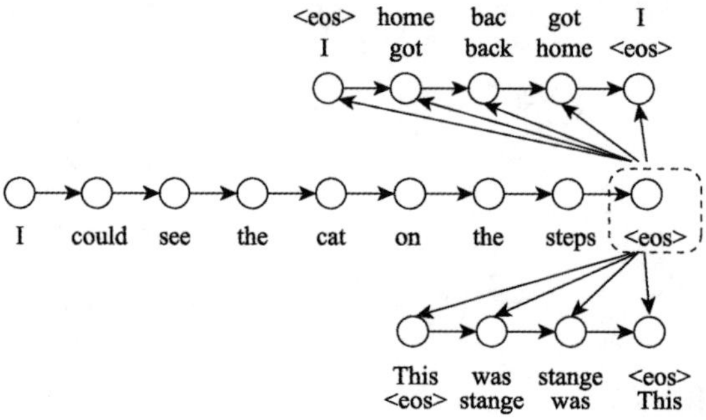

图 5.16　Skip-Thoughts 模型

由图 5.16 可知，输入的句子为：

“I could see the cat on the steps”

输出的句子为：

“I got back home”

“This was strange”

整个模型为编码器-解码器结构，同时注意这里有两个解码器，应用的模型均为 GRU。输入的句子经过编码器最终得到整个句子的表征，即最后一个单词的隐层输出，解码器再基于此表征解码出上下文两个句子。通过大量语料对 Skip-Thoughts 训练完成之后，对于下游任务中的任一句子，通过编码器对其编码即得到句向量。

然而，Skip-Thoughts 的训练语料不可能包含所有单词，如果下游任务的句子中出现了训练过程中未出现的单词，又该如何解决呢？具体做法是先训练一个词向量空间 V（比如应用 Word2Vec 的方式），此空间里的词汇量比较全，远大于编码器中的词向量空间 V’，对两者建立映射关系，即 V 中的任一向量可通过某矩阵变换得到 V’ 中的某一向量。如此，对于训练中未出现但在 V 中出现过的词向量，我们就能在 V’ 中找到相应的映射。

其后提出的 Quick-Thoughts 模型是对 Skip-Thoughts 的优化，顾名思义，其主要优点在于训练速度的提升。Skip-Thoughts 的结构实质上为生成模型，而且需要训练 3 个循环神经网络。Quick-Thoughts 则将整个过程当做分类任务来处理，其结构如图 5.17 所示。

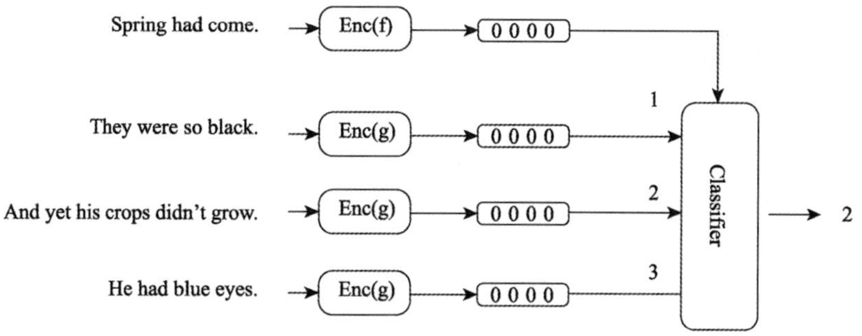

图 5.17　Quick-Thoughts 模型

Quick-Thoughts 训练完成之后，对于下游任务中的任一句子 s 的句向量，通过 f（s）及 g（s）计算得的向量拼接而得。

5.4.3　有监督方式

以上两小节中所介绍的方法，都是基于无监督的方式（语料数据不需要标签）学习词向量进而计算句向量或者直接训练句向量。然而，这些表征方式对于长句子或者罕见的句子表达还是存在一定的编码局限性。那么，能不能通过有监督的方式训练更通用的句子表征？

InferSent 应用了 SNLI（Standford Natural Language Inference）数据集进行有监督的句子表征学习。SNLI 由 57 万条带有标签的英语句子对组成，与句子推理相关，标签分别是 entailment、contradiction 和 neutral。研发者认为句子推理是一个高难度任务，需要机器学习更高层次的语义表征，那么通过此模型习得的句子表征能力必然很强。模型基本结构如图 5.18所示。

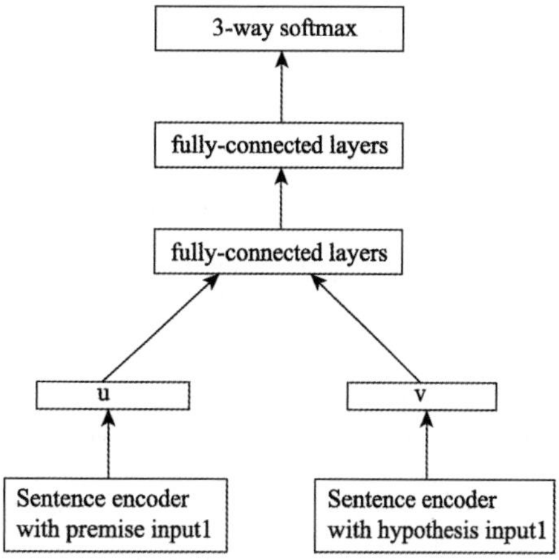

图 5.18　InferSent 模型

在图 5.18 中，最底部为所输入句子对的编码过程中得到的两个向量 u 和 v，接着通过三种方式计算向量间的关系：

- 将 u 和 v 首尾相连得到（u，v）。
- 将 u 和 v 对应维度上的值相乘得到 u × v。
- 将 u 和 v 对应维度上的值相减得到 | u − v | 。

最后，综合三项结果再经由全连接层以及 softmax 层进行关系分类。

在编码器部分，研发者比较了以下 7 种编码方式：

- LSTM
- GRU
- Bi-GRU
- Bi-LSTM with mean pooling
- Bi-LSTM with max pooling
- self-attention
- CNN

通过对不同编码器的比较，研发者发现应用 Bi-LSTM with max pooling 作为编码器生成句向量的效果更佳。

InferSent 的实验结果证明了模型通过某一具体任务的学习，其编码部分可以获得通用的句向量表征。那么假如让模型经过多任务的学习，理论上来说，其编码器的表征效果更具备通用性。

微软和谷歌均在 2018 年提出了基于多任务的句子表征学习模型。其核心思想很直观，模型应用同样的句子编码器，在多个数据集上进行多个任务的训练，任务包括上下文预测、机器翻译、自然语言推理等。

除了数据集及任务的选择，编码器的选择也会影响训练方式以及最终模型对句向量的编码结果。例如使用 Transformer 作为编码器可以获取更高层次的编码能力，而如果应用简单点的模型比如 GRU 则可以获取更快的速度。

本章小结

作为很多自然语言处理任务的首要步骤，可以说好的语言表示便是成功的一半。纵观近几年对语言表示的研究工作，基于深度学习的方法一直占明显的优势且进展迅速。

很多组织机构应用大语料库训练出了效果良好的词向量，并且将结果在相关平台上开源，比如斯坦福的 GloVe 词向量、腾讯开放词向量等，都是值得利用的宝贵资源。将开源的已训练好的词向量应用于具体的下游任务，已经是许多自然语言工程师上手项目的第一步。当然，如果是针对某一特殊领域且我们具备大量的语料数据，也可以利用 gensim 等工具轻松训练自定义语料库的词向量。

基于深度学习的词向量预训练结果为研究者带来了极大便利，也提高了机器翻译、文本分类、自动问答等众多自然语言处理任务的最终表现成绩。另一方面，词向量表示目前也存在诸多问题需要解决，例如对于新词以及低频词的表征还存在一定困难；应用向量的表征形式是否是最好的方式，比如能否应用矩阵呢，这也是值得探究的问题；能否根据不同的层面，比如语法层面、语义层面为词语制定不同的词向量，很多学者也在研究此问题；另外，如何解决句向量中信息丢失的情况？以上及更多的问题仍需要研究者进一步地讨论与探究。

本章主要总结了表示词向量及句向量的相关方法以及前沿研究。另外，对于篇章的表示，也有部分研究者在做相关探索。针对此问题，一般采用层次化的编码方式，首先对句子进行编码，之后利用层次化的卷积神经网络、循环神经网络等对整体篇章进行建模，最终得到篇章表示。

思考题

1. 基于频次的词袋模型有什么缺点？
2. TF-IDF 的基本原理是什么？
3. Word2Vec 的基本原理是什么？
4. Word2Vec 的训练过程中有哪些技巧？
5. 有哪些改进后的词表征方案？
6. 如何应用词向量获取句向量？
7. 可以应用类似 Word2Vec 的方法直接训练句向量吗？
8. 为什么可以将多任务学习应用于句向量的表征中？

第 6 章

序列标注

世界由时间与空间构成，也正是基于这两大要素，序列得以出现。小至蓝天上一排迁徙的大雁、一年四季的温度及湿度变化，大至宇宙的进程、地球的演变，都可以看作一个序列。在自然语言处理领域，语句便是序列，而对其进行标注是一大常见任务，只要涉及对一个序列中的各个元素进行打标签的问题，便可通过序列标注模型解决，比如词性标注、命名实体识别、关键词抽取、词义角色标注等。

一些简单的标注任务如词性标注，通过简单的统计学习便能够达到较高准确率，而一些较难的任务比如特定领域的专业名词识别，则需要应用一些概率图模型或者深度学习模型。本章将为大家介绍一些常见的序列标注场景以及不同场景下的应用模型。

通过本章的学习，读者将有以下收获：

- 熟悉常见的序列标注应用场景
- 能够将生活中的实际问题建模为序列标注问题
- 熟悉基于概率图的序列标注模型
- 熟悉基于深度学习的序列标注模型

6.1 序列标注基础

本节的目的是让读者明晰序列标注的概念、熟悉一些常见的序列标注任务以及掌握一些常用的标注工具。在对标注任务有了轮廓性的基础认识及相应的方法掌握后，还应当学会思考如何将一个生活中的实际问题转化为序列标注问题，理论联系实际，能够做到活学活用才是最好的。

6.1.1 序列标注的应用场景

所谓序列标注，便是对于一个线性输入序列，如：

$$X = x_1, x_2 \cdots x_i \cdots x_n \tag{6.1}$$

给每个元素打上某个标签：

$$Y = y_1, y_2 \cdots y_i \cdots y_n \tag{6.2}$$

因此，其本质上是对线性序列中每个元素根据上下文内容进行分类的问题。在自然语言处理的框架下，线性序列即输入的文本，汉字/词可以看作线性序列的元素，最终的问题便是如何根据汉字/词的上下文给其打上一个合适的标签。以下便是一些常见的序列标注任务：

分词：是中文处理中的首要任务，通过标注每个字为词的某一部分，可以将文本切分为词。比如常用的标注法为［B，M，E，S］，其中 B 代表这个汉字是词汇的开始字符，M 代表这个汉字是词汇的中间字符，E 代表这个汉字是词汇的结束字符，而 S 代表单字词。那么对于句子“我们爱自然语言处理”，其标注序列为“BESBMMMME”，切分为“我们/爱/自然语言处理”。

词性标注：即为句子中的每个词判定基本的语法属性，是语言处理中的基础性问题。比如对于文本“我们爱自然语言处理”，对应的标注为“名词/动词/名词”。需要注意的是，词性标注是对词进行打标签，因此之前需要进行分词。

命名实体识别：是指识别文本中出现的实体，比如人名、地址名、组织机构名等。类似于分词，通过识别每个字的成分进行实体的提取。常用的标注为［BA，MA，EA，BO，MO，EO，BP，MP，EP，O］，BA 表示地址首字，MA 表示地址中间字，EA 表示地址的尾字；BO 代机构名的首字，MO 代机构名称的中间字，EO 代机构名的尾字；BP 代人名首字，MP 代表人名中间字，EP 代人名尾字，而 O 代表这个汉字不属于命名实体。

另外，关键词提取、新词发现、任务型对话中的词槽提取都可以看作特殊的命名实体识别任务。

以上所述便是一些常见的自然语言处理过程中的序列标注问题。事实上，除此之外，很多生活中的实际场景都可以看作一个序列，比如连续一个月的天气变化、炒菜做饭的工序步骤、搬家过程中的物件整理及搬动顺序、设计一张海报过程中各元素的放置顺序等，都可以在特定情况下转化为序列标注问题。因此，学习序列标注模型不仅能够解决自然语言中的一些基础任务，还能够泛化到实际生活场景，解决更多的问题。

6.1.2 基线方式

针对一些简单或者说规则性较强的序列标注任务，不需要使用复杂的模型，仅仅利用匹配、规则、统计等简单的方法（这里称之为基线方式）便能得到不错效果。

例如，现有一些文本，需要对其中的动植物进行识别标注。由于大部分的动植物名称可以罗列出来，那么通过建立相关的专业词典，之后在文本中进行搜索匹配，便可以进行识别。实际上，在很多专业领域的自然语言处理任务中，建立、更新及完善相关的专业词典是非常有意义的一项工作，比如医学术语、网络流行语、金融术语等词库的建立非常有助于相关领域的语义理解。

而有些问题的识别难以利用直接匹配的方法，比如识别文本中关于公司的名称，由于公司名千变万化，很难以词典的形式进行逐一罗列。在这种情况下，可以尝试着归纳这些名称的构成规则辅助识别，比如，公司名称通常的字数、前缀以及后缀的规律、经常出现的字眼、词性等都可以作为识别的规则。

另外，对于另一些任务，光靠个人有限的经验或者说专家模式难以罗列规则，那么可以通过对大量数据统计的方法获取普遍性的规律进而处理。比如对于词性标注，可以通过简单统计所有词汇在语料库中标注为某一词性的概率得到一些标注规律。事实上，对于同一个词汇，在不同的上下文中会有不一样的词性，例如“我在工作”和“我喜欢工作”，其中“工作”的词性分别为动词和名词。因此，我们可以更细化地统计所有词汇在不同场景下的词性概率，并基于此总结规律，进行词性标注。

在实际情况下，综合匹配、规则、统计的方法可以解决一些简单的序列标注问题。前两者便是一种专家系统的思路，需要花大量的时间对规则进行总结归纳，但是准确性比较高；而后者需要大量的真实样本以及合适的统计方式，能够总结出一些无法直接观察到的内在规律。

6.1.3 序列标注任务的难点

对于人类而言，序列标注已然是一项非常烦琐而且费时费力的任务，需要对数据以及标签有全面理解，寻求序列中元素与标签的对应关系以及标签之间的联系等。同样，对于机器而言，序列标注任务也存在很大挑战性，主要难点如下：

难以用规则全面概括标注任务中的所有细节：以中文分词为例，在表达密集的地方例如网络上，每天都会出现新的单词或者新的表达方式，那么今天设定的分词规则可能明天就不适用了。

序列元素本身与标签之间联系的不确定性：例如“我喜欢工作”和“我在工作”，这两个句子中的“工作”在不同的语境下需要分别标注为名词以及动词，在语言中这样的例子很多，处理起来非常棘手。

标签与标签之间存在一定关联：某一元素的标签并不是单纯地由元素本身决定的，而是和整个序列中的元素以及之前的标签都存在相关性，比如“动词”后面一般接“名词”，而且在某些任务中这些联系是隐藏的，很难用规则进行客观描述。

当序列元素以及标签的数量空间比较大的时候，计算量会急剧增大：这是因为一个好的标签模型需要尽可能地考虑到序列元素之间、标签之间、序列元素与标签之间等多种关系，涉及的方面多了，对计算性能要求自然就高了。

数据要求高：如果应用机器学习等方法学习序列标注模型，需要带有标签的数据。而序列标签数据在现实中并不常见，往往需要基于任务事先进行标注，比如专有名词的识别任务，如果涉及较专业的领域，还需要专业人员施行标注工作。

总体而言，一些比较基础的、底层的序列标注任务已经得到比较好的解决，比如分词、命名实体识别、词性标注等。而针对一些下游任务，一方面是标注数据难以获取，另一方面是特征难以总结归纳，因此无论是基于规则，还是基于接下来我们要讲的概率图模型或者机器学习模型，都存在较高难度。

6.2 基于概率图的模型

概率图模型，即在概率模型的基础上，用图的形式来表达概率分布的模型。图中的节点通常表达一个或一组随机变量，而节点间的边则表示变量间的概率依赖关系。通常，根据图中的边是否有向可划分为有向概率图模型（贝叶斯网）和无向概率图模型（马尔科夫网）。

因此，前者适用于有单向依赖的数据，而后者适合变量间存在相互依赖的数据。隐马尔科夫模型、最大熵马尔科夫模型、条件随机场模型均是可用于标注问题的概率图模型。下面为大家详细地介绍及对比此三个模型。

6.2.1 隐马尔科夫模型（HMM）

HMM 是一种比较简单的贝叶斯网，描述一个含有隐含未知参数的马尔科夫过程，能解决基于序列的问题，并且此问题中存在两类数据，一类可观测而得，称为观测序列；另一类是隐藏的，称为隐藏状态序列，简称为状态序列。以词性标注为例，文本本身便是观测序列，而词性则是状态序列。

假设 V 是所有可能的观测值的集合并且数量为 M，Q 是所有可能的状态值的集合并且数量为 N，那么有：

$$V = \{v_1, v_2 \cdots v_M\} \tag{6.3}$$

$$Q = \{q_1, q_2 \cdots q_N\} \tag{6.4}$$

沿用词性标注的例子，令 V 为所有词汇的集合，Q 为所有词性的集合。

假设序列长度为 T（即有 T 个时刻），O 为观测序列，H 为状态序列，那么有：

$$O = (O_1, O_2 \cdots O_T) \tag{6.5}$$

$$H = (H_1, H_2 \cdots H_T) \tag{6.6}$$

图 6.1 为 HMM 模型示意图。

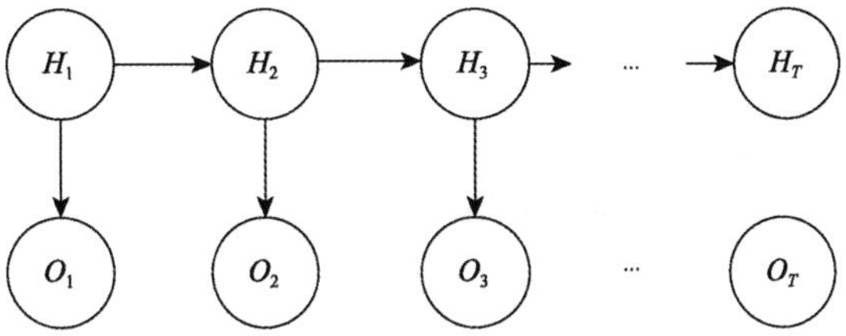

图 6.1 HMM 模型

接下来，HMM 作了两个假设，其一是齐次马尔科夫链假设，其二是观测独立性假设。这两个假设虽然与许多实际场景有出入，但在很大程度上简化了模型，方便了计算。

什么是齐次马尔科夫链假设？意思是说任意时刻的隐藏状态只依赖前一个隐藏状态，即 H_t 只依赖 H_{t-1}，令 $H_t = q_j$，$H_{t-1} = q_i$，a_{ij} 表示两者间的转移概率，则从 t－1 时刻到 t 时刻存在状态转移概率矩阵 A：

$$a_{ij} = P(H_t = q_j \mid H_{t-1} = q_i) \tag{6.7}$$

$$A = [a_{ij}]_{N\times N} \tag{6.8}$$

什么又是观测独立性假设？意思是说任意时刻的观测状态仅依赖当前时刻的隐藏状态，即 O_t 仅依赖 H_t，令 $O_t = v_k$，$H_t = q_j$，$b_j(k)$ 表示发射概率，可用发射矩阵 B 来描述此间关系：

$$b_j(k) = P(O_t = v_k \mid H_t = q_j) \tag{6.9}$$

$$B = [b_j(k)]_{N\times M} \tag{6.10}$$

另外，在初始时刻，由于不存在上一时刻，因此无法由依赖关系得知初始时刻的观测及隐藏状态，需要由隐藏状态分布 Π 来定义：

$$\pi(i) = P(H_1 = q_i) \tag{6.11}$$

$$\Pi = [\pi(i)]_N \tag{6.12}$$

综合可知，HMM 模型存在三个参数，可以由三元组 λ 表示：

$$\lambda = (A, B, \Pi) \tag{6.13}$$

现在我们知道了 HMM 模型的基本原理，如何将其应用于序列标注问题？很显然，假设已知模型参数 λ 以及观测序列，可通过基于动态规划的维特比算法求解出最有可能出现的状态序列。如何得知 λ？一般来说，可以对一个已作好标注的数据集进行统计，用最大似然法分别计算出 A、B、Π。

假如有一个标注好的词性数据集如下：

- 小明（名词）喜欢（动词）小猫（名词）
- 小猫（名词）喜欢（动词）小明（名词）

那么通过统计可知：

观测值集合 = {小明，喜欢，小猫}

状态值集合 = {名词，动词}

状态值对应的初始概率为（名词在初始位置出现的概率为 1，动词为 0）：

$$\Pi = [1, 0]^T \tag{6.14}$$

状态转移矩阵 A 为（名词与动词间相互转移的概率均为 1）：

$$\begin{bmatrix} 0 & 1 \\ 1 & 0 \end{bmatrix} \tag{6.15}$$

发射矩阵 B 为（例如由名词发射到小明以及小猫的概率分别为 0.5）：

$$\begin{bmatrix} 0.5 & 00.5 \\ 0 & 10 \end{bmatrix} \tag{6.16}$$

当数据集不存在标注时，我们还可以用基于最大期望算法（Expectation-Maximization algorithm，EM）的鲍姆－韦尔奇算法估算出参数 A、B、Π。假设 O 为观测序列，H 为状态序列，假设 λ'为当前模型的参数，在 E 步需要求出联合分布 $P(O,H|\lambda)$ 基于条件概率 $P(H|O,\lambda')$ 的期望，表达式为：

$$L(\lambda,\lambda') = \sum_H P(H|O,\lambda')\log P(O,H|\lambda) \tag{6.17}$$

接着在 M 步中最大化这个期望得到更新的模型参数 λ'，接着重复 EM 迭代过程直至模型参数值收敛或达到最大迭代次数，如 6.18 式所示。

$$\lambda' = \arg\max_\lambda \sum_H P(H|O,\lambda')\log P(O,H|\lambda) \tag{6.18}$$

6.2.2　最大熵马尔科夫模型（MEMM）

MEMM 模型由 McCallum 等人提出，解决了 HMM 模型的两大短板：一是其为生成模型，通过联合概率求解问题，即最大化训练数据的出现概率，但是在序列标注问题中，根据给出的条件（观测序列）求解最大可能性的隐藏序列，属于条件概率问题；二则是 HMM 只考虑预测序列中元素的 ID 作为特征，考虑的方面有限，与很多实际场景并不相符，比如在词性标注的例子中，一个单词是否大小写、是否是复数、是否是某些专有名词等都与其词性有相当大的关联。

图 6.2 以词性标注为例，展示 HMM 与 MEMM 间的不同，单词组成的句子表示观测序列，圆形中词性表示状态序列。可以看到在 MEMM 中，某一时刻的状态依赖前一时刻的状态及当前时刻的观测值，进行条件概率的建模。

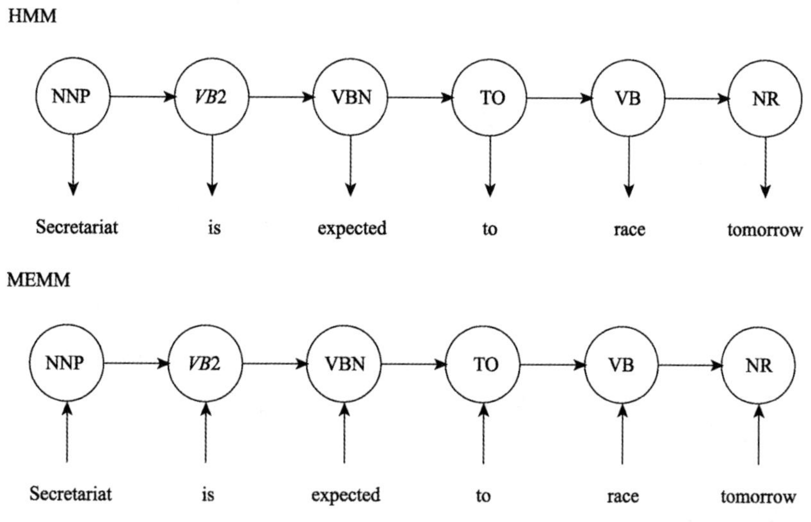

图 6.2　HMM 与 MEMM 的比较

在介绍MEMM之前，首先介绍最大熵模型（Maximum Entropy Model），简称MaxEnt，其中心思想为：在对一个随机事件的概率分布进行预测时，在满足已知约束的情况下，对未知的情况不做任何主观假设。也就是说，未知情况概率分布最均匀的时候，是熵最大的时候，对应最好的模型。

举个例子，小明在吃了香蕉、苹果、橘子几种水果后开始腹泻，假定是某一水果导致的。那么，当没有其他已知条件时，对应熵最大的情况，即某一水果导致腹泻的概率均等：

$$P(\text{香蕉}) = P(\text{苹果}) = P(\text{橘子}) = 1/3 \tag{6.19}$$

现假定已知苹果导致腹泻的概率为1/2（约束条件），对应熵最大的情况，某一水果导致腹泻的概率如下：

$$\begin{gathered} \mathrm{P}(\text{香蕉}) = \mathrm{P}(\text{橘子}) = 1/4 \\ \mathrm{P}(\text{苹果}) = 1/2 \end{gathered} \tag{6.20}$$

接下来，将MaxEnt应用于马尔科夫链，称为最大熵马尔科夫模型。同样地，假设序列长度为T（即有T个时刻），O为观测序列，H为状态序列，那么有：

$$O = (O_1, O_2 \cdots O_T) \tag{6.21}$$

$$H = (H_1, H_2 \cdots H_T) \tag{6.22}$$

在MEMM模型中，当前状态依赖于前一状态及当前观测值，直接通过学习条件概率进行建模，即：

$$P(H_t \mid H_{t-1}, O_t) \tag{6.23}$$

对于整个序列可表示为：

$$P(H \mid O) = \prod_{t=1}^{T} P(H_t \mid H_{t-1}, O_t) \tag{6.24}$$

现在利用MaxEnt对条件概率进行建模可得：

$$P_w(H \mid O) = \frac{\exp\left(\sum_i w_i f_i(H, O)\right)}{Z_w(O)} \tag{6.25}$$

$$Z_w(O) = \sum_y \exp\left(\sum_i w_i f_i(H', O)\right) \tag{6.26}$$

其中，w为MEMM的参数，$Z_w(x)$为归一化因子，为所有可能的隐藏序列H'所对应的计算结果之和。$f_i(H,O)$为特征函数，i表示第i个特征函数，描述H与O之间的某一事实，当满足时，取值为1，否则为0；特征函数前的参数代表了此特征的重要性。

由于我们可以根据经验任意定义特征函数的个数，因此能够利用更多的先验知识来判断某序列标注的可靠性。通过预先定义的特征函数在给定的数据上训练模型确定参数即各个特征函数对应的w后，便能用带参数模型求解序列标注问题，即采用维特比算法找出概率最大的状态序列。

6.2.3 条件随机场模型（CRF）

在讲条件随机场之前，先来明确几个基础概念：

随机场：包含两大要素，位置（site）和相空间（phase space）。相空间是一些取值集合，位置被按照某种分布随机赋值，这一整体就叫作随机场。例如在词性标注中，一个位置对应一个词，相空间则是词性的集合；当位置确定了词性，由此便形成了随机场。

马尔科夫随机场：是一种特殊的随机场，假设某个位置的值只与其相邻值相关，而与其他位置值无关。例如，某一词语的词性只与其前后位置的词性相关。

条件随机场：是一种特殊的马尔科夫随机场，设有两种随机变量 X 与 Y，P（Y | X）是条件概率分布，若 Y 构成的是一个马尔科夫随机场，则称 P（Y | X）为条件随机场。以词性标注为例，词便是给定的变量 X，而词性则是输出的变量 Y。

线性链条件随机场：是一种特殊的条件随机场，随机变量 X 与 Y 具有相同的线性结构。因此，准确地说，在序列标注问题中，我们接下来所讨论的 CRF 其实是线性链条件随机场，简称 linear-CRF（本文之后所述的 CRF 与 linear-CRF 为同一概念）。

至此，我们可以用数学语言来表达 linear-CRF，设存在随机变量 X 和 Y，其表示的长度为 n 的线性链序列如下：

$$X = (x_1, x_2 \cdots x_n) \tag{6.27}$$

$$Y = (y_1, y_2 \cdots y_n) \tag{6.28}$$

在给定随机变量序列 X 的情况下，随机变量 Y 的条件概率分布 P（Y | X）构成条件随机场，满足如下性质：

$$P(y_i \mid X, y_1, y_2 \cdots y_n) = P(y_i \mid X, y_{i-1}, y_{i+1}) \tag{6.29}$$

则称 P（Y | X）为线性链条件随机场。

与 MEMM 类似，在 linear-CRF 中也有特征函数及其权重系数，存在两类特征函数，第一类定义在 Y 节点并只与当前节点相关，第二类定义在 Y 上下文上，只与当前节点及上一节点相关。假设 i 为当前节点的位置，f_1 和 f_2 分别为两类特征函数，m 和 n 为特征函数的序号，那么两类特征函数可表示为：

$$f_{1m}(y_i, x, i) \tag{6.30}$$

$$f_{2n}(y_{i-1}, y_i, x, i) \tag{6.31}$$

特征函数在满足特征条件与否的情况下取值为 1 或者 0。另假设参数 w_1 及 w_2 分别为两类特征函数的权重，可得条件概率如下，Z（x）表示归一化项：

$$P(Y \mid X) = \frac{1}{Z(x)} \exp\left(\sum_{i,m} w_{1m} f_{1m}(y_i, x, i) + \sum_{i,n} w_{2n} f_{2n}(y_{i-1}, y_i, x, i)\right) \tag{6.32}$$

$$Z(x) = \sum_{y} \exp\left(\sum_{i,m} w_{1m} f_{1m}(y_i, x, i) + \sum_{i,n} w_{2n} f_{2n}(y_{i-1}, y_i, x, i)\right) \tag{6.33}$$

对于模型中参数 w，可以使用梯度下降法、牛顿法、拟牛顿法进行求解。在已知模型以及观测序列的情况下，类似于 HMM，我们也可以基于维特比算法求出最优的隐藏序列。

与 HMM 相比，CRF 没有严格的观察值独立性假设条件，因此容纳上下文信息的能力更强，可以灵活地设计各种特征；与 MEMM 相比，CRF 以全局最优对节点进行条件概率建模，克服了 MEMM 中标记偏置（Label Bias）的缺点。

6.2.4 天气预测实例

这一小节我们将利用 Python 中实现了 HMM 的工具库 hmmlearn，进行根据人物行为对天气进行预测的实践。hmmlearn 中有三种 HMM 模型类：GaussianHMM（高斯 HMM）、GMMHMM（高斯混合 HMM）以及 MultinomialHMM（多项式 HMM），前两者对应的观测状态为连续值，比如人的身高体重是一种连续值；而后者对应的为离散状态，比如人的性别是一种离散值。在实际应用中，根据具体任务以及数据特征选择合适的模型。

现在我们的问题是根据行为预测天气，假设张小明平时每天的行为有运动、工作、玩乐以及购物，相邻日子的天气之间存在某种联系，而且行为与天气也有紧密联系，天气的状态有晴、雨、阴。放到 HMM 的框架下，行为就是一系列离散状态的可观测值，而天气则是隐状态。现在的任务是，我们知道这些变量间的关系，并且观测到张小明去年某一星期的行为（假设每天只对应一个行为），想根据以上信息猜测当时的天气情况。

接下来利用 hmmlearn 实现上述任务，首先导入相关包：

```
import numpy as np
from hmmlearn import hmm
```

定义预测状态及隐藏状态：

```
states = ["晴", "雨", "阴"]
n_states = len(states)
observations = ["运动", "工作", "玩乐", "购物"]
n_observations = len(observations)
```

定义初始矩阵（第一天是某种天气的出现概率），转移概率矩阵（天气状态间的转移关系）以及发射矩阵（在某种天气状态下进行某项行为的概率）：

```
start_probability =np.array([0.3, 0.2, 0.5])
transition_probability =np.array([
    [0.7, 0.1, 0.2],
    [0.2, 0.6, 0.2],
    [0.3, 0.3, 0.4],
])
emission_probability =np.array([
    [0.4, 0.1, 0.4, 0.1],
    [0.3, 0.5, 0.1, 0.1],
    [0.3, 0.3, 0.3, 0.1]
])
```

进行 HMM 建模，将以上参数引入：

```
model =hmm.MultinomialHMM(n_components=n_states)
model.startprob_= start_probability
model.transmat_ = transition_probability
model.emissionprob_ = emission_probability
```

给定某一星期张小明的行为，并根据维特比算法猜测天气：

```
actions =np.array([[1, 0, 1, 1, 2, 3, 2]]).T
_, weathers =model.decode(actions, algorithm="viterbi")
print("行为:", ", ".join(map(lambda x: observations[int(x)], actions)))
print("天气:", ", ".join(map(lambda x: states[x], weathers)))
#输出结果如下:
#行为: 工作, 运动, 工作, 工作, 玩乐, 购物, 玩乐
#天气: 雨, 雨, 雨, 雨, 晴, 晴, 晴
```

以上便是一个 HMM 用于天气猜测的简单例子。在实际应用中，比如自然语言处理中的词性标注或者命名实体识别，任务复杂度更高，观测状态及隐藏状态的可取值空间非常大，并且我们往往不知道具体的初始矩阵、概率转移矩阵以及发射矩阵这些参数，如果是带有标注的序列数据，可以利用直接统计的方式求解参数。或者当只存在观测序列数据时，应用鲍姆-韦尔奇算法对参数进行估计：hmmlearn 也提供了这些功能，只要输入序列数据，设置相关参数比如迭代次数，便能实现对参数的近似求解。

6.3　基于深度学习的方式

随着深度学习的兴起，许多研究者摒弃了传统的序列标注模型，尝试利用深度学习模型进行序列标注，包括循环神经网络、卷积神经网络以及基于注意力机制的模型等，并且取得了不错的效果甚而是某些数据集上的最优成绩。本小节将为大家介绍及比较一些常见的、基于深度学习的序列标注模型以及各自的适用场景。

6.3.1　数据表征形式

对于英文而言，单词由字母组成；对于中文而言，词语由汉字组成。因此，无论是英文还是中文，不仅一句话可以当作由词为基本单元构成的序列，一个词也可以当作由字母或者汉字构成的序列。那么对于输入文本的表征形式，其实存在多种处理方式。

以字符为基本单位对英文（或者以字为单位对中文）进行编码得到对于输入文本的表征：虽然在现代汉语中，大部分词以两个字的形式构成，但在古文中，其实单字构成的词更多。因此在某些特定场景下，比如输入文本为文言文的时候，可以尝试用字向量。另外，字库的规模比词汇库小得多，遇到生字的概率比生词要小，并且计算成本更低，能达到更快的训练速度。

尤其是对于字母语言而言，字母是固定的，因此在模型训练结束后，对于未登录词也

可以进行字符级的编码。虽然人类是以词为单位理解语言，字符级别的编码有点违反直觉，但已有一些研究表明，字符级的模型也可以学习到一些语法语义层面的信息。

以词为基本单位进行编码得到对于输入文本的表征：即我们所熟知的词向量，是最常见的处理方式。因此很多研究基于大规模的语料库训练出了词向量，可以作为预训练向量直接迁移使用，比如 GloVe 词向量、腾讯的开放词向量等。

对位置信息进行编码：显然在序列标注任务中，位置信息至关重要，循环神经网络沿着序列前进方向进行的运算方式就蕴含了对位置信息的表征。但对于另一些模型结构，比如 Transformer、Bert 来说，所有因子并行计算，没有体现序列因子间的位置信息，因此需要对输入文本中的每一个词进行额外的位置信息编码。例如在 Transformer 中，使用了正余弦函数进行编码：

$$PE(pos,2i) = sin\ (pos/1000\ 0^{2i/d_{model}}) \tag{6.34}$$

$$PE(pos,2i+1) = cos\ (pos/1000\ 0^{2i/d_{model}}) \tag{6.35}$$

其中，*PE* 表示 Positional Embedding，*pos* 指词语在序列中的位置 d_{model} 表示模型的维度。可见，在偶数位置，使用正弦编码，在奇数位置，使用余弦编码。应用三角函数的原因是其可以表达相对位置信息，基于如下公式：

$$\sin(\alpha+\beta) = sin\alpha cos\beta + cos\alpha sin\beta \tag{6.36}$$

$$\cos(\alpha+\beta) = cos\alpha cos\beta + sin\alpha sin\beta \tag{6.37}$$

若 k 表示词汇之前的位置偏移，那么 PE（pos + k）可以用 PE（pos）和 PE（k）进行表示。

综合多种信息的文本输入表征形式：以上所述的均为单一的表征形式，许多现实应用的模型将多种表征方式进行整合，比如字向量 + 词向量，词向量 + 位置向量，以获取更多层面的信息如图 6.3 所示。

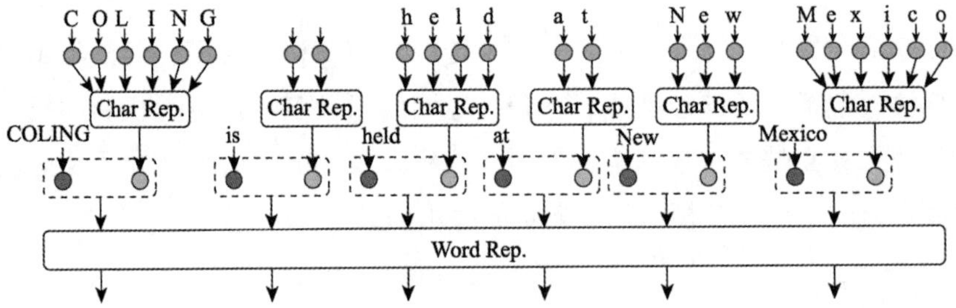

图 6.3　基于字符向量和词向量的文本输入表征

6.3.2　序列处理模型

确定了输入文本表示形式之后，便可以利用深度学习中的循环神经网络、卷积神经网络等结构进行后续的处理。由上节可知，对于某一文本序列而言，大体可分为两种序列元素分割形式，以字符为单位，或者以词为单位。例如以字符为单位的处理如图 6.4 所示。

如图 6.4 左侧所示，有 Mexico 一词，将其拆分为字符并转化为字符向量，接着进行卷积（Convolution）处理以提取字符块的信息，之后再经由池化（Max Pooling）处理以压缩信息，之后输出对 Mexico 的处理结果。

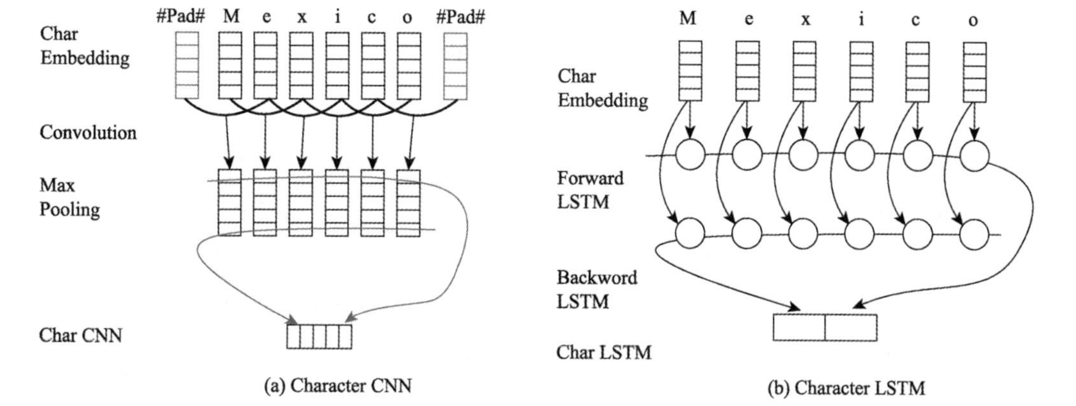

图 6.4　字符向量的处理

而如图 6.4 右侧所示，将每个字符向量作为序列中的元素，进行双向 LSTM 网络的处理，获取从左至右及从右到左的叠加信息，最后将两者合并综合面成对 Mexico 的处理结果。对于词向量而言，处理结构类似，只是将序列元素替换为了词。

不管以字符还是以词为单位，我们都能得到对应每个词的经由模型处理后的向量表示。在最后的预测层，可以直接使用 Softmax 结构或者再加一层 CRF 结构进行标签预测。以词向量为序列元素为例，经由 CNN/LSTM 网络结构，整体处理流程如图 6.5 所示。

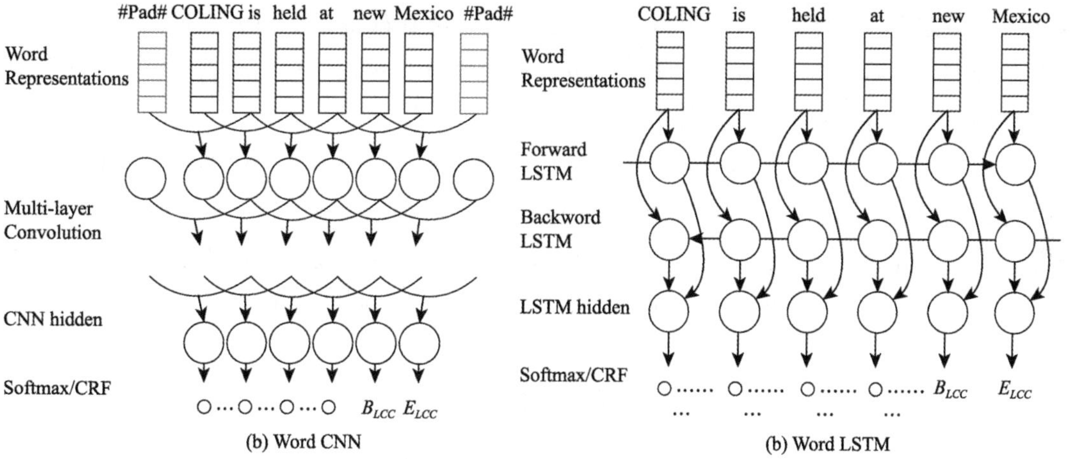

图 6.5　词向量的处理

通过神经网络的处理，对于序列中的元素都有对应的输出，再经由 Softmax 转化为概率的形式计算出相应的标注。但是，在这样的流程中，机器也会犯一些很低级的错误。在命名实体标注任务中，以 BIO 标注法（B 表示实体初始，I 表示实体剩余部分，O 表示非实体部分）为例，机器可能预测出两个 B-Person 相连接，I-Person 之前没有 B-Person 等明显的错误，原因在于模型（循环神经网络或者卷积神经网络）的核心在于学习根据观测序列预测出标注，但是还没有强大到能够学习标注之间关联的程度。

因此，很多时候我们可用 CRF 层替换 Softmax 层，专注于建模相邻标注之间的关系，继而学习到不同标签之间的转换概率矩阵，在很多任务上都比单纯地应用深度学习效果要好。

本章小结

序列标注问题是自然语言中的常见任务，例如分词、词性标注、关键词抽取、词义角色标注、命名实体识别等基础任务都落入此范畴，另外，一些涉及序列的任务也可以转化为序列标注问题，例如天气的预测、一系列球赛比分的预测、股票的预测等。

在深度学习大热之前，常见的解决方案是应用概率图模型，比较常用的是 HMM 模型以及 CRF 模型，前者计算量较小，但是模型基于的条件独立假设不太合理；后者计算更加复杂些，但是考虑的因素更加全面，准确性更高。

如今，人们基于深度学习进行序列标注，达到了较之传统方法更好的效果。准确地说，将深度学习与概率图模型进行结合能够大幅度提高序列标注的准确性，比如 Bi-LSTM + CRF 模型，Bi-LSTM 可以挖掘更深层次的序列元素的特性；而 CRF 考虑了标注之间的关联，此方法在很多任务上都取得了较好成绩。

另外，虽然循环神经网络比较适用于序列问题，但是对于长序列，效果并不突出，而且存在运行速度慢的棘手问题。因此，也有研究者在循环神经网络的基础上结合卷积神经网络进行序列学习，如 CNN + Bi - LSTM + CRF 模型，一方面能够提取并提炼几个元素间的关系，另一方面其运算效率也高。除此之外，应用一些比较前沿的研究成果，也可以处理循环神经网络所面临的困境，例如 Transformer 或者 Bert 也可以对序列元素进行基于自注意力机制的编码，得到更丰富的表征信息。

在实际应用中，还需要考虑到具体情形而选择合适的解决方案。比如做工程和参加比赛的考虑层面便有所差别，前者在准确率的基础上还需考虑运算速度；后者以最后的评判结果为准，可能会尝试搭建比较复杂的网络结构。因此，无论是传统的方法、基于概率图的方法或者比较前沿的深度学习，我们都要了解并掌握，以便适时应用。

思考题

1. 有哪些任务可以转化为序列标注问题？
2. 序列标注任务的难点有哪些？
3. 基于 HMM 模型的序列标注的大概原理是什么？
4. 基于 HMM 模型的序列标注存在哪些问题？
5. MEMM 模型与 HMM 模型有哪些不同？
6. 基于 CRF 模型的序列标注有哪些优势？
7. 如何应用深度学习模型进行序列标注？
8. 为什么要在深度学习模型中加入 CRF 层？

第 7 章

关系抽取

很多文本中隐藏了大量的可结构化信息，例如娱乐新闻中有关于明星之间的人物关系，国际新闻中有关于各个国家的政治知识，应用一定的算法提取这些内容，之后将这些数据进行结构化存储，那么对很多自然语言处理任务，如知识问答、知识推理、文本挖掘等都将是一大宝贵资源。

针对这一目的，常见的相关任务有实体识别、关系抽取、事件抽取等，其中关系抽取为一大关键技术。本章主要讲解关系抽取的主要方法、前沿研究及相关的应用框架，读者将有以下收获：

- 熟悉关系抽取的常见方法
- 了解关系抽取任务存在的难点
- 熟悉如何利用半监督学习进行关系抽取
- 熟悉远程监督学习的机制以及相关应用
- 了解开源知识抽取工具 DeepDive

7.1 关系抽取基础

仔细观察并且思考现实世界，我们总能发现其实世间的万事万物都存在一定联系，能够洞察这些联系的能力，可以说是一种智慧的基础。越是知识渊博的人，脑海中关于各种人和事物、各种概念、各种知识等的关系网络结构越是丰富。

那么对于机器而言，如何从文本中抽取各个实体间的关系进而构建知识结构、演化出推理能力等，从某种意义来说也是一种智慧的开端。其中，关系抽取是尤为关键的一步。在这一小节中，我们主要介绍关系抽取的一些主要方法及难点。

7.1.1 关系抽取概述

搜索引擎的主要功能是理解用户搜索意图并提供相应的内容，也是机器智能的一大体现，在谷歌上做一个小实验，搜索“约翰·冯·诺伊曼”，除了基本的网页链接，右侧还显示了一系列相关信息，如图 7.1 所示。图 7.1 中的出生地、逝世地、主要成就等其他相关信息都带有超链接，通过点击可以跳转到其他页面，如点击“匈牙利布达佩斯”，得到如图 7.2所示的界面。

约翰·冯·诺伊曼
数学家
约翰·冯·诺伊曼，原名诺依曼·亚诺什·拉约什，出生于匈牙利的美国籍犹太人数学家，现代电子计算机理论与博弈论的奠基者，在泛函分析、遍历理论、几何学、拓扑学和数值分析等众多数学领域及计算机学、量子力学和经济学中都有重大贡献。冯·诺伊曼从小就以过人的智力与记忆力而闻名。维基百科
生于：1903 年 12 月 28 日，匈牙利布达佩斯
逝世于：1957 年 2 月 8 日，美国马里兰州贝塞斯达沃尔特·里德陆军医疗中心
主要成就：冯·诺依曼结构、博弈论 百度百科

图 7.1 “约翰·冯·诺伊曼”的相关信息

布达佩斯
Budapest
埃尔德
Érd
布达佩斯
匈牙利的首都
布达佩斯是匈牙利首都，也是该国主要的政治、商业、运输中心和最大的城市，也被认为是中欧一个重要的中继站。布达佩斯的人口在1980年代中期曾达到高峰207万，目前仅有170万居民，它是欧洲联盟第七大城市。该市是在1873年由位于多瑙河西岸的布达和古布达及东岸的佩斯合并而成的。合并之前人们将它称为佩斯-布达。维基百科
面积：525.2 平方公里
海拔：96-527 米（315-1,729 英尺）
人口：175.2 万 (2017 年)
天气：12°C，风向东北，风速 4 米/秒，湿度 35%

图 7.2 “布达佩斯”的相关信息

与“布达佩斯”相关的页面介绍也罗列出了面积、海拔、人口等信息，而通过点击相关字段，我们又能获取更多信息。用自然语言处理术语来说，“约翰·冯·诺伊曼”“布达佩斯”等是一些实体，而“约翰·冯·诺伊曼生于匈牙利布达佩斯”，“布达佩斯的面积为525.2 平方公里”等事实描述的是实体间的关系。谷歌搜索之所以能够实现以上功能，归功于其背后一张由实体和关系组成的巨大关系网络，专业术语便称为知识图谱。

如何构建知识图谱，就涉及实体抽取以及关系抽取。实体抽取即命名实体识别(Named Entity Recognition)，是自然语言处理中一项比较基础的任务，有很多开源工具都可以实现一般实体，如地名、机构名等的提取，这里不再赘述。而关系抽取，一般是指从非结构化数据中（纯文本）识别实体以及实体间的关系，很多时候是建立知识库的一项关键且难度较高的任务。

根据是否给定关系，可以将关系抽取分为两类：如果已经给定，所要做的是判断实体对是否存在相应关系及存在哪种相应关系，属于分类问题；如果没有事先给定，需要抽取实体对并赋予关系。在本章中，我们只讨论第一种难度较小的情况。

关系分类问题实质为识别关系的表达形式，因此可以通过手工构建规则对文本进行匹配。比如“<人名>住在<地名>”“<人名>居住在<地名>”“<人名>的居住地址是

<地名>”都可以是抽取居住关系的规则模板。这种方法最大的优点是简单直观，准确度高，可以对特定领域进行定制，缺点则是需要专业知识并且难以尽全。

由于语言的丰富性，对于同一种关系，存在多样化的表达方式，并且某些表达方式比较隐晦，比如“<人名>把她的小家安在了<地名>”表达的也是居住关系，但是利用规则很难概全诸如此类的表达方式。因此，在大部分情况下，还是偏向于应用机器学习的方法进行关系抽取任务。下面介绍在此框架下的主要方法。

7.1.2　关系抽取的主要方法

在基于学习的框架下，可以将关系抽取的方法分为以下三个类别：

全监督学习方法：首先需要带有关系标签的大量实体对，接着应用传统机器学习或者深度学习的方法进行建模，表征关系与实体对的关联。其中最关键的一步是如何表示实体对的相关特征，存在一系列的特征作为候选，如实体类型、实体间的文本信息、实体两边的文本信息、依存树特征、句法树特征等。这种方法的缺点是需要大量带有标签的语料，成本较高。

半监督学习方法：是一种基于 Bootstrap 的关系抽取方法。这是什么意思？首先需要一些已确定关系的实体对，也称为种子实体对，在文本中查找出现这些实体对的句子，再基于这些句子抽取表达模式，接下来，根据表达模式去文本中查找实体对，反复迭代此过程，便能够获取更多数据。这种方法所需要的标注数据少，其关键技术在于，如何在迭代过程中去除错误的实体对以及关系，避免错误累积。下文（7.2 小节）会详细介绍基于此思想的 Snowball 系统，又叫作滚雪球系统。

无监督学习方法：其基本假设为，对于表达同一关系的句式一般具有相似的语义关系，因此可以通过聚类的方式归类出表示同一关系的实体对。但是这种方法的不确定性太大，很多时候只是作为数据分析过程中的基础步骤，并且其结果还要依靠大量的人工来辅助完成，在实际应用中很难达到端到端的效果。

随着深度学习的发展，基于监督学习的方法在性能上有了很大提升，而针对标签数据缺少的问题，人们也提出了一些解决方案。Mintz 在 2009 年提出了远程监督（Distant Supervision）的思想，其核心假设为：如果某两个实体存在确定的某一关系，那么所有包含此两者的句子都表达了这一关系。基于这一假设，只需要带有确定关系的实体对，便能够在大量文本数据中提取相应的句子并转化为带标签的数据，极大地增加了标注数据量。

显然，这种方法的假设性太强，带有同一实体对的句子表达的不一定是同一种关系，因此会出现很多带有假标签的数据，比如“特朗普”与“美国”可以是国籍的关系，也可以是出生地的关系。针对这一问题，后续的研究者们也提出了以下一些改进方案：

以人工规则为辅助：通过一些统计分析以及主观分析，制订人工规则，筛选假标签数据，这种方法的工作量也比较大。

基于图模型的特征分析法：将规则或者说特征表示为图模型中的节点，对节点进行重要性推算，以此学习特征权重的大小，通过带有权重的特征进行数据筛选，比人工定义规则的方式更灵活。

基于多示例的学习方法（multi-instance learning）：假设包含体对的句子集合中至少有一个句子正确表达了实体间的关系。结合图模型的方法，通过对带有权重的特征进行综合计算，选出置信度最高的句子作为监督学习的正样本，然而这种方式很可能会损失很多训练样本。

综合而言，各类学习方法都存在各自的缺点，全监督的学习方法标注数据不足，半监督的学习方法精度不足，而无监督的学习方法不确定性太大。而远程监督的模型使全监督学习的语料库得到了一定程度的解决。近年来也出现了各种各样的应用于关系抽取的深度学习模型，效果良好。下面主要介绍一些前沿的、应用于关系抽取的深度学习模型。

7.1.3 深度学习与关系抽取

在关系抽取任务中，对于模型的输入而言，存在许多可罗列的特征，涉及语义、语法、位置信息等，利用深度学习的框架，可以有效地学习并选择特征。因此，近些年深度学习在关系抽取或者说关系分类任务上的应用非常广泛，下面简要介绍一些具有代表性的研究工作。

Xu 等人在 2015 年提出了基于最短依赖路径（Shortest Dependency Path，SDP）的 LSTM 模型，在 SemEval 2010 分类数据集上取得了 83.7% 的 F1 成绩。研发者认为两个实体间的 SDP 去除了无用的单词而保留了最有用的单词信息。如图 7.3 所示的依赖关系树表达了单词间的依赖关系。

其中，water 和 region 为两个实体，深色箭头表达了两者间的最短依赖路径，路径之外的如 a、trillion 等均为无关紧要的单词。另外，由于两个实体点的关系存在一定方向性，依赖路径中的箭头方向也是十分有用的信息。

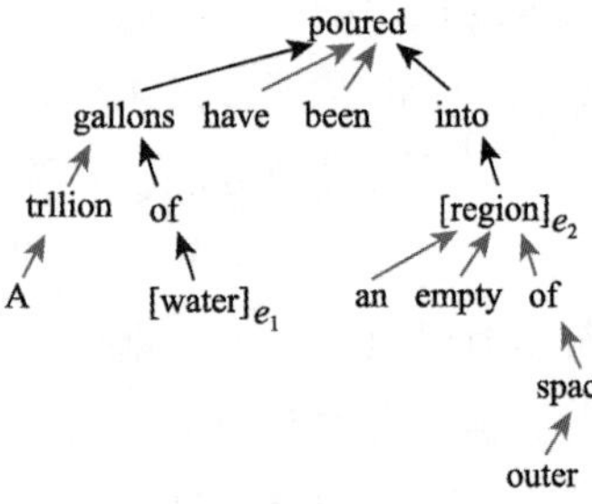

图 7.3　单词间的依赖关系树

因此，根据箭头指向将 SDP 分成左右两个部分分别作为模型的输入，接着需要选取单词的一些特征作为输入。研发者选取了词向量、词性标注、上下位关系、语法关系作为每个单词的特征。综合模型结构如图 7.4 所示。

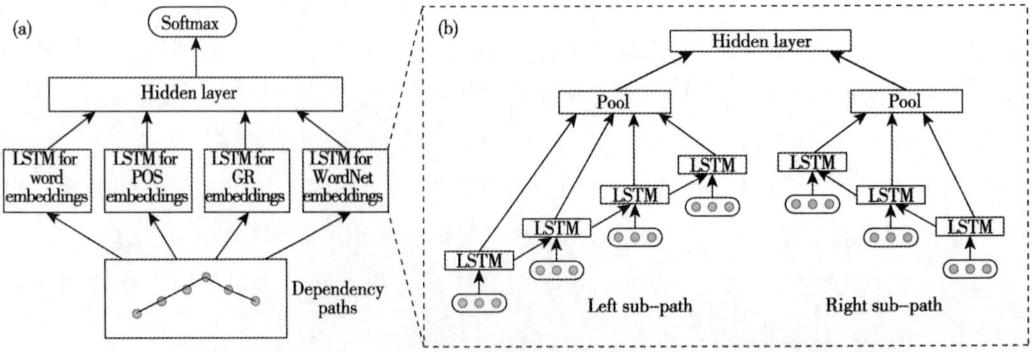

图 7.4　模型结构图

如图 7.4 所示，(a) 中最下方方框内为 SDP，分别根据四种特征对其进行表征；(b) 表示对于其中一种特征的处理模式，分别针对 SDP 的左右两半部分，进行 LSTM 处理，再经由池化层压缩信息，最后通过隐藏层进行整合。此模型的亮点在于利用 SDP 提取了关键信息，并且对关键信息进行多通道的特征表示，最终综合所有特征对实体关系进行分类。

Cai 等人（2016）在 SDP 的基础上，提出了基于双向循环卷积的模型结构，简称为 BRCNN，结构如图 7.5 所示。

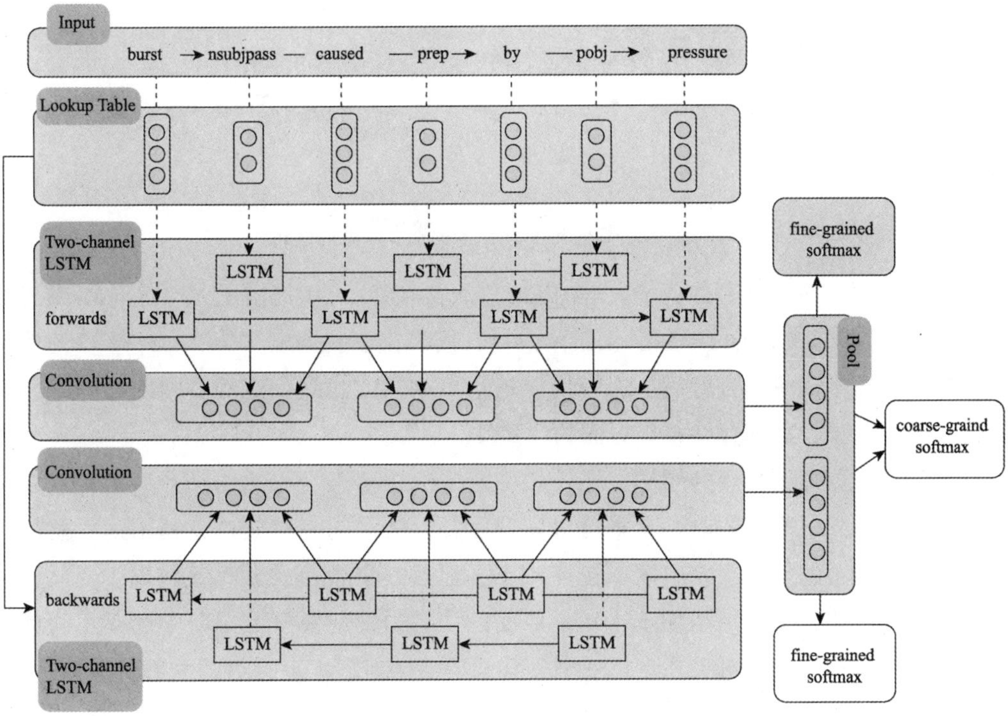

图 7.5　BRCNN 模型结构

如图 7.5 所示，图中最上方为输入，即 SDP，根据箭头的朝向分为两个部分，分别经由双向 LSTM 处理，接着再进行 CNN 处理，最后，合并处理结果后再进行分类操作。此模型的亮点在于结合了 CNN，能够提取一些短语块信息，应用了双向网络，也获取了更丰富的方向信息。

利用远程监督的思想，我们可以搜集大量带有实体对的句子，但是如何去除句子集合中的噪声数据（或者说假标签数据）呢？针对此问题，清华大学的 Lin 等人在 2016 年提出了基于句子级别注意力机制的关系分类模型，能够考虑到句子层面的关系结构如图 7.6 所示。

如图 7.6 所示，最下方的 x 表示所有句子，每个句子经过 CNN 处理得到句子表征，接着对句子之间施加注意力机制，使模型偏向于选择真正表达实体间关系的句子，最后将带有注意力权重的句子进行整合再进行分类处理。

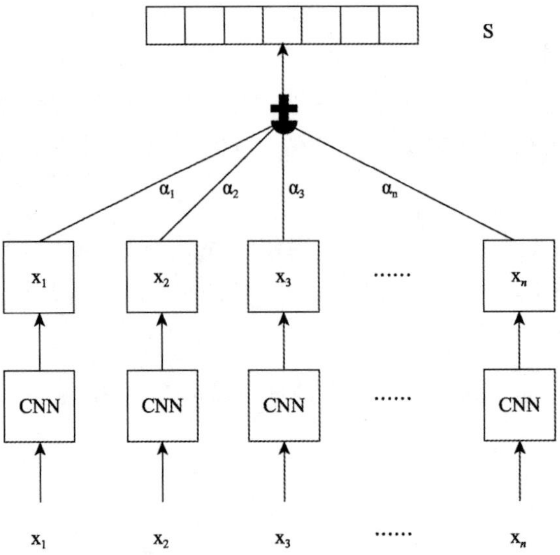

图 7.6　基于句子注意力的关系分类模型结构

在句子注意力的基础上，清华大学的 Lin 等人又在 2017 年提出了 MNRE（Multi-lingual Attention-based Neural Relation Extraction）模型，核心在于利用多语言文本中丰富的信息进行关系分类。在不同的语言背后，人们认识描述事物的方式是相似的，因此不同语言但表达同一关系的句子，其间存在某些方面的一致性。

比如，存在更短更精炼的句子，比长句更能精确表达某个事实语义，这个特性是所有语言共有的。另外，不同的语言文本可以实现互补，针对同一对实体，利用远程监督的思想，搜集不同语言的句子集合，获取更多数据，显然，集合存在假标签数据，因此，在同一语言中及不同语言中分别添加基于句子层面的注意力，使模型更偏向于选择正确标签的句子，最终整合所有实体对关系进行预测，其模型结构如图 7.7 所示。

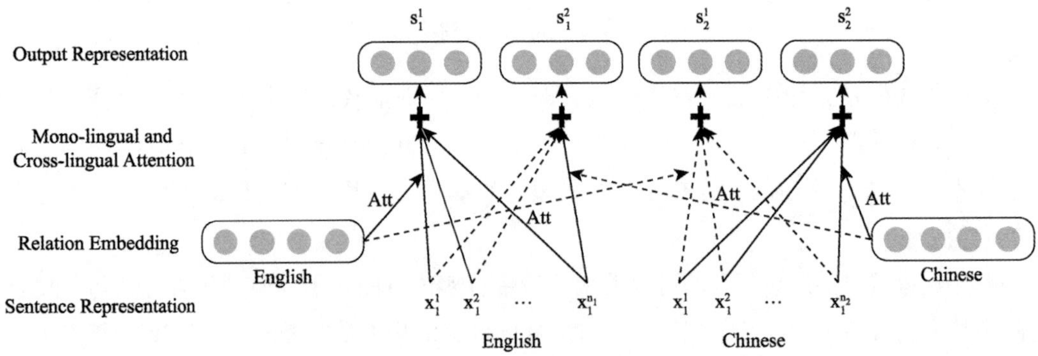

图 7.7　MNRE 模型结构

图 7.7 中应用了中文及英文两种语言，最下方的 x 为所有的句子编码，实线表示同一语言中不同句子间的注意力，而虚线则表示不同语言间不同句子间的注意力，最终整合所有注意力结构进行关系分类。这个模型的亮点在于利用单语言注意力机制去除了噪声句子，

利用跨语言注意力机制进一步地强调了存在跨语言一致性的句子，因为这些句子是真标签的可能性更高。

综合而言，存在两个方向的研究，一是对于关系对应特征的提取建模，二则是在远程监督过程中排除假数据。

7.1.4　强化学习与关系抽取

前文中已提到，利用远程监督获取标注数据是一种非常高效的方法，其中唯一的难点在于如何去除错误的标签数据即噪声数据。研究者们提出了设定人工规则、基于多示例的学习等方法进行数据筛选，都存在一些缺陷，并不是最优方案。Qin 等人在 2018 年提出了基于强化学习对远程监督所获得数据进行筛选的方案，取得了比较好的效果。以下为方案具体内容。

在强化学习的框架下，有 agent（机体）、environment（环境）、state（状态）、action（动作）、reward（反馈）五大要素，以下均用中文进行描述。机体即我们要训练的机器或者说模型，针对观察到的状态能够作出相应动作并影响环境，而环境能够根据现有情况呈现某一状态并且对模型动作作出反馈。这一过程反复进行直到结束状态出现为止，一般称作马尔科夫决策过程（Markov Decision Processe，MDP）。而强化学习的目的在于使得所有动作对应的反馈累积和为最大，在这种情况下，认为模型采取的动作策略是最优的。

具体地，强化学习存在两种优化方法，基于策略的优化以及基于反馈累积函数（或称为价值函数）的优化。在这篇论文中，该研究者采用第一种优化方法。这里的策略是指关于状态（输入）以及动作（输出）的函数，通过对累积反馈值与函数参数的建模，找到使得累积反馈值最大的参数，从而学习到一种最优策略。

而当前的问题是，对通过远程监督得到的包含某一实体对的句子集合进行噪声清除，即识别候选集合中那些不存在实体关系的句子。那么如何将此问题转化到强化学习的框架下？根据该研究者的设定，强化学习中的各个概念在当前问题中的定义如下：

MDP：首先，强化学习适用的任务需要机体完成一系列的动作，比如打电脑游戏、下围棋、多轮对话任务等。将噪声清除的过程看作对集合中的句子一个个地进行识别的过程，对于每个句子的识别便为一个动作，逐次识别所有句子的过程便是一系列动作。

agent：是需要训练的分类模型，作用是识别句子是否为噪声数据。

state：作为机体的输入，包含两部分，当前需要分类的句子以及在之前动作中所去除的句子集合。

action：机体的输出，是关于是否是噪声数据的评估。

reward：关于反馈的设定，一直是强化学习中的重点及难点，如果设置不好便很难使模型的学习朝好的方向发展。针对当前问题，该研究者认为机体相当于数据清理器，经过处理的数据集的质量好坏便能代表了清理器的好坏。那么，如何评估一个数据集的质量？方法也很直观，基于此数据集训练一个关系分类器，并在验证集上测试分类器的性能，性能越优便说明用于训练的数据集质量越好。因此，我们可以将分类效果作为反馈的基础，整体反馈机制如图 7.8 所示。

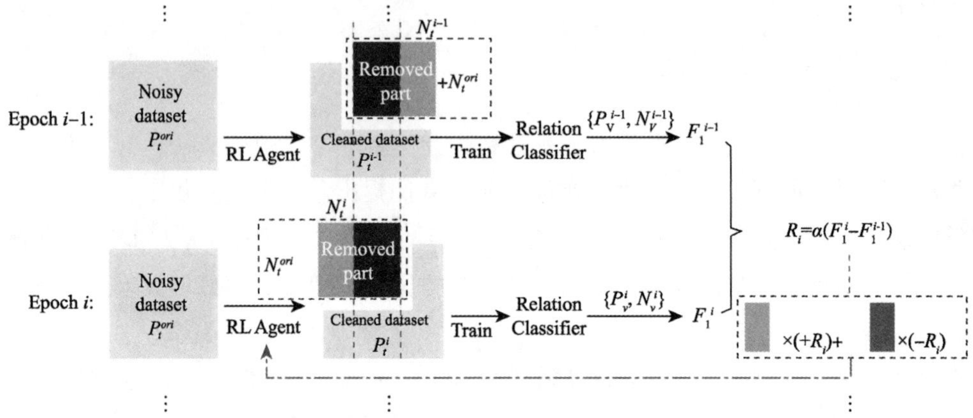

图 7.8　反馈机制

在图 7.8 中，每个 Epoch 表示机体对一轮数据的清洗过程得到环境的反馈并进行了参数更新。输入为带有噪声的标为正例的句子集合，经由 RL Agent（即机体）处理，数据集结构重新得到了调整（一部分正例被认为是假正例，放到了负例集合中）。接着，用清洗过的数据集训练 Relation Classifier（即关系分类器），再用验证集进行 F1 评估，对比上一次 Epoch 的 F1 值得出此 Epoch 的反馈值，其中 α 的引入是为了将两个 F1 的差值映射到［-1，1］区间。

接下来如何把这个反馈细化到每个行为上？首先声明一点，为了使强化学习收敛得更快，机体是经过预训练的。该研究者认为，在经过预训练过程后，机体其实已经具备了识别出标有明显错误标签句子的能力，而每个 Epoch 间的机体的能力差别在于能不能区分那些不太好区分的句子。

所以当机体区分出不太好辨别的句子时，需要给予正反馈，反之则给予负反馈。那么，如何评判一个句子是否好区分？该研究者认为，两个 Epoch 中的机体都认为要清除的句子集合为好区分的句子，而双方对是否要清除意见不一致的句子集合则是不好区分的句子，对这些句子对应的动作施加反馈即可。

在该研究者的实验中，通过强化学习的关系数据集训练出来的分类器性能（F1 值）在绝大多数情况下，都优于原始数据集训练出来的分类器，说明了强化学习对远程监督所获取数据的去噪能力，结果如图 7.9 所示。

和一般的深度学习方法相比，强化学习更可能解决更复杂更现实的问题，更贴近于人的思维。为什么这么说？深度学习的能力构建需要基于大量的标签数据，而人类天生具备举一反三的能力，我们只需要见过一两次狗，一两次猫，便能实现精准分类，而科学家至今对于人的大脑是如何认知这个世界的，几乎处于最初级的研究阶段。

ID	Relation	Original	Pretrain	RL
1	/peo/per/pob	55.60	53.63	**55.74**
2	/peo/per/n	78.85	80.80	**83.63**
3	/peo/per/pl	86.65	89.62	**90.76**
4	/loc/loc/c	80.78	83.79	**85.39**
5	/loc/cou/ad	**90.9**	88.1	89.86
6	/bus/per/c	81.03	82.56	**84.22**
7	/loc/cou/c	88.10	93.78	**95.19**
8	/loc/adm/c	86.51	85.56	**86.63**
9	/loc/nei/n	96.51	97.20	**98.23**
10	/peo/dec/p	82.2	83.0	**84.6**

图 7.9　实验结果

但可以确定的关键点是，人类能够利用自身的经验去学习，而不需要大量标签数据。强化学习的核心思想也正是基于自身经验，在与环境互动的过程中得到一系列反馈，并且习得合适的行为。因此，如今很多研究开始在自然语言处理任务上尝试使用强化学习的方法。

7.2　基于半监督的关系抽取模式：Snowball 系统

2000 年，哥伦比亚大学的 Agichtein 和 Gravano 提出了一种基于半监督学习的关系抽取方法，称为 Snowball 系统。这种方案的优势在于，只依靠少量的种子实体对（Seed Tuples，即已确认存在关系的实体对），便能通过迭代的方式不断生成关系表达模式（Patterns）以及更多的实体对（Tuples）。本节将详细介绍 Snowball 系统，包括基本原理、生成方式以及其中的一些细节和技巧等。

7.2.1　Patterns 及 Tuples 的生成

Snowball 所需要准备的数据非常直观简单，仅需要一些存在确定关系的种子实体对（Seed Tuples），以组织名与所有地名为例，如图 7.10 所示。

Organization	*Location of Headquarters*
MICROSOFT	REDMOND
EXXON	IRVING
IBM	ARMONK
BOEING	SEATTLE
INTEL	SANTA CLARA

图 7.10　种子实体对示例

接着，基于 Seed Tuples 在大量文本数据中出现的位置并提取其表达关系的方式，即 Patterns，之后再利用侯选出的 Patterns 发现更多的 Tuples，经过多次迭代在数据中找到更多的 Tuples，整体流程如图 7.11 所示。

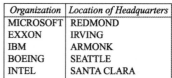

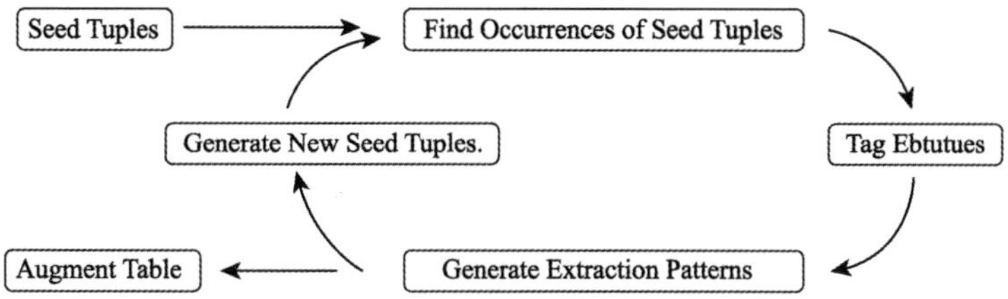

图 7.11　Snowball 流程图

在根据 Seed Tuples 在语料中获取 Patterns 过程中，以 Organization–Location 实体对为例，不仅要求内容与种子实体对一致，还需保证实体对的 tag（标签）为 Organization 和 Location，因此预先需要命名实体识别。一个 Pattern 由五个部分构成，< left，tag1，middle，tag2，right >，tag1、tag2 表示实体标签，left、middle 和 right 分别表示实体对的上下文，并且用带有权重的向量来表示，一般，middle 的权重会高于 left 以及 right，这是因为实体间的关系表示往往与其间的文本更相关。因此，对于两个 Pattern，通过其上下文向量的相似度运算，我们可以计算两者的相似度。

接下来的过程是根据得到的 Patterns 查找新的 Tuples，由于关系的表达存在灵活性，因此这里并不要求 Patterns 中的内容与新的 Tuples 的上下文一一对应，只需要其相似度高于一定阈值即可，此处阈值的大小设置体现了对整个系统灵活程度的控制。

其实这整个系统类似于一个抽丝剥茧、顺藤摸瓜的破案过程，根据最初始的一些线索，去发现更多的线索，再根据新发现的线索查找更多线索，而其中最关键的则是需要及时地排查那些假线索，避免迈入更大的误区。

7.2.2 Patterns 及 Tuples 的评估

Snowball 的核心在于反复利用新生成的 Patterns 或者 Tuples 去搜寻对方，因此对新生成的 Patterns 以及 Tuples 的评估与筛选至关重要，否则错误将会一直累积。也就是说，“不好”的 Patterns 会搜寻到“不好”的 Tuples，而“不好”的 Tuples 又会搜寻到“不好”的 Patterns。

那么，如何评估 Patterns 的质量？这里应用的思想非常直观，如果一个 Pattern 找到的 Tuples 质量高，那说明此 Pattern 的质量也高。因此，要把每个 Pattern 找到的某些易于评估的 Tuples 标记为 positive 和 negative 两组。那么如何定义这两者？我们知道，每次迭代结束都会得到一批 Tuples，经过筛选后把置信度高的放到总的 Tuples 表中。

因此在此次搜寻过程中，如果某一 Tuple 中的 Organization 已在总的 Tuples 表中出现过，那么认为此 Tuple 很好评估其质量，只需要比较其 Location 是否与 Tuples 表中对应的一致，若是则标为 positive，否则为 negative。而 Pattern 的质量则表示为其找到的 negative 的 tuples 所占的比重。

举个例子，现有某一 Pattern：< { }，ORGANIZATION，<“，”>，LOCATION，{ } >，可以找到三个 Tuples，分别为：

- “Exxon，Irving，said”
- “Intel，Santa Clara，cut prices”
- “invest in Microsoft，New York–based analyst Jane Smith said”

假设总的 Tuples 表中存在 < Exxon，Irving >，< Intel，Santa Clara > 以及 < Microsoft，Redmond >，通过比较可知，前两个 Tuple 为 positive，最后一个为 negative，因此当前 Pattern 的置信度为 2/3。另外，为了考虑到前几轮迭代的效果，如果 Pattern 已经在前一轮迭代

中出现过，那么置信度的计算为前一轮置信度与当前所算得置信度的加权和。在这里，研发者所取的权重各为 1/2。

接下来对于 Tuple 的置信度，又该如何测评？其核心思想也很直白，质量好的 Pattern 所搜寻到的 Tuple 质量也高。对于某一新搜寻到的 Tuple，依次计算其上下文与各个 Pattern 的相似度，假设高于阈值，则加入与此 Tuple 相关联的 Patterns 集合中。

显然，此集合中 Patterns 的置信度有高有低，而与 Tuple 的上下文相似度高的并且其置信度也高的 Patterns 越多，那么此 Tuple 的置信度越高。因此，利用 Tuple 的上下文与 Patterns 之间的相似度，以及 Patterns 本身的置信度信息，可以获取 Tuple 的置信度。

利用 Tuples 以及 Patterns 之间相互搜寻到以及相互监督质量的方式，正如系统名所示，滚雪球般地从文本中获取了实体及实体间的关系信息，其中的思想非常巧妙。还是以破案为例，新发现的线索如果与之前的诸多线索均存在相悖之处，那很可能是个假线索，需要排除。利用线索之间的关系去考查线索的质量，这便是 Snowball 的核心思想。

7.2.3　Snowball 的实现细节

在系统具体的实现过程中，还有以下细节问题需要注意：

结果评估：在实验中，最终结果是抽取而得的实体对集合（以下简称为抽取集），接下来如何有效地对其进行质量评估是个值得讨论的问题。由于数据集规模很大，依靠人工一条条地评估抽取集的质量不太现实。因此，研发者从实体对集合网站“Hoover’s Online”提取实体对作为参照集。然而，参照集中并不包含所有的训练数据集中所存在的实体对，因此不能直接用于准确率及召回率的计算。

针对这个问题，研发者将抽取集与参照集中 Organization 一致的实体对结合作为交集的元素，其表现形式为 < Organization、Location1、Location2 >，并且计算交集中 Location1 等于 Location2 的数量 X。定义 X 与参照集的比率为召回率，X 与交集的比率为准确率。

Organization 与 Location 的匹配：有些 Organization 可能有多种表达方式，比如“苹果”和“苹果公司”表示同一 Organization，因此需要把它们进行统一，也称为实体统一。同一 Organization 对应的 Location 并非只有一种描述方式，比如“Intel 在 California”和“Intel 在 U. S.”都可以认为是对的表达，因此需要制订一些规则对这些情况进行界定。

去除特殊字符：通过实验发现，去除实体周围的特殊字符、标点符号及其他非字母非数据符号，能够提升系统的抽取效果。

重要阈值：Patterns 相似度阈值指搜寻到候选 Tuples 的阈值；Tuples 选择阈值，则表示候选实体对是否能够被选入种子实体对的置信度阈值。如果这两个阈值太高，会导致对 Tuples 的选择条件过于严格，只搜寻到少量的 Tuples 以及影响后续的迭代过程，导致召回率低下；反之则会引入过多的错误 Tuples，影响准确率。这两个阈值都表现了系统的灵活程度，需要通过多次实验找到最优点，平衡准确率与召回率。

由这些处理细节可知，在自然语言处理过程中，光有宏观的思想结构是不够的，还需要具备微观的细节掌控能力，就像破案一样，在具备可靠的侦查方向的同时，还要有强大的细节观察能力，才能一步步地接近并挖掘真相。

7.3 关系抽取工具——DeepDive

以上两个小节主要介绍了关系抽取的主要方法，以及重点介绍了一款滚雪球模式的半监督关系抽取系统 Snowball，偏向于理论及学术研究。那么，在实际应用中，有没有简单易上手的知识抽取平台？答案是肯定的。

本节主要介绍一款开源的知识抽取平台——DeepDive，中文名为“深潜”，意为深入挖掘潜在信息，但是操作简单，对用户友好，无须考虑到复杂算法，只需准备符合格式的数据、选择合适的特征及规则，便能快速实现关系抽取，甚而搭建个性化的知识平台。

7.3.1 DeepDive 概述

DeepDive 是由斯坦福大学 InfoLab 实验室开发的一个开源知识抽取系统，目标是帮助用户从非结构化数据中提取结构化信息，如实体及实体关系，并且能方便地在抽取过程中进行人工检验和干预，进而构建相关知识库，其特点或者说优势如下：

- DeepDive 的使用者只需要考虑特征而不是具体的算法。
- 在抽取复杂知识的任务上要优于人类。
- 由于文本数据本身存在噪声以及不准确性，比如单词拼写错误、用词不明确等，DeepDive 所作的判断并非绝对，而是带有概率性质，例如抽取出实体对“<A、B>”并且其概率为 0.8，表示这个实体对成立的概率为 0.8。
- DeepDive 能够接收很多数据形式，比如网页、文本、PDF、图表等。
- DeepDive 允许使用者添加额外知识，设定一些人工规则以提高决策能力。
- DeepDive 能够进行远程学习，也就是说，在很多时候并不需要准备训练数据。

以下为 DeepDive 官网上所示的几个应用实例：

百科知识库：网络中隐藏的信息是一笔宝贵的资源，通过挖掘大量网页上的信息，比如人物以及组织，抽取其属性特征，能够建立非常强大的百科知识库。

医疗知识库：在生命科学领域的发现与日俱增，知识体系庞大，研究者仅依靠阅读以及记忆开展相关研究的难度越来越大。很多组织都在构建相关的结构化知识库方便查询，但是人为构建的效率非常低下。

例如，OMIM（Online Mendelian Inheritance in Man，中文称为“在线人类孟德尔遗传”）是人类基因和遗传疾病的权威数据库，可追溯至 20 世纪 60 年代，到目前为止包含现在所有已知的遗传病和超过 15 000 个基因的信息。由于 OMIM 由人类所管理，多年来一直以大约每月 50 条记录的速度增长。DeepDive 可以批量地从医学文本中提取分析基因、疾病等信息以及之间的关系，系统化地建立疾病基因的知识体系。

地质学与古生物学知识库：地质学研究地球的演化，古生物学研究化石和古生物。这两者的核心都是发现和共享知识。因此，相关研究社区一直在维护两个实时数据库：包含数万个岩石单位及其属性的宏观数据库和包含数十万个分类名称及其属性的古生物学数据库。然而，研究人员需要费力地筛选大量的科学出版物并找到相关的语句，然后手动地将它们输入数据库，效率不高。利用 DeepDive 平台可以高效地维护并扩展数据库，其召回率远高于人类水平，精确度高达或高于人类水平。

确实，计算机获取知识的速度以及存储知识的容易度远远优先于人类，如果能够找到某种方法或者说框架，有效解读及利用这些知识，计算机将成为一个超级大脑。

7.3.2　DeepDive 工作流程

DeepDive 系统旨在能够让用户在无须编写复杂代码的基础上，完成无结构数据的信息识别、抽取、整合等任务，其主要应用为特定领域的信息抽取。在开展某一项目之前，准备的数据形式有：

- 无结构数据或半结构数据，包括文本数据、网页数据、表格数据等。
- 人工定义的规则，用于纠正或补充机器的预测结果。
- 现有的结构化数据，比如知识库或者知识图谱。

DeepDive 的输出形式为带有预测概率的结构化知识，一般以三元组的形式展现，比如“<实体1，关系，实体2>”“<实体，属性，属性值>”。

以抽取实体关系为例，应用 DeepDive 运行项目的基本流程包括以下四个步骤：

数据预处理：DeepDive 首先对输入数据进行切分，一般情况下以句子为单位。接下来，使用自然语言基础处理工具进行预处理，如停用词过滤、词形还原、大小写转化、词性标注、位置标注、句法成分标注、命名实体识别等。

如果某个句子中存在两个及以上的实体，便形成候选实体对，DeepDive 提供了一系列提取实体对相关特征的模块，如实体本身的特征、实体的上下文信息、实体间的距离等，为之后的关系预测作好准备。

数据标注：应用已知的知识库以及人工规则对上一步的候选实体对进行部分标注，作为后续机器学习的训练数据。当基于不同规则得到的标签存在冲突时，用投票法解决。

学习与推理：在这个阶段，DeepDive 通过因子图（Factor Graph）的推理来学习特征的权重，并且预测候选信息为真的概率值。因子图是对函数因子分解的表示图，一般内含两种节点：变量节点和函数节点。在 DeepDive 的框架下，变量节点为候选实体对，而函数节点为根据特征和人工规则转化得到的函数。

交互迭代：主要目的在于对结果的修正。通过上一步的推理结果估算准确率及召回率，总结归纳错误标签出现的原因，并据此对相应的特征或者人工规则进行更改后再重复上述过程，这样可以不断优化系统性能。

综合上述过程，DeepDive 的工作模式如图 7.12 所示。

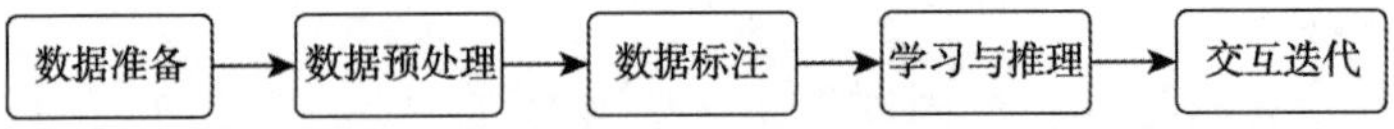

图 7.12　DeepDive 工作模式

在具体实践中，还可能遇到许多实际问题，比如输入数据量太大、很多句子不存在实体对、有些句子存在实体关系但缺少实体、有些数据存在语法错误等。因此，在 DeepDive 的基础上，我们还需要根据具体的数据以及需求进行相应的补充与改动。

7.3.3　概率推断与因子图

在 DeepDive 的学习与推理阶段，一个很重要的概念是因子图（Factor Graph），这是一种概率图模型。因子图的节点有两种模式，随机变量及因子。

随机变量用于描述一个事实，例如，用一个变量描述某人是否有抽烟习惯，如有，则变量设为 1，如没有，则设为 0。需要说明的是，DeepDive 中的变量只支持如以上例子中的布尔类型。

因子是关于变量的函数，用于表述变量间的关系。例如，存在某一函数表达式，imply（A，B），表示如果存在 A，则 B 也存在。现在有假设“如果小明有吸烟习惯那么他有癌症”，这里存在两个变量，一个变量标明“小明是否有吸烟习惯”，另一个标明“他是否有癌症”。也就是说，“吸烟习惯”“癌症”分别表示上述的“A”“B”。

DeepDive 所要学习与推理的便是变量某一取值（描述了某些事实）发生的概率，而其依据则是因子，即变量间的关系函数，由机器学习学得或者人为建立规则。为了更好地解释因子图的机制，下面应用一个简单的因子图来阐明其中的一些基本概念，如图 7.13 所示。

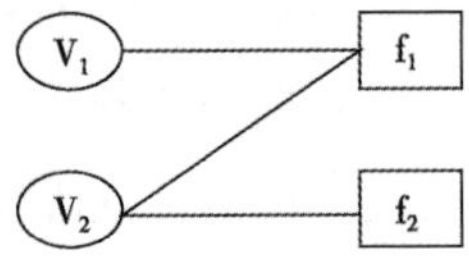

图 7.13　因子图实例

如图 7.13 中，v1，v2 表示两个变量，f1，f2 表示两个函数，由连线关系可知 f1 与 v1 及 v2 相关，而 f2 只与 v2 相关。对于此因子图中的变量来说（为布尔变量类型），存在四种取值可能性，见表 7.1。

表 7.1　因子图中布尔类型变量的取值空间

V1	0	0	1	1
V2	0	1	0	1

那么，对于上述几种取值空间，其发生概率分别为多少呢？我们可以通过相关函数进行计算。另外，对于每个函数都有相应的权重，代表了此函数的对概率的影响程度，其值越大，表明其影响力越大。令某一取值可能性为 I，f1 及 f2 对应的权重分别为 w1 及 w2，可得如下计算概率的表达式：

$$\Pr(I) \propto \text{measure}\{w1f1(v1,v2)+w2f2(v2)\} \tag{7.1}$$

令 f1 = imply（v1，v2），f2 = isTrue（v2），并且 w1 = 1，w2 = 0.5，假如 v1 = 1，v2 = 1，

那么其对应的计算方式如下：

$$w1f1(v1, v2) = 1 \tag{7.2}$$

$$w2f2(v2) = 0.5 \tag{7.3}$$

$$\Pr(v1 = 1, v2 = 1) = measure(1.5) \tag{7.4}$$

为了使最后的结果为概率形式，还需要进行归一化处理，即计算所有可能性的取值：

$$\begin{aligned} \Pr(v1, v2) &= \Pr(v1 = 1, v2 = 1) + \Pr(v1 = 1, v2 = 0) \\ &\quad + \Pr(v1 = 0, v2 = 1) + \Pr(v1 = 0, v2 = 0) \\ &= measure(1.5 + 0 + 1.5 + 1) = measure(4) \end{aligned} \tag{7.5}$$

最终概率如下：

$$\Pr(v1 = 1, v2 = 1) = 1.5/4 = 0.375 \tag{7.6}$$

现在知道了某种取值可能性的概率计算方式，那么很容易地，也可以计算出固定某一变量值的概率（称为边缘概率），如 v1 =1 的边缘概率为：

$$\Pr(v1 = 1) = \Pr(v1 = 1, v2 = 1) + \Pr(v1 = 1, v2 = 0) = 0.375 \tag{7.7}$$

只需要将 v1 =1 时的所有取值空间的概率值相加即可。

另外，在 DeepDive 的框架下，函数对应的权重既可以人工赋值也可以通过机器学习的方式习得。如果应用机器学习的方式，需要准备充足的训练数据，即带有标签的实体对，代表变量的一部分取值空间，目标函数是使这些实例发生的概率最大化，因而推算出每个函数对应的最优权重值。

本章小结

所谓关系，其实无处不在。人在社会中具有关系属性，几个月的婴儿便学会了与母亲建立关系；我们无时无刻不在理解、搭建、修复或者销毁关系；偌大的宇宙与微小的原子存在结构上的相似性，其间有着千丝万缕的关系。现今热火朝天的深度学习实质上是为了学习输入数据与输出结果之间的关系。

作为人本身，认识这些广义的“关系”也是构建智慧的一部分。同样，对于机器而言，对“关系”的理解也是迈向智慧的一步。在本章中，所述的关系抽取与以上例子相比，是非常狭义的，具体地说，是判断两个实体间的关系。根据现有的研究水平，不论是基于全监督还是半监督的方法，机器实现关系抽取任务的能力已相当有效率，也已存在比较成熟的操作简便的平台，在搜索引擎、问答系统、知识图谱构建方面都发挥了必不可缺的作用。

我们还应该再进一步，使机器能认知更广义的关系，而不仅仅局限于一个句子中的两个实体间。首先，所谓实体，从哲学层面来看，其含义一般是指能够独立存在的、作为一切属性的基础和万物本原的东西，而一般关系抽取任务中的实体往往指实际的具象存在，那么对于抽象的概念以及其间的关系，也是需要去挑战的机器智能任务。

其次，就关系而言，在文本中跨句子甚而跨段落的两个实体间也可能存在关系，实体间也可能存在多样性的关系，多个实体间也可能存错综复杂的关系，这些更复杂的任务也仍需进一步的探究。

思考题

1. 谷歌、百度等搜索引擎是如何实现关联搜索的？
2. 关系抽取有哪些主要方法？
3. 关系抽取中的远程监督是为了解决什么问题？
4. 强化学习如何解决远程监督中错误标签的问题？
5. Snowball 系统的基本流程是什么？
6. Snowball 系统中是如何对 Patterns 以及 Tuples 质量评估的？
7. DeepDive 的一般工作流程是什么？
8. 什么是因子图？

第四部分

自然语言处理高级任务

第 8 章

知识图谱

2012 年 5 月 16 日，谷歌率先推出了知识图谱（Knowledge Graph，KG），用于增强搜索功能，搜索任何一个关键词都能够获得完整的知识体系，实现从 strings 到 things 的飞跃，使得机器能够理解并搜索词汇的真实含义而不仅是表面的字符结构。

直观地说，知识图谱相当于赋予了机器一个大脑，其中存储了关于客观世界的概念、实体、事件及其间的关系。除了在互联网语义搜索方面的应用，知识图谱在问答系统、大数据分析与决策等方面都凸显了重要价值。

本章主要介绍知识图谱的相关概念、技术、应用等。通过本章的学习，读者将有以下收获：

- 了解知识图谱的发展渊源及基本概念
- 熟悉知识的表征、存储及查询形式
- 掌握知识图谱搭建过程中的关键技术
- 熟悉知识图谱的典型应用场景

8.1 知识图谱基本概念

知识图谱的发展可追溯至 20 世纪的语义网络，这是一种用图来表示知识的结构化方式。如今，移动互联网的发展、数据量的大规模增长，为万物互联提供了可能性。而对这些信息进行挖掘的需求也日益增进，因此知识图谱的研究在近几年越发火热。本节主要介绍其发展历程、基础知识以及几个著名的开放知识图谱，帮助读者了解及掌握知识图谱的基本内容。

8.1.1 从语义网络到知识图谱

在计算机的世界里，如何合理地对知识进行表示呢？其核心在于，既要反映真实的客观世界，又要顾及后续的使用和计算。自然地，我们可以借鉴人类大脑表示知识及利用它们解决问题的方式，来给机器构建大脑。人类的知识表示理论可分为两个派别：符号主义和联结主义。前者认为符号是知识的基本单元，认知即基于符号的运算；后者认为知识的存在点并非固定，而认知则是带有不同权值的神经元间相互联结的整体网络。

基于对人类知识表示方式的研究，Quillian 早在 20 世纪 60 年代就提出了语义网络（Semantic Network）的概念。语义网络由相互连接的节点和边组成，节点表示概念或对象，边表示其间的关系，进而表达人类知识。其形式简单直白，但存在相当多的缺陷，比如缺少标准、难以融合多源数据、无法区分概念节点和对象节点等，很难应用于实践。

其后，万维网之父 Tim Berners Lee 分别在 1998 年和 2006 年提出了语义网（Semantic Web）和链接数据（Linked Data）的概念。普通的万维网只是存储文字、图像、影像等资源的媒介，机器对资源本身无法理解，更没有判断或推理能力。语义网中的“语义”表示用更丰富的方式表达数据内涵，“网”表示让数据实现细粒度的相互连接，使数据结构更加庞大更加体系化，最终实现根据语义进行智能判断，为用户提供更丰富更个性化的服务。举个例子，在语义网上输入“想去海边旅游”，计算机可能会根据用户的经济状况、出行习惯、兴趣偏好等推荐合适的旅游景点、旅游攻略、提供预算方案等。而链接数据是指基于语义网技术连接以前未链接的相关数据，或者降低使用其他方法连接当前链接数据的障碍，简而言之，便是“万物互联”的思想。

从某种角度上说，知识图谱是对以上这些概念的部分继承及进一步包装。知识图谱在维基百科中的定义为：谷歌用于增强其搜索引擎功能的知识库。本质上，知识图谱旨在描述真实世界中存在的各种实体或概念及其关系，其构成一张巨大的语义网络图，节点表示实体或概念，边则由属性或关系构成。

通俗地说，知识图谱由一条条知识构成，而每一条知识可以用一个三元组表示，其基本形式主要包括“实体 - 属性 - 属性值”和“实体 1 - 关系 - 实体 2”。每个实体都是唯一的，“属性 - 属性值”用于描述实体的特性，例如“小明 - 身高 - 165cm”；而关系用于连接两个实体及描述其间关系，例如“小明 - 妻子 - 小红”。

从以上语义网到知识图谱的发展历程可见，共同点都是三元结构，这是为什么呢？因为这种结构对于人类来说容易理解，对计算机而言比较方便处理。如果直接考虑四元组、五元组会导致更复杂的解读、处理、存储等操作，而由三元组之间的关系可以表达更复杂的结构，也满足现实的错综复杂性。其实这也和人类学习的过程类似，一些基础知识点都是两者或者三者间的关系，进而理解更复杂的关系，而如果一开始就试图弄清楚多个知识点的关系，反而会增加大脑负担，不符合人的认知规律。

8.1.2 知识的结构化、存储及查询

上文追溯了知识图谱的前身，简要描述了其基本概念，呈现了几个简单例子。然而，在计算机的框架下，如何将一条条知识进行结构化处理？这就涉及语义网的核心数据模型：资源描述框架（Resource Description Framework，RDF），用以描述万维网上的资源及相互间的关系。

RDF 的表现形式为三元组，针对知识图谱中的每条知识存在实体、属性、关系等概念的情形，把一条知识用 RDF 框架下的 SPO 三元组（Subject-Predicate-Object）表示：每一个三元组包含两个节点及一条边，节点可表示实体或者属性值，而边表示实体间关系或者属性关系。以球星罗纳尔多的相关信息为例，可构建的相关知识如图 8.1 所示。

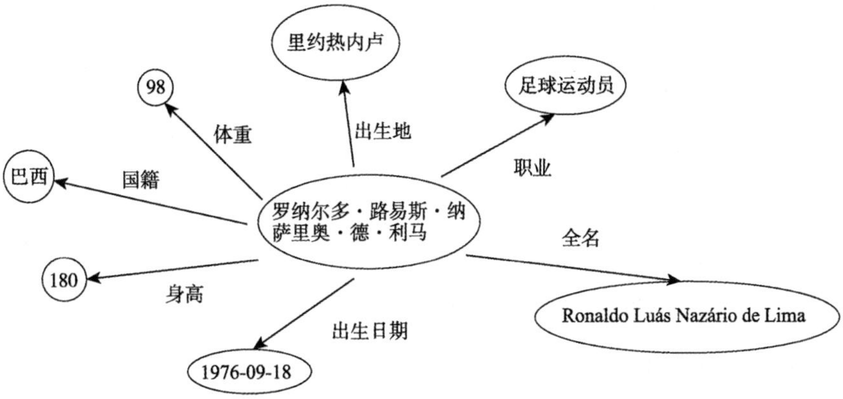

图 8.1　罗纳尔多的相关信息

图 8.1 只是简单图示，具体如何在 RDF 的框架下进行数据表示及存储？目前存在多种方式，主要有 RDF/XML、N-Triples、Turtle、JSON-LD 等几种。其中 N-Triples 是比较直观的表示方法，直接将数据用多个三元组表示，如下：

```
<http://www.kg.com/person/1> <http://www.kg.com/ontology/chineseName> "罗纳尔多·路易斯·纳萨里奥·德·利马"^^string.
<http://www.kg.com/person/1> <http://www.kg.com/ontology/career> "足球运动员"^^string.
<http://www.kg.com/person/1> <http://www.kg.com/ontology/fullName> "Ronaldo Luís Nazário de Lima"^^string.
<http://www.kg.com/person/1> <http://www.kg.com/ontology/birthDate> "1976-09-18"^^date.
<http://www.kg.com/person/1> <http://www.kg.com/ontology/height> "180"^^int.
<http://www.kg.com/person/1> <http://www.kg.com/ontology/weight> "98"^^int.
<http://www.kg.com/person/1> <http://www.kg.com/ontology/nationality> "巴西"^^string.
<http://www.kg.com/person/1> <http://www.kg.com/ontology/address> "里约热内卢"^^string.
```

初学者可能对以上类似网址的部分比较困惑，比如“<http://www.kg.com/person/1>”，这其实是 International Resource Identifiers（IRIs），是一种数据类型，用于唯一地表示实体“罗纳尔多”，再比如“<http://www.kg.com/ontology/career>”表示属性“职业”。

可以观察到以上表示方式存在许多重复之处，而用 Turtle 的表示方法利用“@ prefix”符号就能够解决此问题：

```
@ prefix person: <http://www.kg.com/person/> .
@ prefix : <http://www.kg.com/ontology/> .
person:1 :chineseName "罗纳尔多·路易斯·纳萨里奥·德·利马"^^string.
person:1 :career "足球运动员"^^string.
person:1 :fullName "Ronaldo Luís Nazário de Lima"^^string.
person:1 :birthDate "1976-09-18"^^date.
person:1 :height "180"^^int.
person:1 :weight "98"^^int.
person:1 :nationality "巴西"^^string.
person:1 :address "里约热内卢"^^string.
```

然而，这种一条条知识的存储方式显然与人类大脑的运作模式相距甚远，就好比把所有的文件都杂乱地堆放在一间屋子里，查找与使用起来相当麻烦。现在，如果屋子里放置了一个个柜子，而柜子里又有不同的抽屉来存放不同类别的文件，再针对柜子间的关系、抽屉间的关系贴上标签，从某种程度上来说，这个知识库便具备了概括总结能力，使用起来也就方便多了。RDFS（RDF Schema）及 OWL（Web Ontology Language）技术正是在 RDF 基础上的进一步抽象总结，增强了 RDF 的表达能力。

简要地说，RDFS 对数据进行了抽象定义，比如定义了一个专门关于球星的柜子，而此柜子里某个抽屉里存放的即为上述有关罗纳尔多的知识。而 OWL 可以认为是 RDFS 的扩展，增强了数据的推理能力，比如定义了柜子里的一些机关，某些抽屉间存在一定关系，打开了某个抽屉后便不能打开某另一个抽屉等，如此一来，如果知晓某个抽屉的情况，也可能推理出其他一些抽屉的情况。当然，以上例子只是为了便于读者理解，并不能严谨地代表 RDFS 和 OWL 的全部内涵和功能。

接下来的问题是如何选择合适的柜子来存储知识？这其实是一个数据库的选择问题，可选项有关系型数据、NoSQL 数据库、图数据库等。假如数据间的关系比较复杂，可以选用图数据库；如果数据中的属性很多，考虑关系式数据库；如果考虑可移植性、可分布性等性能，可以采用 NoSQL 数据库。具体地，要结合数据的特性及相关应用进行选择，通常在很多情况下会结合多种形式进行存储。

以上简要介绍了知识的结构化形式及存储，之后在提取知识的过程中如何进行查询呢？在 RDF 上的查询语言便是 SPARQL（Protocol and RDF Query Language），语法与 SQL 类似，实质上为带有变量的 RDF，其查询过程分为以下三大步骤：

（1）构建查询图的形式，表现为带有变量的 RDF。

（2）根据查询模式匹配符合条件的数据。

（3）将数据中的结果绑定到查询图模式对应的变量上。

以上述罗纳尔多为例子，知识图谱中的某一三元组如下：

```
<http://www.kg.com/person/1> <http://www.kg.com/ontology/chineseName> "罗纳尔多·路易斯·纳萨里奥·德·利马"^^string.
```

假如需要查询名字，SPARQL 语句如下，用“？x”表示所要查询的变量：

```
<http://www.kg.com/person/1>http://www.kg.com/ontology/chineseName? x.
```

经过查询匹配即可得“罗纳尔多·路易斯·纳萨里奥·德·利马”，当然在实际应用中的查询可能会复杂一些，比如查询“罗纳尔多的妻子的哥哥出生在什么地方”，需要包含多个变量及多个语句，因此还需要借助一些关键术语，常见的有以下几个：

- SELECT：指定所要查询变量。
- WHERE：指定查询的图模式。
- FROM：指定查询的图数据集。
- PREFIX，表示缩写。
- ORDER BY、LIMIT、OFFSET：综合使用，对查询到的数据进行排序并按页面展示。
- FILTER：对返回数据进行有条件的过渡。

关于对知识图谱的查询，存在开放性假设，即假设知识图谱是不完备的，这是什么意思呢？这涉及对未查到的事物应该如何回答的问题，比如查询“罗纳尔多代言过什么广告”，在现有的知识图谱没有搜到结果，但是并不代表真实世界中不存在答案，因此应该回答“不知道”而非“没有”。这就相当于，我们自身也要具备谦虚开放的心态，对于不甚了解的事物要持保留态度，而不是依据有限的经验想当然地给出一个观点。

8.1.3　几个开源的知识图谱

截至 2019 年 3 月，根据开放互联数据（Linked Open Data）的官方统计，共有 1239 个知识图谱加入此联盟。本部分我们罗列了几个著名的开源知识图谱，综合而言，英文相关的图谱远多于中文图谱。

DBpedia：此项目的核心是从维基百科中提取结构化内容，由柏林自由大学以及莱比锡大学发起，于 2007 年发布第一份公开数据集。DBpedia 拥有 100 多种语言的超过 2800 万的实体，以及数亿条知识三元组，另外，其与许多其他开放数据集均相连，是链接众多数据集的枢纽。

CN-DBpedia：为中文知识百科图谱，由复旦大学知识工场实验室研发并维护，2015 年 12 月份发布，在知识问答、智慧医疗等多个领域被广泛使用。其数据源主要为百度百科、互动百科、中文维基百科等中文百科类网站，包含 900 多万个实体以及 6 700 多万条知识三元组。

Yago：为多语言知识图谱，由德国马普研究所于 2007 年研发，结合了维基百科中大量丰富的知识以及 WordNet 中极高准确率的本体知识，还增加了空间与时间信息，建立了超过 1000 万个实体以及 1.2 亿条知识三元组的庞大体系，同时近些年也构建起了与其他知识库的链接关系。

Wikidata：由维基媒体基金会发起，每个人都可以添加及编辑数据，目的是将维基百科、维基文库、维基导游等项目中的知识结构化，覆盖350多种语言，拥有近2 500万个实体以及超过7 000万条的知识。

ConceptNet：多语言常识知识库，起源于一个众包项目Open Mind Common Sense，数据源为现有知识库中的常识以及通过设计一些游戏等手段获取的用户常识。目前支持300多种语言，拥有390多万个实体以及2800万条知识。

Zhishi. me：对三大中文知识网站，百度百科、互动百科和中文维基百科中的实体信息进行抽取，之后对来源不同的实体进行对齐，从而完成数据集的链接，目前拥有约1000万个实体以及1.2亿个知识三元组。

大词林：基于上下位关系的中文知识库，属于知识图谱元数据或称为Schema的构建，由哈尔滨工业大学社会计算与信息检索研究中心在2014年研发。其具备自动构建能力，能够从多个信息源自动获取实体类别，继而对类别进行层次化处理。目前，“大词林”包括约900万个实体以及约17万个类别。

Linked Open Data中的知识图谱都是宝贵的结构化资源，有融合至企业业务的趋势，自然语言处理工程师应当作一些基础了解，以便不时之需，比如整合到语义理解、智能问答等相关任务中。

8.2 知识图谱的关键构建技术

上节中我们主要介绍了知识图谱的基础概念、表征、存储方法及查询形式，接下来从实践的角度来谈谈知识图谱搭建过程中的重要技术，主要包括信息抽取、知识融合、知识推理等过程，其中信息抽取已经在本书中作为单独一章进行详细描述，这里不再重复。

8.2.1 本体匹配

人类学习的过程实质上包含了知识融合过程，比如，小时候称父母为爸爸妈妈，之后大了些，突然在书上发现还有父亲母亲的叫法，于是在脑海中，明白这其实是同一个概念，这便是知识融合的过程。

对机器而言，知识融合是指将来源于多个数据源的知识进行融合，达到相互补充并且去重的效果。而这其中最关键的技术为本体匹配，又称为本体对齐、实体对齐、Record Linkage、Entity Resolution等，本质工作都是将几个多源本体进行融合。例如，图8.2中的两条知识其实描述的为同一女歌手，但被当作两个本体，需要对其进行

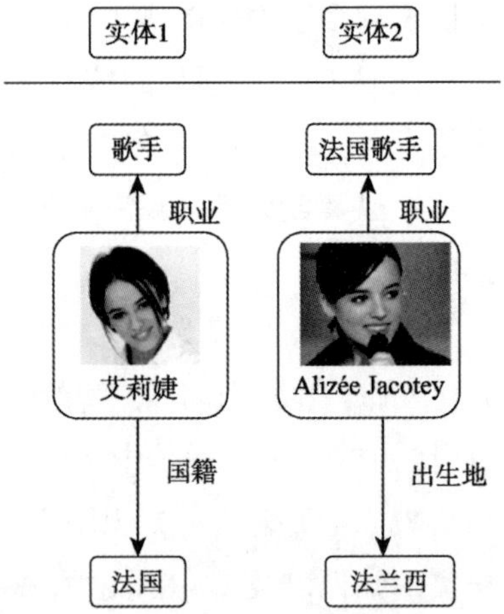

图8.2 不同源的同一实体

融合。

在实际工作中，本体匹配需要克服数据杂乱以及数据规模大两大挑战，其一般工作流程如下：

数据预处理：由于原始数据多源且量大，往往存在噪声、数据格式不一致等问题，需要进行大量的清洗及正则化工作，比如过滤无用的符号、统一数据格式、统一数据表达方式等。这项任务虽然枯燥，却是决定最终匹配效果的关键。

数据分组：知识图谱中的实体往往是上万甚而百万级别的，通过两两比较的方式去判断是否为同一实体不切实际。因此，基于粗粒度算法预先对数据进行分组是必要流程，目标是组内的实体越相似越好，并且组的规模不能太大。可以利用知识图谱本身蕴含的一些有助于分门别类的信息进行分组，也可以利用一些机器学习方法进行聚类。

相似度计算：分好的组中包含了可能是同一实体的数据，首先针对实体的属性进行相似度计算，接着基于属性相似度计算实体相似度。属性相似度计算存在多种方法：根据属性类型的不同可以选择如编辑距离计算、集合相似度计算、基于向量的相似度计算等。接下来，可以根据属性相似度进行加权平均计算实体相似度，或者基于聚类的算法找到同一实体的集合。

以上综合过程如图 8.3 所示。

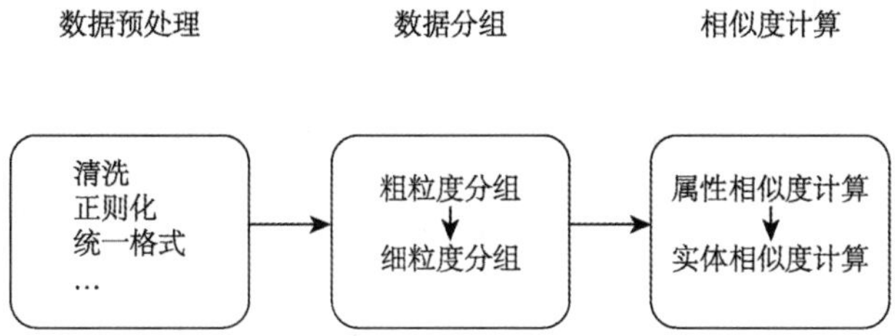

图 8.3　本体匹配流程

在实践中，利用现有工具可以简便匹配工作，比较常见的有 Falcon-AO、Limes、AS-MOV、AgreementMaker、Anchor-Flood、SAMBO 等实体匹配系统。

8.2.2　实体链接

自然语言表达存在两大特性：

- 多样性：同一意义有不同表达方式，比如“唐僧”“唐三藏”“金蝉子”等均指向同一对象。
- 歧义性：同一表达存在不同意义，如百度“乔丹”，存在多个义项，如图 8.4 所示。

实体链接（Entity Linking）的目的便是为了解决以上问题，将自然语言中的文本与知识库中的条目进行链接，具体操作是指将文本中的实体指称（也称实体提及）映射到给定的知识库中的实体。关于实体指称与实体的概念其实很简单，比如不同人可能会以不同方式称呼某个人，如“明哥”“阿明”“明明”等，这就是实体指称，而“张小明”本人则是

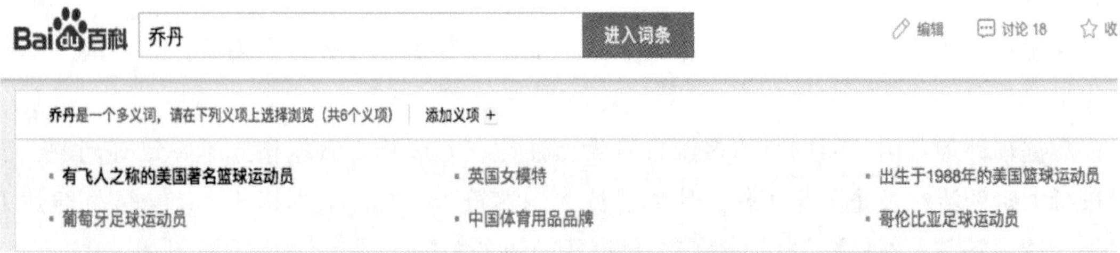

图 8.4 百度“乔丹”的结果

实体，多个指称指向一个实体。实体链接的关键技术有如下三大方面：

引用表构建：存储文本中实体指称所有可能指向的实体，用于进一步的数据挖掘。

实体知识构建：对知识库中实体的相关知识进行总结，主要包括实体知名度，即某实体为人所熟知的程度以及传播范围，例如汉代外交家“张骞”传播度高于中国近代实业家“张謇”，因此更可能在语料中出现；实体上下文，特定实体语境的规律性，如果语境中有“企业”“清末状元”“实业救国”等词汇，那么实体很可能是中国近代实业家“张謇”；实体语义关联度，捕捉实体间的语义关系，因为相关实体更易同时出现，如出现“刘彻”“长安”“河西走廊”等实体，那么实体很可能是汉代外交家“张骞”；实体相关主题，比如，汉代外交家“张骞”在东西方交流的相关文章中更常出现，而中国近代实业家“张謇”一般在描述近代民族工业的文本中更易出现。

链接推理算法：综合引用表以及知识进行知识链接的决策过程，这里可以应用的方法多种多样，可以基于概率生成模型、主题模型、图模型、无监督学习、深度学习等多种方法进行推断，其本质都是对实体知识以及实体指称所在的语境进行建模，以此推测最优的实体对象。

以实体指称“明明”为例，应用以上流程找到实体“张小明”，如图 8.5 所示。

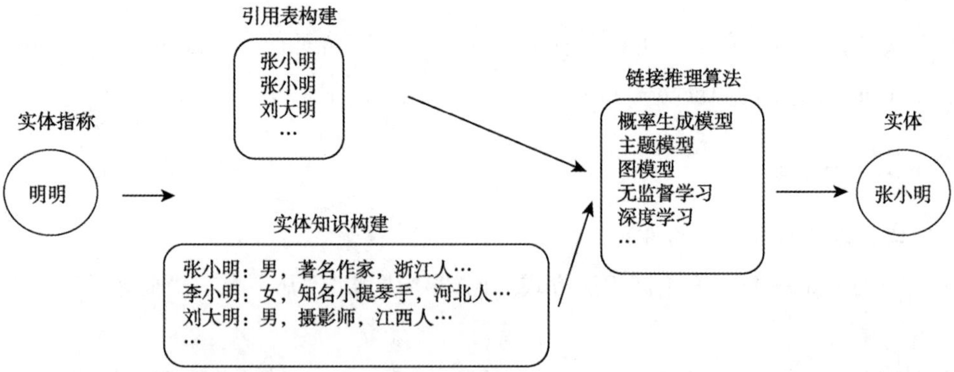

图 8.5 实体链接

目前在实体链接方面的研究已经达到了比较成熟的水平，但是在某些方面还需要进一步探究，比如，如何在缺少语境信息的情况下进行链接；对于表达个性化、较长的实体能指如何识别；能不能基于现存的知识库发现而非抽取更多的实体能指等更复杂的情形。

8.2.3　知识推理

推理是指按照某种策略从已知信息出发推出结论的过程，是人的基本智能之一。关于推理的理论研究最早可追溯至古希腊哲学家亚里士多德有关三段论（syllogism）的理论。另外，推理根据推断途径可大致分为以下三个方面：

归纳推理（induction）：从特殊到一般，即从一类事物的大量事例出发推出该类事物的一般性结论，是增殖新知识的过程，比如由“金受热后体积膨胀、银受热后体积膨胀、铜受热后体积膨胀”推理出“金属受热后体积膨胀”。

演绎推理（deduction）：从一般到特殊，即从一般性的前提出发，经过推导，得出具体某个结论的过程。此结论实质上已蕴含在前提中，演绎推理只是揭示知识而非补充。三段论就是经典的演绎推理，由大前提，小前提引申出结论，比如由“金属受热后体积膨胀，金是一种金属”推理出“金受热后体积膨胀”。

默认推理：又称为缺省推理，指在知识不完全的情况下，通过假设某些条件已经具备而进行的推理。

在知识图谱领域，知识推理也是一项关键技术，比如可应用于知识库的补全从而建立更全面的知识库，在知识问答方面也需要在基于知识图谱的同时具备推理能力。面向知识图谱的推理既融合了传统的推理方法，又基于一些机器学习方法发展出独有的推理方法，可分为以下几种：

基于规则的推理：根据传统知识推理中的规则推理方法，应用简单规则或统计特征在知识图谱上进行推理；或者利用更为抽象化的本体层面的信息组织形式，把隐含在显式定义中的知识提取出来。基于规则的方法准确率高，但是设计过程比较烦琐，并且难以跨领域推广。

基于分布式表达的推理：首先将知识图谱中的三元组及需要推理的知识都进行低维向量化表示（类似于将词转化为词向量），接着可以基于位移距离模型（基于距离进行评估）、语义匹配模型（基于相似度进行评估）等衡量所推理的知识是否成立。此方法简单有效，但是考虑的层面比较浅，未能结合更深层次的语义信息。

基于神经网络的推理：对已知的知识向量化表示作为神经网络的输入，输出为相应的标签，比如输入一个三元组、输出为关系成立、输入两个实体、输出为某某关系等。训练好模型后，便可以将候选知识信息输入模型，由模型来推断结果，比如输入某候选三元组，判断其是否成立。此方法虽然泛化能力比较强，但是可解释性比较弱。

混合推理：顾名思义，是结合多种方法进行推理，优势互补。通常是以某种方法为主另一种为辅的策略，但是更深层次的混合模型还有待研究。

就目前而言，知识推理的研究还处于初级阶段：首先，推理还局限于比较简单的二元关系，而且只针对静态知识图谱，而客观世界的关系往往多元且动态；另外，现有的推理需要基于大量的高质量样本进行学习，如何利用小样本进行推理也是一大难题；再者，推理的速度、推理的时效性、推理的规模等都是需要进一步探讨的问题。

8.3 知识图谱应用

从一开始的搜索引擎，到如今的金融风控、推荐系统、智能问答、证券投资等，知识图谱的应用逐渐覆盖到各个领域。本部分除了主要介绍除搜索引擎之外，还介绍了知识图谱的几个典型应用场景，反欺诈、个性化推荐以及知识库问答（如图 8.6 所示），包括领域痛点、结合知识图谱的优势、主要技术以及难点等内容。

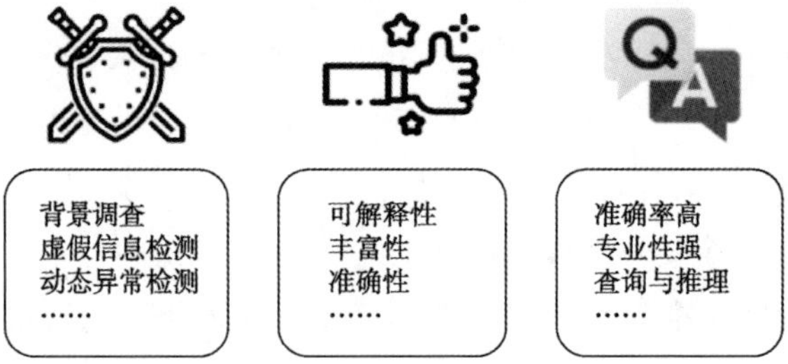

图 8.6　知识图谱的应用

8.3.1　反欺诈

反欺诈是风控中必不可少的环节，主要是对交易诈骗、借贷诈骗、网络诈骗、电话诈骗等欺诈行为进行判别。随着信息科技的发展，如今的欺诈手段也变得多样、隐蔽，并且还朝着组织化、产业化的方向发展，很多传统的反欺诈系统已显得有些力不从心。知识图谱与反欺诈的深度结合是人工智能在金融领域的典型应用。

显然，收集及存储与企业或者个人客户相关的信息数据是构建反欺诈系统的首要步骤。从企业的角度来看，存在基础信息、投资关系、内部人员结构、失信记录、招投标等数据；而对于个人而言，存在基础信息、亲友关系、信用记录、消费记录、工资及非工资收入等数据。这些信息不仅类型多样，还存在错综复杂的关系，比如一个人的亲友关系便是一个网络结构，因此这些信息非常适合以知识图谱的形式来表征。

那么，搭建一个风控反欺诈领域的知识图谱的首要步骤是什么？很显然，第一步需要定义存储内容，即对领域内的基本概念进行分类，总结相关属性及关系，此项工作专业术语称作构建本体模型。比如，实体可以有人、企业、申请事件、抵押物、电话、住址等，实体间的关系可以有亲友关系、所属、合作关系、投资关系等。接下来按照这些所定义的概念从不同的数据源抽取数据，经由知识融合处理，再以合适的方式进行存储。

将知识进行结构化存储之后，如何将其应用于反欺诈？下面举几个简单的例子帮助读者理解。

背景调查：对个人或公司进行更全面更深层次的调研以决策某些业务场景。例如在贷款申请中，通过关系网络调查某公司合作伙伴的情况、客户公司的情况、其所在职人员的情况等，更系统地对其背景进行评估。

虚假信息检测：在现实中，人们为了获取不当利益会捏造很多虚假情况，比如，有些公司及个人构造虚假的流水信息；有的个人利用特别渠道获取多个身份证进行贷款申请；还有的假购不动产作为贷款抵押。这些情况只凭借单一分散的信息很难进行判别，而如果在一个综合网络中进行检测，很容易发现漏洞。

例如，某三者间存在循环转账关系，那么很可能是为了构造虚假的流水帐目；某几个近期内的贷款者有相同的电话或者地址，可能是同一人利用多个身份证贷款；某组织或个人在近期内有向多处机构贷款的情况，应当列为重点关注对象，防止多头骗取贷款的情形发生。

动态异常检测：金融数据存在实时性，因此在时间的维度上进行一些异常变化检测很有必要。例如，某些实体间突然发生频繁紧密的联系，可能是发生了某些异常活动，需要进行特别关注，防止组团欺诈的情况发生。

知识图谱的特性决定了其在关系网络上的有效推理分析能力，是判别欺诈行为的有效工具。以上所述的应用例子是比较理想的情况，事实上，在数据的搜集及表示、数据的存储、根据数据进行推理等方面都存在资源或者技术上的难点需要攻克。

8.3.2　个性化推荐

不管是在各大网站上，还是在购物应用、听歌应用、新闻阅读应用上，都有一个相似的功能，称作“猜你喜欢”“相似内容”或者其他叫法，能够有机地结合用户的个性化需求进行推荐。对商家而言，实现了精准营销；对用户而言，则解决了信息过载的问题。因此个性化推荐是互联网上非常重要的应用。

推荐系统的难点在于数据问题，一是用户与物品的交互不多，利用极少量信息进行推测的算法常存在过拟合的风险；二则是新增用户或物品不存在交互信息难以进行建模，这就是俗称的冷启动问题。

在算法中引入一些额外信息是解决以上问题的有效手段，利用知识图谱作为载体输入辅助信息就是近些年推荐工作中的一大研究热点。由于知识图谱能够表征更丰富更多层次的语义关系，推荐系统能够发现用户范围更广、层次更深的兴趣，其优势主要体现在以下几个方面：

可解释性：知识图谱本身包含了丰富的语义信息，因此基于这些关系进行相关推荐有着很强的解释性。比如，基于相同的演员、导演推荐电影；基于同一性质的奖项推荐书籍，这些推荐动作都是带有明确原因的。

丰富性：知识图谱强大的网络表征能力能够挖掘更深层次的信息，因此可以基于多样化的角度进行个性化推荐。图谱中的实体间存在联系，各实体又有相应的属性，这些信息都可以作为推荐的依据。

准确性：利用知识图谱能够描画出用户或者物品更丰满的形象，因此算法所考虑的特征维度也更多，精准性自然就更高。比如某一用户喜欢某偶像剧，但在演员方面喜欢老戏骨，因此不能单纯地根据此偶像剧中的年轻演员进行相关的作品推荐。

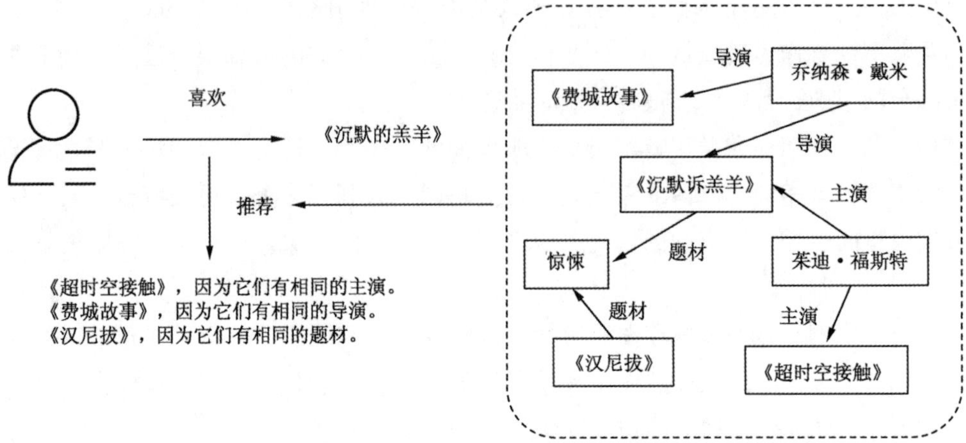

图 8.8　电影推荐背后的知识图谱

那么，如何将知识图谱的信息引入推荐系统中？目前大致可以分为以下两类工作：

基于特征的结合方式：简单地说，这类方法将知识图谱中实体的属性作为算法的输入特征，从而增加推荐系统所考虑的特征维度。显然，这种方法操作简单，具有一定效果，但是并没有高效地利用知识图谱中丰富的关系及结构信息。

基于路径的结合方式：由于知识图谱存在多类节点及多类连接关系，因此可以将其当作一个异构信息网络（Heterogeneous Information Network，HIN），并且构造特定的关系路径或关系图来挖掘实体点的潜在联系，并基于此进行个性化推荐。此方法有效地利用了知识图谱中的结构信息，但是需要人为设计路径及关系图，对领域知识的宏观掌握要求比较高。

综合而言，将知识图谱与推荐系统的融合是目前一大具有前景的研究热点，其难点在于如何有效地融合知识图谱中的特征。现存的许多方法都存在一定局限性，难以高效地挖掘知识图谱中的信息，因此这一方向还存在很大的研究空间。

8.3.3　知识库问答

知识库问答（knowledge base question answering，KB-QA）是指针对自然语言问题进行语义理解，进而利用知识库（这里的知识库在很大程度上便是指知识图谱）进行查询、推理得出结构化答案，最后将其转化为自然语言的回答形式。最有代表性的知识问答系统便是 IBM WATSON，其在 2011 年参加了 Jeopardy 竞赛，打败了所有人类竞争对手，获得了 100 万美元的奖励。基于知识库的问答具备以下几个层面的特点：

训练数据：在一般的问答系统中，需要搜集大量的问答数据对模型进行训练。而基于知识的问答，在语义理解部分会涉及训练数据，其后主要依靠的是查询与推理，并不需要数据。

数据形式：知识库的输入与输出均为结构化形式，因此需要在初始语义分析阶段将自然语言转化为结构化查询语言，其后在回答阶段需要将查询结果转化为自然语言。

适用问题：顾名思义，适合知识性比较强的问题，比如人物关系问题、简单的推理题、百科知识问题等。

背景知识：在一般的问答中，回答局限于对问句本身的语义理解，而基于知识库的回答借助图谱中强大的背景知识，能够更深层次地理解并回答问题。准确率与召回率：由于知识图谱本身结构化程度高，在特定领域覆盖率高（如可以结构化地表示纯文本中难以挖掘的常识知识），因此基于此的查询或推理的回答在准确率及召回率上均存在优势。

评价方式：一般存在固定答案，因此评价方式简单。而一般的智能问答系统的评价方式比较复杂，一般会利用 BLEU（主要衡量生成回答与参考回答间的共现词频率）、ROUGE（基于 N-gram 的共现信息进行比较）或基于人工的评价方式。

近些年来，基于知识库的问答系统成为学术界与工业界的热点研究及应用方向，包含以下两个核心的工作：

问题的理解和表示：知识图谱中的知识可以对应有成千上万的问题，而用自然语言表达同一问题的形式存在多样性，因此如何理解问题的语义并将其转化为合适的结构化的查询语句是知识问答中的首要任务及难点任务，比如，如何区分具有不同表达方式但相同意图的提问或者具有类似表达方式但不同意图的提问，如何根据上下文信息细化意图等都是难以处理的问题。

查询与推理：如果是查询性质的问题，比如“徐志摩的原配妻子是谁”，查询操作简单，回答准确率也高。然而，如果是带有推理性质的问题，比如“徐志摩是怎么样追求到了陆小曼”，这就不是一个简单问题，属于 how 问题，涉及对相关知识的推理，比起 when、where、who 等事实性问题难度大得多。目前知识推理的相关研究，不管是基于规则还是基于深度学习的方法，还存在一定的局限性，因此这类问题比较难以处理。

目前，很多研究工作将 KB-QA 与深度学习结合进行模型学习，在语义的深层次解析、语言的生成等阶段都有了一些进展，比如应用循环神经网络、卷积神经网络各自的特点分层次地提取有用信息，搭建端到端的知识库问答模型，通过变分推断完成多跳推理等。

本章小结

本章首先概述了相关知识图谱的一些基本概念，之后简要介绍了构建知识图谱中的一些关键技术，最后根据不同场景列举了知识图谱的应用。总体而言，自从知识图谱的概念被谷歌提出以来，其热度在自然语言处理研究领域一直居高不下，受到学术界及工业界的广泛关注。并且随着深度学习在知识图谱研究中的渗透，很多传统问题比如语义理解、多跳推理等得到了一定的解决。另一方面，作为计算机的大脑，如同人类的大脑一样，在求知的道路上也存在着来自各个阶段、各个层面的挑战。

首先，目前知识的获取局限在特定领域、特定主题，方法缺少扩展能力，基于大规模开放域的知识抽取仍处于初级阶段，怎样让机器从专才变为全才尚待研究。

其次，现今的知识表示还存在一定局限性，如何表征一些复杂隐式的关系，可能还需要依靠人们对人脑本身认知模式的研究，并依此对知识表示加以改进。

同人类一样，随着社会环境的变化，业务需求的变更，知识图谱也需要不断地迭代更新，目前的更新方法基本上依靠人工介入，如何实现自动化的图谱信息丰富也是未来一个重要的研究方向。

在知识图谱的应用方面，其在智能搜索、知识问答、关系网络等方面有了一些初步应用，但是知识图谱落地化的空间还有待扩展。另外，人们常常误以为算法是研究中的重中之重，实质上，数据搜集以及对于业务场景的理解也至关重要，直接从方向上决定了能否把技术应用于实践。这就是为什么好的算法工程师也应该是一个好的产品经理，这方面的综合性人才在市场上非常稀缺。

本章只是蜻蜓点水式地点到了其中的某些表面点，而知识图谱其实是一个非常广且深的领域，并且在未来仍是大数据智能的前沿研究方向，有志于此的读者可以从更多的专业论文及相关工程实践入手，进行更深一步的探究。

思考题

1. 知识图谱的前身是什么？
2. 知识图谱的表现形式是什么？
3. 如何存储知识图谱？
4. 实体匹配的难点是什么？
5. 实体链接解决的是什么语言现象？
6. 知识推理主要有哪些方法？
7. 如何将知识图谱应用于反欺诈系统？
8. 如何将知识图谱结合推荐系统？

第 9 章

文本分类

文本分类是自然语言处理领域的经典任务，在许多场景中都会有所涉及，是自然语言处理工程师所需要掌握的基础技能之一。所谓“文本”，通常指一个及以上句子的具有一定意义的组合，可以是一个句子、一个段落、一篇文章甚而是一部书籍里的全部内容。举例来说，社交媒介上的评论留言、往来邮件、公众号文章、新闻稿件、文学故事等都落入文本的范畴，而诸如垃圾邮件识别、情感分析、意图识别、新闻文本分类等都是文本分类的重要应用。通过本章的学习，读者朋友将有以下收获：

- 熟悉并掌握基本的文本分类方法
- 能够根据不同的应用场景设计合适的文本分类方案
- 能够应用一些工具或者框架搭建一个简单的文本分类器

9.1 文本分类的常见方法

在有监督学习的框架下，文本分类的方法可大致分为三大类：传统的机器学习方法、利用集成技术进行模型融合的方法以及现如今应用比较广泛的基于深度学习的方法。在以下的内容中，将分别对这各类方法探究一番。

9.1.1 机器学习

假设现在你有一大摞书，需要将它们分门别类地摆放，那么应如何操作？可能会观察封面、作者简介、目录、插图等之类的特征，有一个综合考量后，再决定把某本书分类到某个或者某几个合适的类别。也就是说，我们先要找到一些有利于区分书本的特征，之后依据这些特征做一个全面评估，最后进行合理判断。

类似以上过程，传统机器学习的方法也非常重视关于特征的选择、整理及表征，用专业术语来说，便是所谓的特征工程（Feature Engineering），这部分工作往往比后续的建模过程更重要。

关于文本分类问题的特征选择，宗旨是结合业务场景，选择带有区分度的特征，切忌盲目套用方法论及模型。举个例子，笔者之前参与过一个法律相关的项目，目的是根据法律起诉书文本来预测罪名。通过研读一些法律相关的书籍后，注意到罪名的判别其实和被告人的主动实施行为以及受害对象的一些状态描述相关性更大。应用词性分析的方法仅提取这两类词汇作为文本特征，通过此方法可以过滤掉大量的噪声词，可以在很大程度优化结果。因此，在现实的落地项目中，对相关领域知识的掌握至关重要。

常见的用于文本分类的经典机器学习方法有朴素贝叶斯、决策树、支持向量机等。

朴素贝叶斯基于贝叶斯定义，并且假设特征条件独立，也就是说，当特征间有关联的时候，它的表现可能会不尽如人意。

决策树，顾名思义，是一种以树形的结构来对问题做判断。按照分而治之的方法，每一次根据某个属性值对样本进行分类，再传递给下一个属性进行判断分类。越早用于分类的属性所分类的样本数量越多，对分类结果的影响越大。因此，在文本分类问题上，比较适合文本特征及其重要程度都比较明确的情况。

而支持向量机在深度学习大热之前，一直是传统机器学习里的表现佼佼者。它的目标是寻找到一个超平面将数据进行分割，而分割的准则是间隔最大化。另外，对于线性不可分的数据，还可以通过核方法（Kernel Method）进行非线性分类，这也是SVM的强大之处。

在具体实践中，应当综合考虑数据的特性、任务对性能的要求、实际应用场景等方面，再选择合适的机器学习方法，切忌把大量时间和精力花在盲目试错上。

9.1.2 模型融合

模型融合，即按照一定的方法集成多个模型，结合多个模型的不同优势，增强总体效果。在这个过程中，很重要的一点是，各个模型之间的差异性越大，模型融合的效果会越好。这就好比一个专家团队，团队里的人各有专长，才能综合各自的优势对问题做出更全面更合理的判断。在机器学习领域，主要有Bagging、Boosting两种模型融合的模式。

Bagging：是通过自助采样法（Bootstrap Sampling），即有放回抽样，得到多个采样集，再分别对多个采样集进行训练得到不同的模型。这里的模型可以是同类型的也可以是不同类型的分类算法，如图9.1所示。

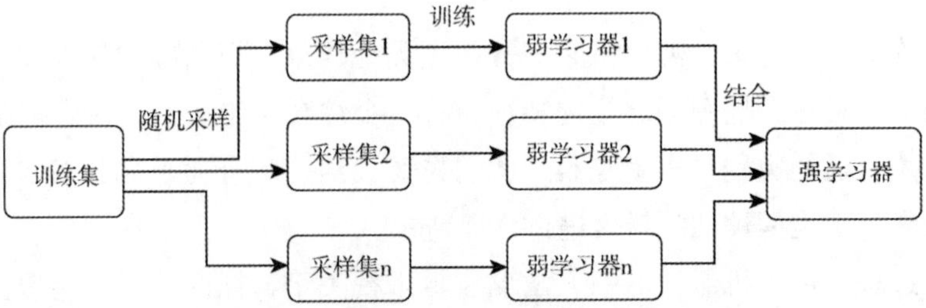

图9.1 Bagging思想图示

随机森林（Random Forest）便是采用了 Bagging 的思想，稍微有所不同的是，除了随机选择样本之外，还增加了属性的随机选择，使得各模型间的差异性更大。那么，有了多个模型后，如何进行最后的结果决策？方法也很直观，一般用投票法来表决，可以有加权投票法、相对多数投票法、绝对多数投票法等。

Boosting：起源于 PAC（Probably Approximately Correct）学习模型，各个模型时间线性关联，应用比较广泛的框架有 Adboost（Adaptive Boost）、GBDT（Gradient Boosting Decision Tree）、Xgboost。根据每次的模型预测结果，对分类效果差的类别加大权重，因此新的样本分布会与之前的有所不同。之后再基于新的样本进行模型建设，重复此过程得到多个模型，如图 9.2 所示。

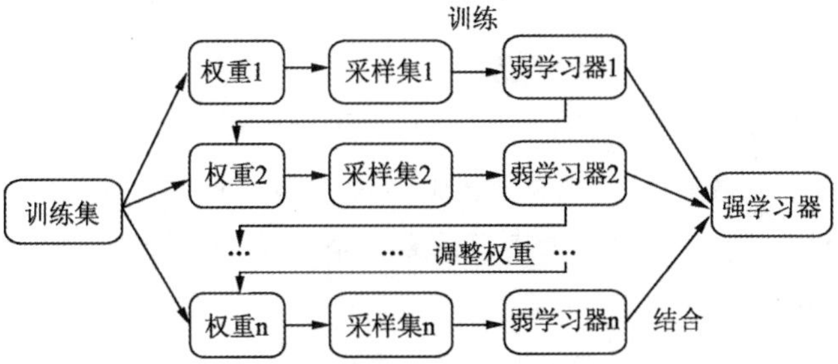

图 9.2　Boosting 思想图示

由此可见，Boosting 训练集的选择并非独立，而是依赖上一次的学习结果。这其中的思想也很简单直白，好比学生平时做测试卷，测试结果出来后对于表现不太好的知识模块加强重视，下一次多练习相关模块的测试卷，相当于查漏补缺，有针对性地强化薄弱项目。

俗语道，三个臭皮匠，顶个诸葛亮。从优势相加的角度来说，多个模型融合的效果优于单一模型的效果。再者，在现实场景下的分类问题中，类别不均衡往往是导致单一分类器效果不好的一个大问题。基于对样本集的多种处理方式，模型融合也能在很大程度上解决这个问题。因此在实际项目中，将传统机器学习方法应用于文本分类之后，接下来一般会尝试使用模型融合的方法来提升效果。

9.1.3　深度学习

从严格意义上来讲，深度学习也属于机器学习的一种（但人们平时在谈到机器学习时，通常指的是传统的机器学习方法）。深度学习模拟大脑的神经网络结构，对数据进行表征学习。而深度神经网络指的是至少具备一个隐层的神经网络，常见的基本结构有循环神经网络、卷积神经网络、基于注意力机制的神经网络。

循环神经网络的数据输入为序列，按序列方向一步步地运算，上一步序列节点的运算结果，将和下一个序列节点输入一齐作为下一步的运算输入。因此，循环神经网络具备对之前运算结果的记忆性，比较擅长学习节点间存在关联的序列。

应用比较广泛的循环神经网络有 LSTM（Long Short-Term Memory networks）和 GRU（Gated Recurrent Unit）。相对于基础版本的 RNN，这两类网络在一定程度上解决了梯度消失的问题。另外，人们一般也会应用双向的循环神经网络，综合从左往右和从右往左两个维度来考虑节点间的影响关系。对于文本分类任务来说，作为一个由词组成的序列，词与词之间存在着非常紧密的联系，因此很适合用循环神经网络来处理。

而卷积神经网络擅长图像处理，主要结构是卷积层和池化层。一般情况下，卷积层会有多层，最前面卷积层的作用是从图像中提取细微基础特征，比如不同方向的线条，接下来的卷积层再基于这些特征提取更高级的特征，比如一些不同的几何形状，以此方式自下而上进行，最终能够抽象出更加高层次的特征。而池化层的主要作用是进行信息过滤，减轻计算压力。此过程类似于把一张照片在一定程度上降低像素，节省存储空间的同时也不妨碍照片中的物体识别。

虽然卷积神经网络是应图像识别而生，但在自然语言处理方面也有广泛应用。在文本中，字组成词，词组成短语，短语组成短句，短句再组成句子，由此可见，类似于图像，文本中的特征是由基础到高级，层层递进，也适合用卷积的操作来提取特征。

另外，不同于印欧语系，汉语作为表意语系，很多汉字起源于图画，汉字形状本身蕴含了丰富的语义信息，因此把汉字当作一张图像来对语义进行表征也是非常值得尝试的方法如图 9.3 所示。2019 年初，香侬科技就基于此思路提出了 Glyce（Glyph-vectors for Chinese Character Representations）模型，在文本分类、情感分析等多项中文自然语言任务上刷新了纪录。

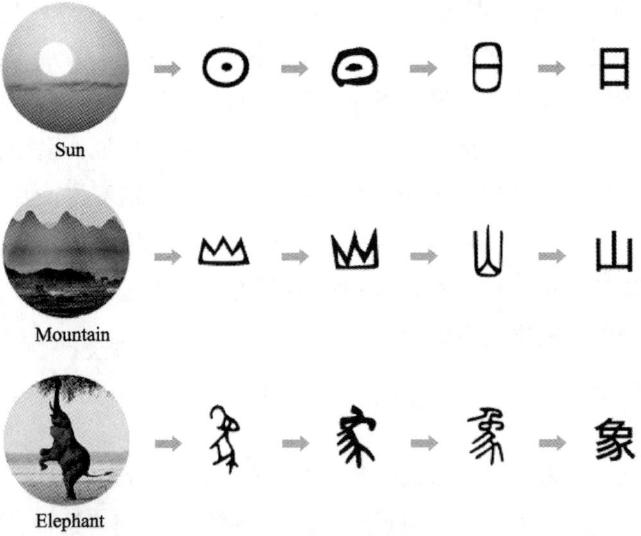

图 9.3　图像与汉字的关联（图片源自论文 Glyce）

另外，深度学习在自然语言处理中的一大趋势是注意力机制，其首先是应机器翻译而生，在此任务上取得了让人惊艳的效果。它的基本思想很简单，即在翻译目标语句的时候对源语句中的不同词汇施加不同权重的注意力。后来，人们又提出了自注意力机制（Self-attention Mechanism），代表模型有 Transformer 以及基于双向 Transformer 的 Bert 模型，基于对同一句子中不同词汇间不同程度的关系进行特征提取，获取更多的语义信息并且解决了循环神经网络对长序列处理效果不佳的问题。将预训练好的 Bert 结构应用于文本分类，在效果上非常突出。

9.2 文本分类的不同应用场景

根据分类标签的情况，可以将分类问题分成三种类型：二分类，比如鉴定一封邮件是否是垃圾邮件；多分类，比如判断一句评价是消极、积极还是中性；多标签多分类，比如给一篇新闻文章打上多个主题的标签。

9.2.1 二分类

文本二分类的任务相对比较简单，因此在算法上也有很大的选择余地。如果文本特征很明显，几乎可以用规则来囊括，那么我们完全可以用基于规则的专家模式来进行文本分类。如果规则归纳起来太过复杂，便可以尝试用机器学习的方法来做。

在数据量较小的情况下，可以在文本预处理部分加强工作力度，之后应用一些传统机器学习模型来进行训练。如果效果未达到预期，可以尝试模型融合的方法。而在数据量足够大的情况下，可以优先考虑用深度学习的方法来做，能够省去一些特征工程的工作量。

对于二分类问题的结果评判，基本指标有准确率（Accuracy）、查准率 P（Precision）、查全率 R（Recall）、F1 值等，需要根据具体的场景来选择合适的判断标准。我们可以根据真实情况与预测情况将样本分为四组，见表 9.1。

表 9.1　分类结果混淆矩阵

真实情况	预测情况	
	正例	反例
正例	TP（真正例）	FN（假反例）
反例	FP（假正例）	TN（真反例）

P、R 以及 F1 值根据以上内容进行计算：

$$P = TP/(TP + FP) \tag{9.1}$$

$$R = TP/(TP + FN) \tag{9.2}$$

$$F1 = 2 * P * R/(P + R) \tag{9.3}$$

假如有这样一个场景：我们需要根据一个描述违法活动的文本进行预测是否构成犯罪。如果目标倾向于“决不姑息一个坏人”，那么要尽可能地把所有的犯罪行为找出来，更偏重查全率；而如果倾向于“决不冤枉一个好人”，那么要求找出来的犯罪行为是真正的犯罪行为的比率很高，则更偏重查准率。由此可见，针对不同的任务需求，需要使用不同的性能度量来评判结果。

9.2.2 多分类

相对于二分类任务，多分类任务就复杂一些了。在应用传统机器学习方法时，操作上一般可以分为两种：直接由二分类推广到多分类；利用多个二分类学习器组合成一个多分类学习器。前者计算复杂度高，实现起来比较难，因此在更多时候，我们选用第二种方法。

那么，如何把一个多分类问题拆分为多个二分类问题？一般有三种策略：一对一（One versus One）、一对多（One versus Rest）和多对多（Many versus Many）。假如我们有 n 个类别，那么每两个类别都将用来训练一个二分类训练器，一共训练 n（n-1）/2 个分类器，最终的分类结果通过投票法得出。

而一对多的模型则每次把其中一个类之外的其他类统归为同一类，一共训练 n 个二分类器，最终结果选择被预测出来的单类并且其置信度是最大的。至于多对多的策略，可以用纠错输出码技术（Error Correcting Output Codes）对 n 个类进行 m 次划分得到 m 个分类器，再利用分类器的预测标记和类别本身的编码进行比较从而得到距离最接近的类别作为最终结果。

与二分类类似的思路，在数据规模比较大时，优先考虑用深度学习的方法来解决多分类问题。针对文本分类，基本的循环神经网络结构和卷积神经网络结构都可以考虑作为基线模型，在此基础上进行组合优化，比如加入残差结构、加入注意力机制等。或者在文本长度较大、数据规模很大的情况下，可以用基于自注意力机制的 Transformer 或者 Bert 框架来进行训练。

在结果评估的问题上，由于有多个类别，因此会获得多个混淆矩阵，求得多个查准率和查全率。大多数时候，我们会根据 micro-F1 和 macro-F1 来评判结果。前者对多个混淆矩阵中的各项分别进行加和，基于此得到查准率和查全率进行 F1 计算，因此此值易受到常见类别的影响；后者基于每个混淆矩阵得到的查准率和查全率计算多个 F1 值，之后进行求和平均，这种计算方式平等地看待各个类别，此值易受到稀有类别的影响。

9.2.3 多标签多分类

很多文本常有多种标签，比如一篇新闻报道了某个体育明星参加真人秀的事情，那么此文章的标签可以是体育明星及综艺。多标签分类往往是很多现实场景面临的问题，同时也是分类问题中比较棘手的难题。类似于将多分类问题转化为二分类问题，多标签问题也可以通过一些方法转化为单标签问题。

常见的转化方法有二元关联（Binary Relevance）、分类器链（Classifier Chains）、标签重置（Label Powerset）。二元关联的思想很直白，分别考虑每个标签与变量的关系，有几个标签就分解为几个分类器。

在分类器链中，分类器的个数也等于标签的个数，但是每个分类器的输入是不同的。对于第一个标签分类器，输入为变量；对于第二个标签分类，输入为变量加第一个标签分类；对于第 n 个标签分类器，输入为变量加前 n 个标签分类。在标签间的关联性较大时，这种方法较好。标签重置则将训练数据里所有的唯一的标签组合作为单独标签。这种方法的问题是：随着标签种类的增多，标签的组合会急剧增多，而且测试集上也可能出现训练集中没有的标签组合，导致预测效果不佳。

另外，应用深度学习可以对问题直接进行建模，思路与单标签分类类似。在单标签预测问题中，模型最后用 Softmax 函数对每个类别分配了概率，总和为 1，我们取概率最大的类别即可。但是对于多标签分类，每个类别的输出值都利用 Sigmoid 函数进行二分类，因此我们可以根据阈值取得多个标签。对于最佳阈值的选择，通过比较不同阈值下得到的结果表现进行判断。

对于多标签分类的结果评估，一般有两种方法：二元预测（Binary prediction）和 排名预测（Ranking prediction）。前者的评估方法是基于测试样本进行严格的是/否分类后的结果评估，而后者是从排名的角度考查预测结果，希望更多的相关标签排在无关标签后面。

9.3　案例：搭建一款新闻主题分类器

在本节中，我们将应用 scikit-learn 中自带的数据集“20 Newsgroups”来搭建一个简单的新闻主题分类器。这个数据集收集了大约 20000 篇新闻稿件，覆盖了 20 个新闻主题，数据质量高，非常适用于练习文本分类及文本聚类。下面通过代码加讲解的方式给读者展示分类器的搭建过程。

9.3.1　数据预处理

首先，从 scikit-learn 的数据库中获取训练数据 data_ train 以及 data_ test，这里只取其中的其中三个类别进行演示，如下：

```
from sklearn.datasets import fetch_20newsgroups
categories = ["alt.atheism", "talk.religion.misc", "sci.space"]
data_train = fetch_20newsgroups(subset = 'train', shuffle = True, categories = 
categories)
data_test = fetch_20newsgroups(subset = 'test', shuffle = True, categories = cate-
gories)
```

接下来，应用词袋模型把文本转化为向量，向量的维度为所有文本中词的个数，每一维度的值为当前文本中对应词的出现频率。利用 scikit-learn 中的 CountVectorizer 可以直接实现此过程，最终得到以矩形式表现的、大小为［样本量，词数］的训练数据 X_train，如下：

```
from sklearn.feature_extraction.text import CountVectorizer
count_vect =CountVectorizer()
X_train = count_vect.fit_transform(data_train.data)
```

词袋模型的缺点是对于较长的文本给予了更多不合理的偏重。因此我们在这里不使用此方法，而是直接利用 sklearn 中的 TfidfVectorizer 将文本以 TF-IDF 的形式来表征，综合词在某一文本中的出现频次以及在所有文本中的出现频次两个方面来评估词的重要性，得到 X_ train 和 X_ test，注意 X_ train 对应的是 tfidf_ vect. fit_ transform 而 X_ test 对应的是 tfidf_ vect. transform，这是因为要基于训练数据来建立 TF-IDF 矩阵，而测试数据仅仅作转换即可。另外，输出数据 Y_ train 可以直接从原数据库中取得，代码如下：

```
from sklearn.feature_extraction.text import TfidfVectorizer
tfidf_vect =TfidfVectorizer()
X_train = tfidf_vect.fit_transform(data_train.data)
X_test = tfidf_vect.transform(data_test.data)
Y_train = data_train.target
```

以上所述只是最基本的步骤，实际上可以根据具体场景采取去除特殊符号、过滤停用词、去除低频词、词干提取、平衡样本量等操作进行文本预处理。

9.3.2 训练与预测

现在我们有了向量化的文本，就可以应用 scikit-learn 里的机器学习模型来对数据进行训练了。下面以朴素贝叶斯模型为例，对数据进行训练得到分类器 clf，代码如下：

```
from sklearn.naive_bayes import MultinomialNB
from sklearn.metrics import accuracy_score,f1_score
clf = MultinomialNB(alpha =0.1)
clf.fit(X_train,Y_train)
```

接下来，我们便可以用训练好的分类器对测试数据进行预测并输出结果：

```
predicted =clf.predict(X_test)
print("f1_score: %.2f" % f1_score(data_test.target, predicted, average ="macro"))
print("accuracy_score: %.2f" % accuracy_score(data_test.target, predicted))
#输出结果
# f1_score: 0.87
# accuracy_score: 0.89
```

9.3.3 改进

当然，我们还可以用决策树、支持向量机、K 邻近等多种方法来训练分类器并比较各模型间的性能，只需要将上述预测与训练中的 clf 改变即可。利用决策树当做分类模型，代码如下：

```
from sklearn.tree import DecisionTreeClassifier
from sklearn.metrics import accuracy_score,f1_score
clf = DecisionTreeClassifier(criterion ="entropy")
```

```
clf.fit(X_train, Y_train)
predicted =clf.predict(X_test)
print("f1_score: %.2f" % f1_score(data_test.target, predicted, average="macro"))
print("accuracy_score: %.2f" % accuracy_score(data_test.target, predicted))
#输出结果
# f1_score: 0.70
# accuracy_score: 0.72
```

由结果可知，决策树的分类效果并不如朴素贝叶斯模型。下面尝试用多层感知机进行分类，代码如下：

```
from sklearn.neural_network import MLPClassifier
from sklearn.metrics import accuracy_score,f1_score
clf =MLPClassifier(solver ="adam", learning_rate ="constant", learning_rate_
init =0.01, max_iter =500, alpha =0.01)
clf.fit(X_train, Y_train)
predicted =clf.predict(X_test)
print("f1_score: %.2f" % f1_score(data_test.target, predicted, average="macro"))
print("accuracy_score: %.2f" % accuracy_score(data_test.target, predicted))
#输出结果
# f1_score: 0.86
# accuracy_score: 0.87
```

由结果可见，多层感知机的效果与朴素贝叶斯差不多，同时注意到其可调节的参数很多，如梯度下降方式、学习率、初始学习率、迭代次数等，可以尝试不同的参数组合获取更优的结果。

按照以上过程构造的是一个极简单版本的分类器，还存在很多可以提升的方向。从文本预处理的方向来看，可以通过数据可视化了解数据概况以及尝试更多的文本表征方式；从模型本身来说，可利用网络搜索法来寻求更好的参数；从模型融合的角度来看，可以利用 Bagging 或者 Boosting 方法提高性能；另外还可以利用 Keras、PyTorch、TensorFlow 等框架对数据进行更复杂的深度学习建模。根据对以上内容的学习，可以归纳总结出文本分类任务的一般流程，如图 9.4 所示。

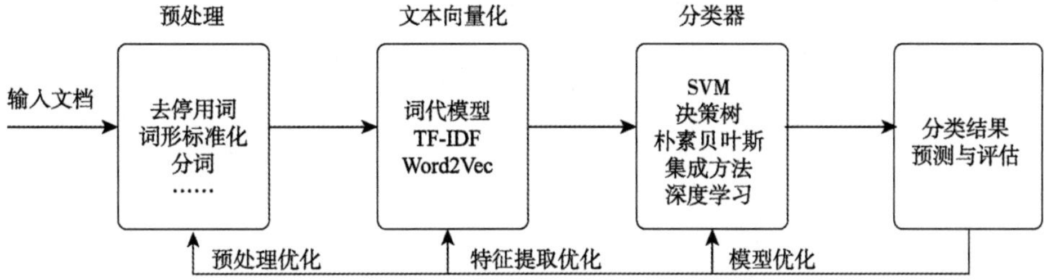

图 9.4　文本分类的一般流程

本章小结

本章首先总结了一些常见的应用于文本分类的方法，包括一些传统的机器学习器以及最新的一些深度学习研究成果。由于很多自然语言处理技术来自西方，主要以英文为目标语言，因此在应用相关技术处理中文文本时，不能照抄照搬，要结合中文本身的语言学特征来调整。

比如，上文中提到的 Glyce 模型基于象形字的思路就是一次非常成功的尝试，而事实上，汉字并非仅仅是象形字，其造字方法有六书，分别是象形、指事、会意、形声、转注和假借。笔者认为，根据每个汉字的构字方式进行对应的特征提取也是值得尝试的工作。

在第二节，根据文本分类标签的不同，可以分为二分类、多分类和多标签三种类型。对于这三者，所应用的方法论以及结果评估方式也有所不同。在最后一节，基于机器学习框架 scikit-learn 搭建了一个初级的新闻分类器，同时也从不同角度提出了一些可优化的建议。

虽然很多机器学习包已经把很多功能封装地得完备，即使不懂机器学习原理也能利用工具搭建基本的分类器，但仍然要对其背后的原理有深入的理解，这样才能更好更快地找到优化方向。

思考题

1. 说说生活中常见的哪些问题可以当作文本分类问题？

2. 文本分类的评价指标有哪些？

3. 什么样的文本分类问题适合用传统的机器学习方法来做？什么样的适合用深度学习来做？

4. 如果要根据一篇文本的病情描述来预测患者是否患有癌症，你是更偏重查全率还是查准率？

5. micro-F1 和 macro-F1 有何不同？

6. 如何把多分类问题转化为二分类问题？

7. 有哪些方法可以把多标签问题转化为单标签问题？

8. 有哪些常见的模型融合的方法可以应用于文本分类问题？

第 10 章

文本摘要

所谓文本摘要，指的是基于一篇或多篇文本生成一篇内容摘要，要求概述了源文本中的核心内容并且其长度不长于源文本的一半。那么，作为自然语言处理经典任务的文本摘要有什么用处？众所周知，自从人类进入信息时代以来，网络上的数据每天都在飞速增长，自动化地筛选、提取以及利用其中关键的信息尤为重要。

比如，搜索引擎呈现文章概要使得用户更有效率地查找文章，新闻网站在首页展示新闻概要以便在首页提供更多内容，这些工作在大数据时代都亟待自动化完成。大体上，自动文本摘要通常可分为两类，抽取式（extractive）摘要和生成式（abstractive）摘要。前者直接提取源文本中重要的句子作为摘要，而后者更贴近人类撰写摘要的方式，根据源文信息生成摘要。

通过本章的学习，读者将有以下收获：

- 了解抽取式摘要的基线方法、深度学习方法
- 了解生成式摘要的难点及其训练过程中的技巧
- 熟悉一些前沿的生成式摘要相关研究
- 能够搭建基于传统方式的简单版本的抽取式摘要生成器

10.1 抽取式摘要

抽取式摘要，顾名思义，即从源文本中抽取具有代表性的内容并且组合成摘要，这里的内容可以是一些关键短句、句子、段落或者小节。那么，如何判断内容的重要性便是抽取式摘要的根本问题。另外，如果是多文本的抽取式摘要，还涉及碎片化信息的聚合、多源信息的篇章组织等，难度较单文本的摘要更大，这里只针对单文本的情况。

本小节主要介绍一些基于图方法、聚类等无监督思路的摘要方法，以及基于机器学习、深度学习和强化学习的有监督方法。

10.1.1 传统方法

一般传统的方法都是无监督方法，通过规则或者特定的算法来计算句子的重要程度并进行提取及组合，主要存在以下几种方法：

基于规则的方法：通常适用于结构层次比较规范的文章，虽然简单但是效率高。很多作者都会在标题以及文本初始位置表达主旨，因此一个简单有效的方法便是取文章的前几个句子作为摘要。

如图 10.1 所示，在百度上搜索“自然语言处理”，网页中所出现的条目均展示了文章的前几个句子。这种基线模型可认为是一种基于手工特征的方法，即基于句子的位置判断重要性。另外，还可以手工构建更多的评分函数来计算句子的重要程序，比如句子的长度、句子中出现的词汇的特征、句子的字体及颜色等。

图 10.1　百度“自然语言处理”搜索结果

基于文本链的方法：从词汇的分布情况来获取关键信息。词汇链是指相关或者相似的词汇构成的一条链。不同的词汇链反映了文章的不同主题线索。通过 Wordnet、Hownet 等语言资源库中的同义词及近义词信息分析文本的词汇链。最后取几个最长的词汇链所在的句子集合来构建文章摘要。

基于图模型的方法：将文本中的句子当作图的每个节点，利用特定的算法比如 TextRank 或者 HITS 计算节点的重要性，从而构建摘要句子集合。在 TextRank 的计算中，对于任意的两个句子计算其相似度，若其值大于一定的阈值则将两者相连并赋值，接下来进行多次迭代计算各句子的得分。其中句子相似度的计算是至关重要的一步，也有多种解决方案，比如基于句向量、基于编辑距离等。

HITS 算法将计算节点的两种权值类型：中心节点（hub）以及权威节点（authority），

并且假设中心节点连接了许多优秀的权威节点，而权威节点的内容质量较高并被较多的中心节点连接。根据以上假设进行迭代计算句子权值，最后取 authority 最高的句子集合作为摘要。很多研究表明，基于 HITS 的图模型方法效果较好，但是其计算复杂度较高。

通过主题分析的方法：通过 pLSA、LDA 等算法对句子隐含的主题进行分析，接着从不同的主题中抽取句子集合成摘要。

通过聚类的方式：通过 Kmeans、层次聚类等方法进行文本中的句子聚类，在每个类别中选取离质心最近的句子集合成摘要。

另外，如果存在有标签数据，可以利用传统机器学习中的有监督方法进行摘要提取；如果将其当作一个对文本中各句子进行序列标注的问题，那么可以采用 HMM、CRF 等序列标注模型；如果将其当作一个对单个句子是否为重要句子的分类问题，那么可以采用 SVM、朴素贝叶斯、决策树等分类模型。序列模型可以考虑到句子间的关系，而分类模型可以更好地挖掘句子本身的特征，因此也有基于两者的混合模型，比如基于 SVM-HMM 混合模型进行摘要抽取。

以上只讲解了提取重要句子的过程，在提取到重要句子之后，一般还要根据句子在源文本中的次序或者根据其重要程度进行顺序组合。

10.1.2　基于深度学习的方法

既然文本摘要可以当作分类或序列标注任务，很自然地，在有监督学习的框架下，可以利用深度学习来学习自动摘要过程。比如将文本当作一个序列，其中的每个句子当作序列元素，利用循环神经网络进行序列标注为是或不是核心句子。接下来介绍一些比较有代表性并且取得良好效果的模型。

由 Ramesh 等人在 2017 年提出的 SummaRuNNer 模型在当时取得了不错效果，模型结构如图 10.2 所示。模型的最底层为句子中各个词的输入，接着对于每个句子，进行基于词为序列元素的双向 GRU 处理，之后将一个个句子作为序列元素再进行双向 GRU 处理，得到每个句子的编码，进而得到整个文本的编码，综合词汇间及句子间的信息，最终利用这些信息得到每个句子的标签。

概括而言，模型考虑到了句子本身的内容，句子信息与文本信息的相似度，句子根据上下文的冗余程度，句子的绝对以及相对位置，通过这些综合信息计算句子的重要性。

微软研究室的 Zhou 等人在 2018 年提出了将句子重要性打分和选句相结合的抽取式摘要模型 NeuSum，并且在 CNN/Daily Mail 数据集上取得了最佳成绩，模型结构如图 10.3 所示。

由图 10.3 可见，模型分为两个部分，左部分为编码过程，右部分为句子打分及选取过程。与 SummaRuNNer 模型基本相似，编码过程中先对句子进行双向 GRU 处理，之后对文本进行双向 GRU 处理。接下来，该研发者采用一个单向 GRU 以及 MLP 网络用于记忆当前时刻已经生成的摘要信息，再结合需要打分的句子的信息，计算相关句子的 ROUGE 值，最后选取分值最高的句子加入摘要候选集。之后，重复此过程直到选取的句子数量达到所设定的阈值。

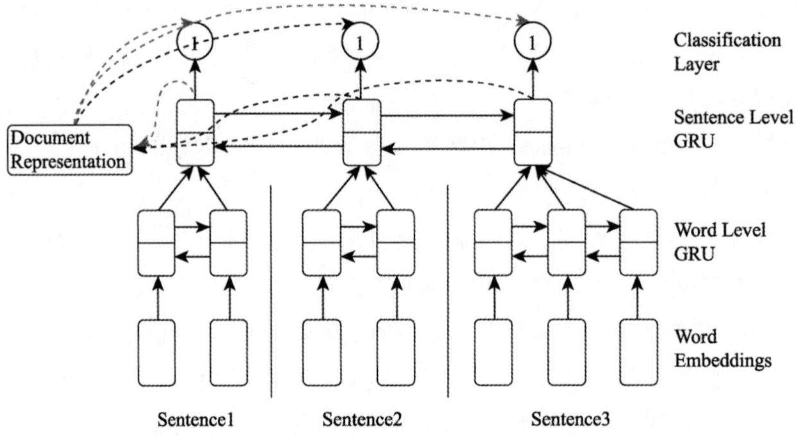

图 10.2　SummaRuNNer 模型

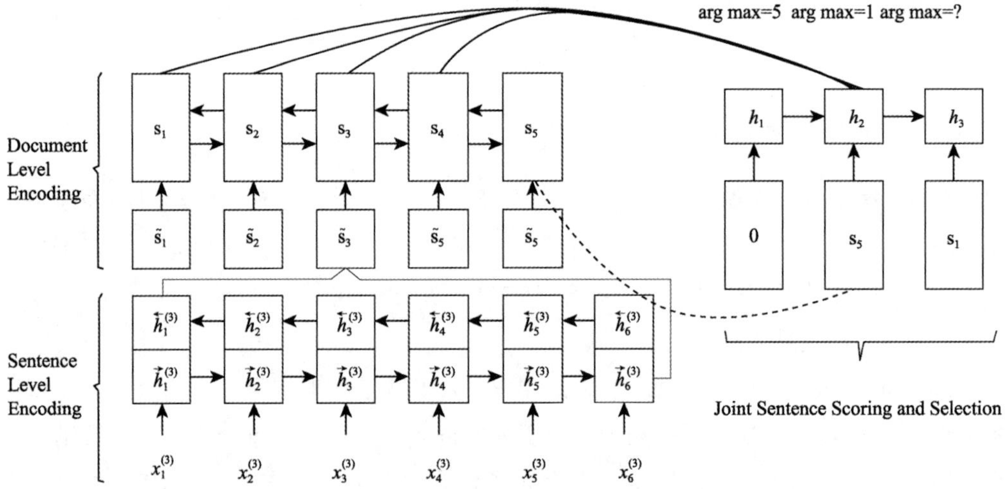

图 10.3　NeuSum 模型

这种方式有什么好处呢？我们知道，抽取式文章摘要包括句子重要性打分和句子选择两个主要任务，很多模型是将它们作为两个独立的任务先后进行，因此在选择句子时并没有考虑到之前所选取的句子，即忽视了摘要中句子间的联系。而利用以上方法，每个句子的重要性会根据已选取的句子集合发生动态变化，更加贴合现实场景。

由 Jadhav 和 Rajan 在 2018 年提出的 SWAP-NET 模型在构建文摘集合的时候还考虑到了关键词的作用，取得了不错效果，模型结构如图 10.4 所示。

该研发者把文本中的各句子作为句子序列，把所有的词当作词序列，分别对两者进行 LSTM 编码处理，图 10.4 中的 EW 表示词的编码，ES 表示句子的编码，其源自对应词序列的最后输出。模型的目标是解码出一个既有词又有句子的序列，因此存在词以及句子两个编码过程，而且无论在哪个编码过程中，都会添加基于词以及基于句子的注意力机制，编码的结果是根据句子及词的重要程度取其中最高者，如图 10.5 所示。

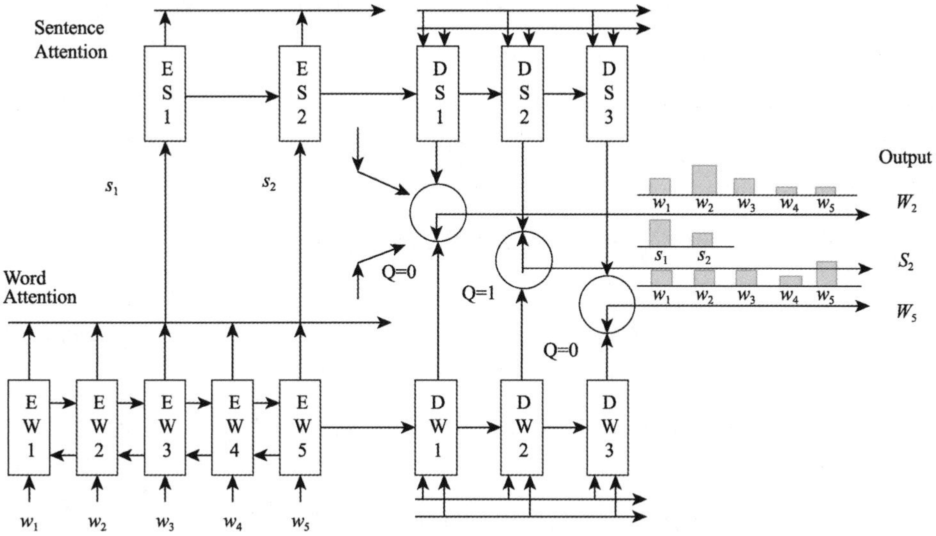

图 10.4　SWAP-NET 模型

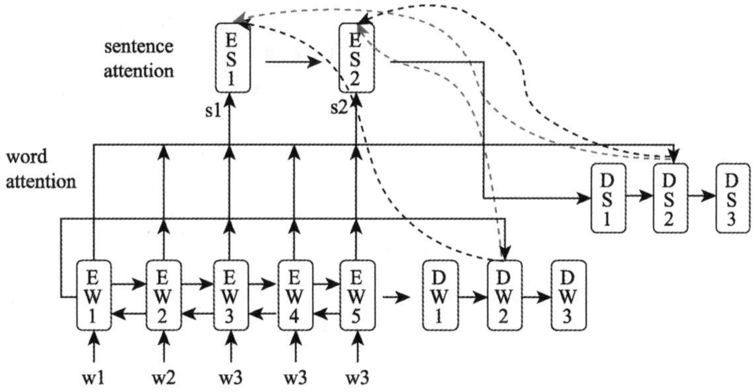

图 10.5　SWAP-NET 模型中的注意力机制

那么，在某一时刻的解码过程中而最终具体取句子还是取词呢？论文中提出了变量 Q，由其值决定选择词还是句子。而 Q 值的计算基于解码序列中的上一状态以及注意力机制。最终的摘要由三句得分最高的句子组成。这种方法通过对词的编码解码以及注意力机制将关键词的影响因素考虑到了摘要的过程中，提高了自动摘要的性能。

综合以上前沿的研究成果来看，大多数模型框架类似，在句子的表征部分以及解码过程中的注意力机制上做不同文章。可见，根据任务特性，对模型细节处进行改进也是提高性能的有效途径。

10.1.3　抽取式摘要的训练数据问题

在现实中，有监督数据往往是源文对应人为写好的摘要。也就是说，摘要中的句子不是文本中的源句，因此，抽取式摘要的训练数据很难直接获得。那么，如何把这些带有人为摘要的数据转化为每个句子带标签的形式，适用于抽取式摘要的训练？

比较常见的方法是基于规则，比如句子位置、句子中的关键词等信息将源文中的句子进行标注，但是由于规则难以梳理尽全，这种方法并不能保证得到最佳摘要。

还有一种直观的方法是将源文中所有句子组合情况与人为摘要进行相似度比较，继而选取得分最高的句子集合。但是这种方法的计算复杂度非常高，随着文本中句子的增多，计算量会急速增长。

启发式转化方式是一种更加简捷有效的方法，SummaRuNNer 模型的研发者们便应用了这种转化办法。具体流程如下：首先分别将源文中各个句子与人为摘要相较计算 ROUGE，得分最高的一句话加入候选摘要集合。接着，继续从源文中进行句子选择添加到摘要集合，并且需要保证 ROUGE 得分增加。当该条件无法满足时，便得到了最终的摘要集合。

Zhang 等人在 2018 年提出了一种将句子标签变量设定为隐变量的模型，即为抽取摘要过程中的中间变量，因此无须准备带标签的文本。此模型首先将文本进行词层面及句层面的序列编码，之后通过序列标注层，接着从其概率分布中采样候选摘要集合，与人为摘要对比计算损失进行参数修正，这样便可以更好地利用人为摘要中的信息。模型结构如图 10.6 所示。

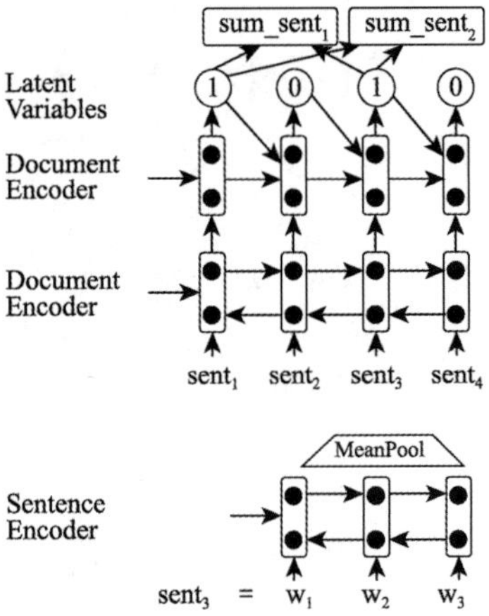

图 10.6　将句子标签作为中间变量的抽取式摘要模型结构

由于标签数据的缺乏，对于标签数据的生成也是文本摘要领域的一大研究重点。目前的摘要公开数据集英文类的占多数，使用较为广泛的是 CNN/Daily Mail 数据集，基于中文的偏少，有代表性的是 LCSTS 数据集，来自新浪微博。

10.2　生成式摘要

抽取式摘要虽然在许多数据集上都取得了不错效果，但是其表征能力有限，形式僵硬呆板，不能提炼主旨，与人类撰写的摘要存在本质差别。而生成式摘要的机制便是模拟人类生成摘要的方式，希望能生成更加简洁凝练的内容。

显然，这种方式的目标很理想化，实际操作起来面临诸多挑战，比如，生成的摘要在语法上有所欠缺，很多时候会重复一些词汇，生成文本愈长愈不好控制，等等。随着近几年来人们对各种深度学习算法研究的深入，生成式摘要领域也有了一些突破表现。本节主要介绍生成式摘要的基本模型以及一些前沿研究。

10.2.1　基础模型

既然现在需要生成文本，而且输入也是文本，那么自然地，在深度学习的框架下，这是一个序列到序列即 Seq2Seq 的任务。一个典型的 Seq2Seq 模型架构如图 10.7 所示。

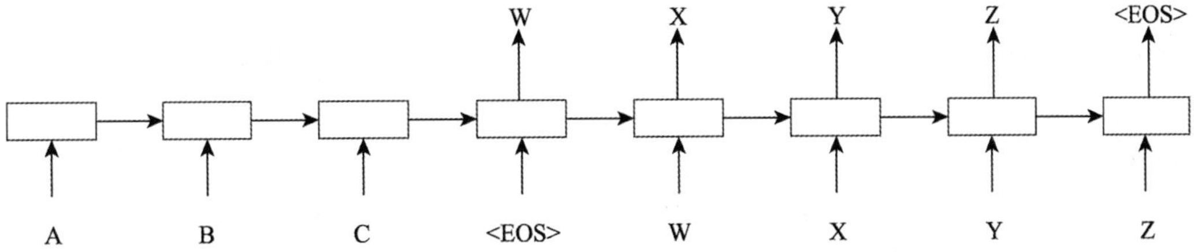

图 10.7　Seq2Seq 模型结构

在文本摘要的框架下，图 10.7 中的 ABC 对应源文，通过编码器（Encoder）提取信息，WXYZ 对应摘要，基于前面的信息由解码器（Decoder）生成。在很多情况下，编码器和解码器都对应着循环神经网络模型，为 LSTM 或者 GRU。

利用循环神经网络来表征源文信息，非常符合人们的阅读习惯，因为人类也是从第一个词逐次往后地读完全文，而且我们的大脑在此过程中记忆了所阅读过的内容，以便理解之后的内容。相应地，循环神经网络在每个序列时刻都会考虑到前面的信息。

而在总结摘要的过程中，人类会基于源文的总体信息构思摘要的内容，在写摘要的过程中，也需要考虑到已写好的摘要部分，以保证摘要内容的连贯性，这与解码器中以源文表征信息为基础，再利用特环神经网络结构解码出摘要的过程是极为相似的。

那么，除了循环神经网络结构，还有其他网络结构可以应用于解码或编码过程吗？答案是肯定的。事实上，很多研究将卷积神经网络应用于文本处理过程，如图 10.8 所示。

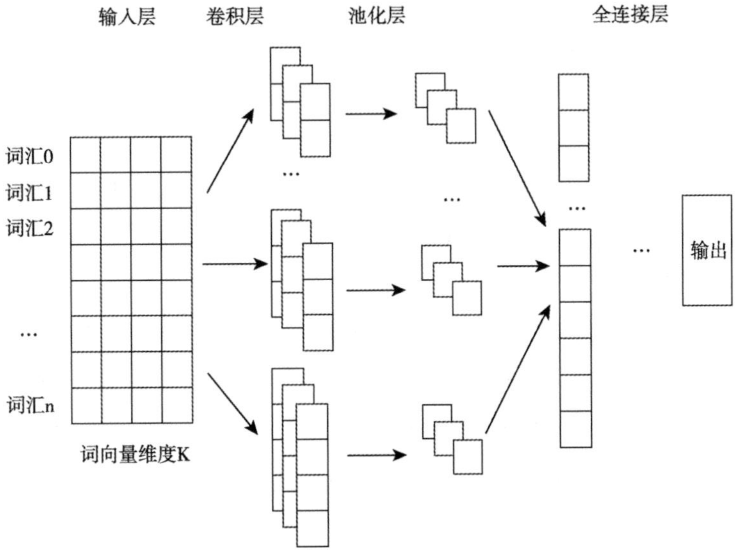

图 10.8　卷积神经网络应用于文本表征

卷积神经网络对由几个词构成的语块进行卷积处理并抽取语义信息，之后再合并所有信息，由于可以并行计算，其效率要远高于循环神经网络结构。另外，如此的操作方式也与人类的阅读习惯不谋而合。

试想，我们掌握一门语言到一定程度时，并非总是逐词逐句地阅读，而是扫一眼就能知道大概意思，为什么？因为人眼可以同时观察到一些关键词的组合，并根据这些词组的结合进一步地理解语义，而这正是卷积神经网络用于文本处理的流程。而当人类撰写摘要时，也会构思一些语块，之后再进行组合。因此，在文本自动生成摘要的任务中，卷积神经网络可以结合循环神经网络在解码或者编码过程中使用。

根据循环神经网络与卷积神经网络的结构特征，可以简单地理解为前者是在时间的维度上理解语义，而后者是从空间的角度解读语义，各有偏重，在很多自然语言处理任务上都可以结合使用。

10.2.2 前沿模型中的技巧

Seq2Seq 结构在机器翻译任务上大放异彩，然而将其一般形式的结构直接应用于自动摘要生成会有诸多问题，这是因为这两个任务存在相当大的不同之处。

相较于句子的翻译过程，摘要的文本显然更长，一般包含多个句子，增加了对算法的要求。

翻译过程中译文与原文对应性很强，而摘要的对应性很弱，并且长度远小于源文本。

翻译任务中的结果比较易于评价，可以基于参考答案考虑模型翻译结果与其的相似性。而对于摘要任务，参考答案的参考性并不是那么强，因为这里的答案更为开放，好的摘要存在多种可能性，强制模型按照参考答案去生成，不仅难度大，而且也不是模型训练中的最佳走向。

综合而言，生成式摘要任务的难度要远高于翻译任务，很多研究根据其难点提出了相应的解决方案。下面我们来看几个表现优秀的将 Seq2Seq 应用于文本摘要的研究及其中的创新之处。

See 等人在 2017 年提出的 Pointer-Generator 模型主要结构为基于注意力机制的 Seq2Seq，另外还加了 Copy 机制以及 Coverage 机制。模型示意如图 10.9 所示。

图 10.9 中左下方为编码过程，模型使用了双向的 LSTM 网络对源文进行编码，在解码过程中，施加了基于源文的注意力模型，使生成的内容偏向于源文中的重要信息。

同时，图 10.9 中还有一个变量 P_{gen}，其值根据源文信息和已解码出的部分信息计算而得，代表了是否基于词典库生成摘要内容的概率。如果 P_{gen} 小于一定阈值，便直接复制源文中在此时刻注意力权重最高的词汇，这便是 Copy 机制的体现。这其中蕴含了探索与利用的思想，基于词典生成词汇是探索外部新词，而拷贝源文内容是利用本有的关键信息。另外，为了避免接连重复生成词汇，模型中还加入了 Coverage 机制，即在解码的每一时刻都避免考虑上一时刻中权重最高的词汇。

Cao 等人在 2018 年提出了基于模板的摘要生成模型 R3sum，模板可以使得摘要的布局及内容更加可靠，而生成式摘要有基于源语言的改写能力，将这两者结合有效地提高了摘要的可读性。此方法的大致流程如图 10.10 所示。

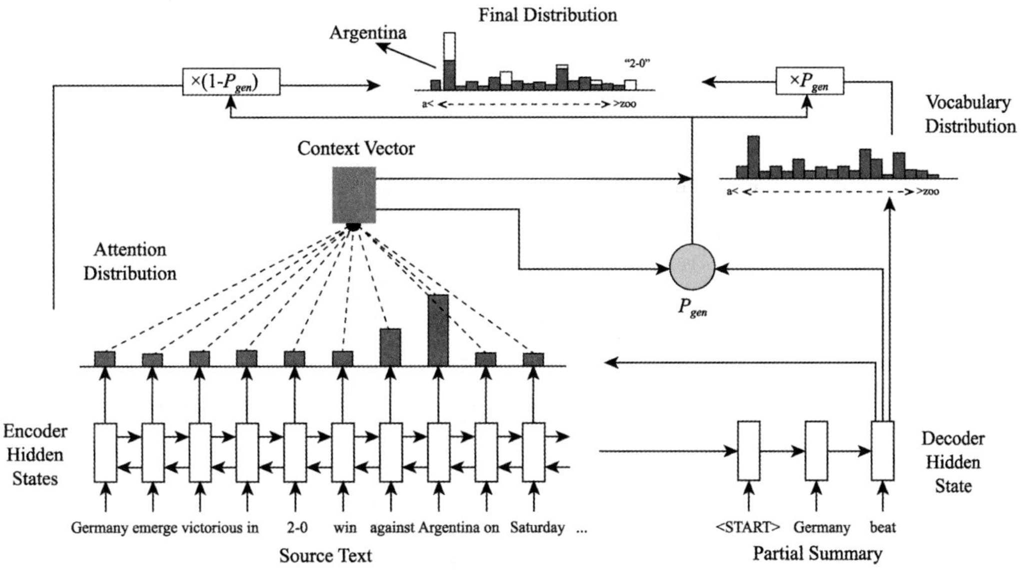

图 10.9 Pointer-Generator 模型结构

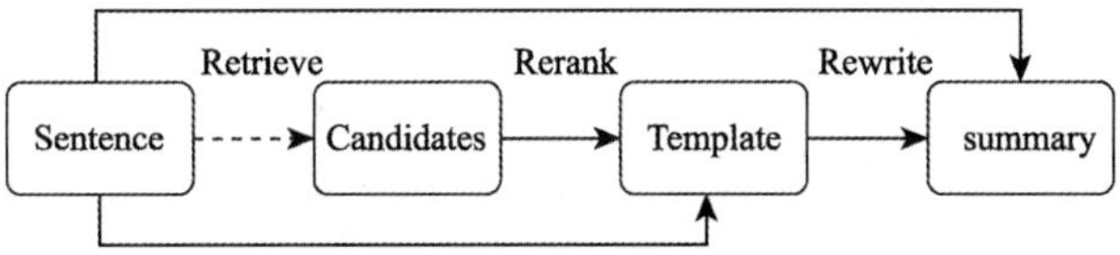

图 10.10 R3sum 的流程结构

如图 10.10 所示，此方法由 Retrieve，Rerank 以及 Rewrite 三个部分构成。对于给定的一个句子，Retrieve 模型从现有语料资源中搜索到相似的句子，并将它们的摘要作为候选摘要。接下来，利用 Rerank 在修选摘要中找出最合适的摘要作为模板摘要。最后，将模板摘要与原文共同作为输入，由 Rewrite 部分生成最终的摘要。

Guo 等人在 2018 年提出了利用多任务学习进行文本摘要生成的模型，其中的辅助任务是问题生成（Question Generation）以及蕴含生成（Entailment Generation）。在基于源文的问题生成过程中，模型会学习到提取源文中的重要信息。而通过蕴含生成的训练，模型可以学习有逻辑性地生成文本。模型的基本结构如图 10.11 所示。

先撇开辅助任务不谈，本模型的基本编码以及解码结构与 Pointer-Generator 类似，以双层的 LSTM 为基础结构，并且使用了注意力机制、Copy 机制以及 Coverage 机制。图 10.11 中的 QG、SG、EG 分别代表问题生成、摘要生成以及蕴含生成，图中上部分为编码过程，下部分为解码过程。

在编码过程的第一层，各任务不共享参数，到了第二层才共享，同样地，对于解码过程也是如此。这是因为该研发者认为，在一个处理文本的多层 LSTM 网络中，底层表征的是词层面的表面意思，而高层表征的是更高级的语义层面的内容。在以上三个任务中，训练数据在词层面差别较大，因此不适宜共享参数。而在更高的语义层面，通过共享参数，

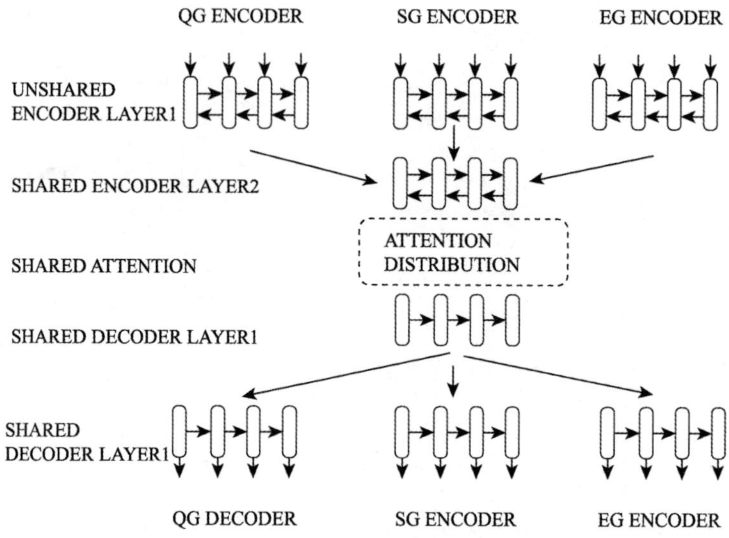

图 10.11　多任务文本摘要结构

模型可以学到辅助任务的提取关键信息能力及推理能力。

综合而言，这些前沿模型试图利用一些特定机制来控制文本生成过程。其实这就像人类说出一句话的过程，我们需要综合考虑语境信息，并且进行有侧重的记忆，同时要顾及已说出来的部分话语，注意不要产生语法问题或者逻辑冲突。另外，各种语言任务的学习，比如演讲、写作、背诗等，这些都能够提高我们的说话水平。

10.2.3　强化学习与生成式摘要

随着强化学习在机器人和游戏等复杂任务上的成功，此方法也引起了越来越多自然语言处理研究者的关注。强化学习针对的是需要完成一系列动作后得到最终结果的任务，通过对动作进行反馈，使得机器学习到在具体的场景下做什么动作是合适的，是有利于最终结果的。在自然语言处理的框架下，当一个任务可以分解为多个步骤时，便能尝试利用强化学习来建模，比如在任务型对话中，机器一般需要完成多轮对话才能获取全部信息并完成特定任务。

在文本摘要的任务中，近年来很多研究者也开始尝试使用强化学习的技术，并且取得了不错效果。在强化学习的框架下，我们将解码过程中生成完整序列当作一系列动作，而每一时刻生成词汇当作一个动作，通过对每次生成词汇进行反馈，使得摘要生成的过程会更加可控。下面介绍几个有代表性的研究工作。

Paulus 等人在 2018 年提出了将强化学习应用于摘要生成的训练过程中，在 CNN/Daily Mail 以及 New York Times 数据集上都取得了非常好的效果。模型的编码及解码过程如图 10.12 所示。

这是一个经典的 Seq2Seq 结构，对于源文编码过程是双向的循环神经网络，解码过程是单向的循环神经网络。比较特别的是，在解码过程中，不仅考虑了添加了注意力机制的源文编码信息，还结合了添加了注意力机制的已编码好的摘要信息（即内注意力机制），分别由图 10.12 中上方的两个“C”表示。

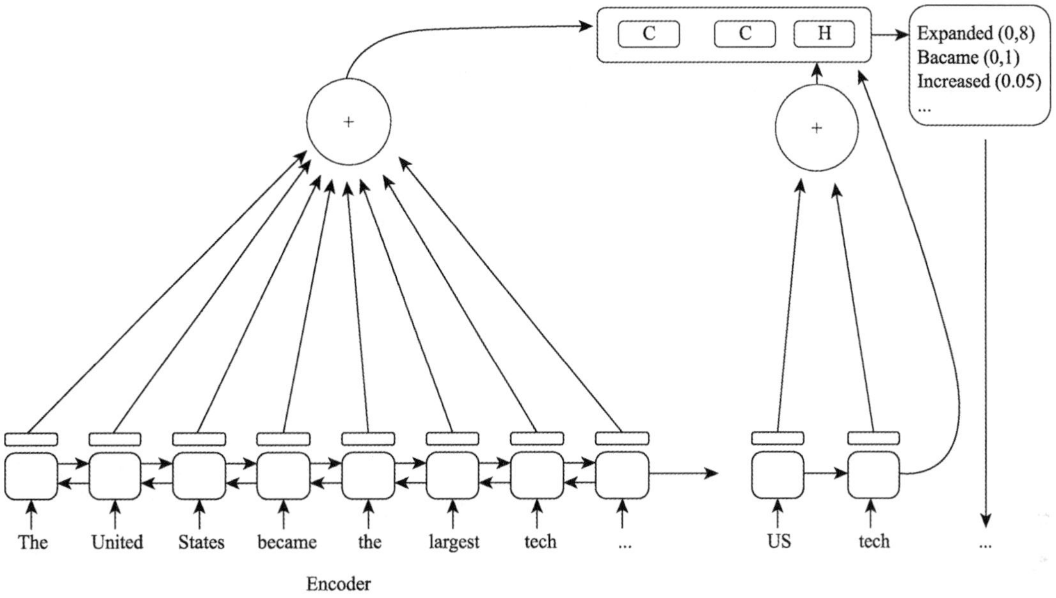

图 10.12　编码及解码结构

另外，“H”表示解码过程中上一时刻的隐藏状态，每一时刻的解码者综合了这三者的信息。这种内注意力机制能够有效地改善在长文本生成中，语句不通顺、重复出词等问题。

摘要生成训练的另一大难点是如何设定学习目标的问题。在另一些任务中，比如文本分类、抽取式摘要等，模型的输出都有明确的标签。而对于摘要生成而言，通过最大似然的方式与参考摘要进行对比进而调整模型参数并不是最有效的选择。

原因在于两点：一是训练与应用过程不对等，在训练中每一时刻都有正确的参考词汇作为输入，而应用过程中则不存在参考词汇，输入的是上一时刻所预测的词汇，因此如果是错误的预测会有累积效应，这种现象称为 exposure bias；二是由于摘要本身不存在标准答案，具有灵活性，只应用最大似然的参数训练方式比较僵硬。

另一方面，用于评价生成文本的 ROUGE 指标基于 N-gram 对文本进行质量评价，弹性更大。然而，在传统的梯度下降框架下并不能对 ROUGE 求导并调整参数。因此该研发者便提出一种新的学习目标，在强化学习的框架下，基于 ROUGE 指标的反馈机制，对生成过程进行指导。自然地，如果生成文本的反馈高，那么鼓励此种生成方式，反之亦然。

事实上，该研发者也没有摒弃最大似然的学习目标，而是结合强化学习的目标对两者进行加权求和，在规范和灵活之间做了很好的平衡。

Pasunuru 和 Basal 在 2018 年提出的模型基本结构与上述工作类似，也是经典的 Seq2Seq 结构，并且在学习目的上结合了监督学习和强化学习。其创新点在于摒弃了把传统的 ROUGE 当作反馈结果，提出了一种结合 ROUGESal Reward 和 Entail Reward 两种评估模型的多反馈机制（Multi-Reward）。

该研发者认为，一般的 ROUGE 评价机制对所有的词汇同等对待，而事实上，生成摘要中带有标准摘要中的关键短语和一般短语，其效果肯定是不一样的。因此，ROUGESal 评估方式能够更大概率地选择关键信息进行 ROUGE 评估。那么，如何确定哪些信息是关键的？方法也很简单，通过带有关键信息标注的数据直接对每个词汇进行二分类（1 表示关键词，0 表示非关键词）训练，通过概率表示其重要程度，如图 10.13 所示。

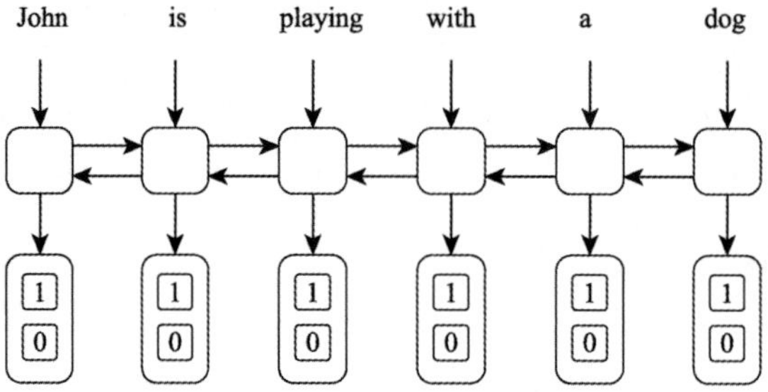

图 10.13　对词汇关键性的评估

Entail Reward 表示的则是基于蕴含生成任务的反馈机制。这里和上一小节中所述的，利用辅助任务蕴含生成增强文本逻辑性的思想不谋而合。唯一不同的是，这里应用了强化学习的反馈机制对模型参数进行修正。

Liu 等人在 2017 年提出的基于对抗学习和强化学习的摘要生成模型也取得了非常好的效果。生成对抗网络包含两个模型，生成器和判别器，前者尽可能生成看起来真实的数据，而后者用于鉴别生成数据及真实数据。两个模型交替训练，分别提高生成能力及鉴别能力，直至最后达到纳什平衡（博弈论的一个重要术语，又称为非合作博弈均衡。在博弈过程中，无论对方的策略选择如何，当事人一方都会选择某个确定的策略，则该策略被称作支配性策略；如果两个博弈当事人的策略组合分别构成各自的支配性策略，那么此时的情况便称为纳什平衡），都具备比较高的水平。在此任务中，生成器用于生成摘要，判别器用于区别生成摘要与标准摘要。

在强化学习的框架下，判别结果便是反馈机制，为生成器提供参数调整的指导。不同于一般情况，基于判别器的反馈机制动态变化，会随着生成对抗网络的进行不断改进，因为每一次交替训练中，生成器都会生成新的假数据供其训练。

虽然强化学习的初衷是解决困难复杂的任务，但也存在难以收敛的致命弱点，在反馈机制、环境、优化方式的设置等方面还有相当大的探索空间。

10.3　案例：　搭建网球新闻摘要生成器

通过以上关于文本摘要相关理论及前沿模型的介绍，相信读者朋友对于文本摘要技术有了初步了解。下面开始动手实践，分别基于两种基线方式搭建自动摘要生成器，并且对两者结果进行分析对比，思考如何进一步地改善结果。

10.3.1　基于词频统计的摘要生成器

在部分中，我们将搭建一款很基础的、基于词频来计算句子重要性的自动摘要生成器，主要思想来源于 Luhn（1958）的论文：The Automatic Creation of Literature Abstracts，核心是根据词频筛选出一部分词汇作为关键词，接着根据句子中关键词的相对位置以及数量衡量句子的重要性。

在开始搭建之前，我们需要下载待处理数据，下载地址如下：

https://s3-ap-south-1.amazonaws.com/av-blog-media/wp-content/uploads/2018/10/tennis_articles_v4.csv

此数据集是关于网球新闻的文章集合，如图 10.14 所示，其中第一列为文章序号，第二列为文章内容，第三列为相应的文章来源。做好这些准备工作后，便可以进入下面的编程步骤。

A	B	C	D	E	F	G
article_i	article_text	source				
1	Maria Sharapova has basically no friends as tennis pl	https://www.tennisworldusa.org/tennis/news/Mar				
2	BASEL, Switzerland (AP), Roger Federer advanced to th	http://www.tennis.com/pro-game/2018/10/copil-s				
3	Roger Federer has revealed that organisers of the re-	https://scroll.in/field/899938/tennis-roger-fe				
4	Kei Nishikori will try to end his long losing streak	http://www.tennis.com/pro-game/2018/10/nishik				
5	Federer, 37, first broke through on tour over two dec	https://www.express.co.uk/sport/tennis/1036101				
6	Nadal has not played tennis since he was forced to re	https://www.express.co.uk/sport/tennis/103711				
7	Tennis giveth, and tennis taketh away. The end of the	http://www.tennis.com/pro-game/2018/10/tennis				
8	Federer won the Swiss Indoors last week by beating R	https://www.express.co.uk/sport/tennis/103818				

图 10.14　网球新闻数据

首先，导入所需要的库：

```
import pandas as pd
import nltk
from nltk.tokenize import sent_tokenize
import re
nltk.download("stopwords")
nltk.download("punkt")
```

其中，除 pandas、re 等常见的应用于数据读取及处理的库之外，还有 nltk 库，用于英文文本的预处理。以下部分为 load_ data 以及 pre_ data 函数，用于数据导入及预处理：

```
def load_data(file_path, title):
    #读取数据
    df =pd.read_csv(file_path)
    return df[title]
def pre_data(data):
    #对每篇文本进行分句后,统一放在同一个数组里
    sens = [sent_tokenize(s) for s in data]
```

```
    sens = [t for s in sens for t in s]
    #加载词干提取器
    stemmer =nltk.stem.porter.PorterStemmer()
    #加载停用词
    stopwords = set(nltk.corpus.stopwords.words("english"))
    #句子预处理,主要包括字母小写化、去除去用符号、去除停用词
    def pre_sen(sen):
        sen =sen.lower()
        sen = re.sub(r"[^a-zA-Z]", r"", sen)
        pre_sen = [stemmer.stem(w) for w in sen if w not in stopwords]
        assert len(pre_sen) ! = 0
        return pre_sen
    pre_sens = [pre_sen(sen) for sen in sens]
    #返回处理后的数据
    assert len(pre_sens) = = len(sens)
    return sens, pre_sens
```

将所有的句子放在一个数组里，对于每个句子，去除停用词，去除除单词以外的符号，比如标点、数字、特殊符号等，并且将单词进行词形还原。由于最终需要输出源文中的句子作为摘要，因此同时返回未处理过的以及处理过的句子集合。

下面的 topNwords 函数基于词频将关键词提出，这里设置为 50 个关键词：

```
def topNwords(pre_sens,n=50):
    #输出文本数据中前 N 个频次高的词
    words = [w for s in pre_sens for w in s]
    word_fre =nltk.FreqDist(words)
    topN_words = [w[0] for w in sorted(word_fre.items(), key=lambda d:d[1], re-
verse=True)][:n]
    return topN_words
```

接下来的 sen_ score 函数是至关重要的一步，即根据句子中关键词的信息计算其重要性：

```
def sen_score(sen, topN_words, cluster_threshold):
    #计算每个句子的得分
    #标记每个句子中出现 topN 中单词的位置
    word_idx = []
    for w in topN_words:
        try:
            word_idx.append(sen.index(w))
```

```
        except ValueError:
            pass
    word_idx.sort()
    #如果句子中不存在 topN 中的单词,得分为 0
    if len(word_idx) == 0:
        return 0
    #根据句子中 topN 单词出现的位置将句子转化为簇的集合形式
    clusters = []
    cluster = [word_idx[0]]
    i = 1
    while i < len(word_idx):
        #当 topN 单词间的距离小于一定的阈值时,这些单词及其间非 topN 单词共同形成簇
        if word_idx[i]-word_idx[i-1] < cluster_threshold:
            cluster.append(word_idx[i])
        else:
            clusters.append(cluster)
            cluster = [word_idx[i]]
        i += 1
    clusters.append(cluster)
    #计算每个句子中所有簇的得分值,最高值即为句子得分
    max_score = 0
    for c in clusters:
        #每个簇中 topN 单词的个数
        words_important = len(c)
        #每个簇所有单词的个数
        words_total = c[-1] - c[0] +1
        #得分计算公式
        score = words_important**2/words_total
        if score > max_score:
            max_score = score
    #返回句子得分
    return max_score
```

由以上函数具体代码可知，输入为“sen”“topN_ words”“cluster_ threshold”，分别表示句子、关键词表以及簇的阈值。首先，这里的簇是什么意思？Luhn 认为在一个句子中，如果关键词间的距离小于阈值（通常设为 4 或者 5），便认为这些关键词以及其间的其他词形成一个簇。显然，一个句子中可以有多个簇，而句子中最重要的簇便代表了整个句子的重要程度。簇的重要性计算如下：

$$簇的重要性 = (其中关键词的数量)^2 / 簇的长度 \tag{10.1}$$

由公式 10.1 可知，关键词越是密集，句子的重要程度就越高。

最后，将以上的函数整合于 main 函数，计算摘要集合：

```
def main():
    #所处理的文本所在的路径及和行头信息
    file_path = "tennis_articles_v4.csv"
    title = "article_text"
    #设置 topN 词语间的距离阈值
    cluster_threshold = 5
    #设置摘要句子个数
    topK = 10
    #加载数据
    data = load_data(file_path, title)
    #处理数据
    sens, pre_sens = pre_data(data)
    #计算 topN
    topN_words = topNwords(pre_sens)
    #计算每个句子得分
    scores = []
    for i, pre_sen in enumerate(pre_sens):
        score = sen_score(pre_sen, topN_words, cluster_threshold)
        sen = sens[i]
scores.append((score, sen))
sorted(scores, reverse=True)
    #获取摘要
    for i in range(topK):
         print(scores[i][1])
```

10.3.2 基于图模型的摘要生成器

本部分将搭建一款基于图模型中的 PageRank 方法（如果用于文本摘要，准确地说是 TextRank）的抽取式摘要生成器。此方法将句子集合当作一张图，每个句子为图中的节点，在这里，我们令句子间的语义相似度为节点间边的权重。接着根据这些信息进行迭代计算，最后抽取出重要程度高的句子集合。

我们的待处理数据同上一部分中的一致。另外，还需下载 GloVe 词向量文件作为句子表征的基础。首先，导入所需要的库：

```
import numpy as np
import pandas as pd
import csv
import nltk
import re
from nltk.tokenize import sent_tokenize
from sklearn.metrics.pairwise import cosine_similarity
import networkx as nx
nltk.download("stopwords")
nltk.download("punkt")
```

其中，除了 csv、numpy、pandas、re 等常见的应用于数据读取及处理的库之外，还有 nltk 库用于英文文本的预处理，scikit-learn 中的相关类用于相似度计算以及 networkx 用于概率图的建模。

以下部分为 load_ data 以及 pre_ data 函数，用于数据导入及预处理，与上一部分中的处理方式一致：

```
def load_data(file_path, title):
    #读取数据
    df =pd.read_csv(file_path)
    return df[title]
def pre_data(data):
    #对每篇文本进行分句后,统一放在同一个数组里
    sens = [sent_tokenize(s) for s in data]
    sens = [t for s in sens for t in s]
    #加载词干提取器
    stemmer =nltk.stem.porter.PorterStemmer()
    #加载停用词
    stopwords = set(nltk.corpus.stopwords.words("english"))
    #句子预处理,主要包括字母小写化、去除去用符号、去除停用词
    def pre_sen(sen):
        sen =sen.lower()
        sen = re.sub(r"[^a-zA-Z]", r"", sen)
        pre_sen = [stemmer.stem(w) for w in sen if w not in stopwords]
        assert len(pre_sen) ! = 0
        return pre_sen
    pre_sens = [pre_sen(sen) for sen in sens]
    #返回处理后的数据
```

```
    assert len(pre_sens) == len(sens)
    return sens, pre_sens
```

接下来，对句子间的相似度进行计算，作为图中节点间关联的权重：

```
def create_sim_mat(pre_sens, emb_file, emb_size=100):
    #读取词向量文件
    emb =pd.read_csv(emb_file, sep=' ',
          header=None, quoting=csv.QUOTE_NONE, index_col=[0])
    dict_word_emb = emb.T.to_dict('series')
    #将句子转化为句向量
    sens_vec = []
    for s in pre_sens:
        #句向量的值为句中所有词向量的平均值
        if len(s) != 0:
            v = sum([dict_word_emb[w] for w in s])/(len(s))
        else:
            v =np.zeros((emb_size,))
        sens_vec.append(v)
    #建立句子与句子之间的相似度矩阵
    n = len(pre_sens)
    sim_mat =np.zeros((n, n))
    for i in range(n):
        for j in range(n):
            ifi != j:
                sim_mat[i][j] = cosine_similarity([sens_vec[i]], [sens_vec[j]])[0, 0]
    #返回相似度矩阵
    return sim_mat
```

在以上过程中，利用 Glove 已训练好的词向量对句子进行编码，取词向量的平均值作为句向量。接着，对两个句子间进行余弦相似度计算，得到一个纵横向均为句子数量大小的相似度矩阵。

接着，应用 networkx 将相似度矩阵转化为图模型，并且基于 PageRank 算法将句子按照重要程度进行排序，返回摘要集合，通过 topK 对集合大小进行设置：

```
def summarize(sens,sim_mat,topK=10):
    #根据相似度矩阵建图
    nx_graph =nx.from_numpy_array(sim_mat)
    #利用 pagerank 算法给句子(图中节点)评分
    scores =nx.pagerank(nx_graph)
```

```
    #按得分将句子从大到小排列
    ranked_sens = sorted(((scores[i], s) for i, s in enumerate(sens)), reverse=True)
    #打印 topK 得分的句子
    for i in range(topK):
        print(ranked_sens[i][1])
```

最后，整合上述所有的函数：

```
def main():
    #所处理的文本所在的路径及和行头信息
    file_path = "tennis_articles_v4.csv"
    title = "article_text"
    #词向量文件路径
    emb_file = "glove.6B.100d.txt"
    #加载数据
    data = load_data(file_path, title)
    #处理数据
    sens, pre_sens = pre_data(data)
    #句子相似度矩阵
    sim_mat = create_sim_mat(pre_sens, emb_file)
    #获取摘要
    summarize(sens, sim_mat)
```

10.3.3 结果分析

在本问题中，将以上的运行结果进行对比分析，提出一些改进意见。两者的部分运行结果分别如图 10.15、图 10.16 所示。

```
Maria Sharapova has basically no friends as tennis players on the WTA Tour.
The Russian player has no problems in openly speaking about it and in a recent interview she said: 'I don'
I think everyone knows this is my job here.
When I'm on the courts or when I'm on the court playing, I'm a competitor and I want to beat every single
I'm a pretty competitive girl.
I say my hellos, but I'm not sending any players flowers as well.
Uhm, I'm not really friendly or close to many players.
I have not a lot of friends away from the courts.'
When she said she is not really close to a lot of players, is that something strategic that she is doing?
Is it different on the men's tour than the women's tour?
```

图 10.15　基于词簇的摘要生成结果

通过比较可以发现，前者中摘要句子的长度明显小于后者，也就是说，基于词簇的文本摘要倾向于选择短句，这与簇的重要性计算公式相关。可能在某些文章中，概括性的句子言简意赅，长度偏短，但也不乏相反的情形，比如在内容比较丰富的文章中，概括性句子需要涉及诸多方面，因而内容较一般的句子反而更多。第一种方法虽然计算效率高，但需要根据文本特性来使用。

```
Speaking at the Swiss Indoors tournament where he will play in Sundays final against Romanian qual:
The Russian player has no problems in openly speaking about it and in a recent interview she said:
Argentina and Britain received wild cards to the new-look event, and will compete along with the fc
Federer said earlier this month in Shanghai in that his chances of playing the Davis Cup were all t
The 20-time Grand Slam champion has voiced doubts about the wisdom of the one-week format to be int
Major players feel that a big event in late November combined with one in January before the Austra
But with the ATP World Tour Finals due to begin next month, Nadal is ready to prove his fitness bei
When I'm on the courts or when I'm on the court playing, I'm a competitor and I want to beat every
"Not always, but I really feel like in the mid-2000 years there was a huge shift of the attitudes c
"There are very touching moments: seeing the ball children, the standing ovations, all the familiar
```

图 10.16　基于 PageRank 的摘要生成结果

基于 PageRank 的摘要生成不存在倾向于选择短句的问题，但是粗略观察，其摘要结果也不尽如人意。我们可以做如下改进：

在文本预处理过程中，我们还可以做更细致的处理，比如，添加更多的停用词，删除一些出现频率很低以及很高的词汇，这些往往是罕见词以及辅助性的词汇，对句义影响不大。

在词向量的处理阶段，这里应用了 GloVe 词向量，来源于大语料库的预训练模型。然而，我们的文章偏向于体育新闻，某些词汇存在特殊含义，可以搜集一个体育相关的语料库进行词向量的预训练，另外，也可以应用 ELMo 方法获取基于上下文的词向量。

在句向量的计算过程中，方法比较简单，仅仅是将句内的词向量进行平均。这种方法没有考虑到词语间重要性的不同。我们可以对不同词汇设置不同的权重，比如根据其词频表示其重要性，而重要程度低的权重更低，如此进行加权平均。

在句子间相似度的计算中，除了基于 Word2Vec 的句向量的余弦相似度计算，还可以尝试更多方法，比如，可以基于字符计算编辑距离（Edit Distance），基于 TF-IDF 表示句子并进行相似度计算。

一个句子的重要程度与诸多因素相关，例如基于句子本身的长度、关键词、位置等特性，以及句子间的关系，文章总体的特性等，应用传统方法考虑到的要素比较有限，因此适用范围不广。现今的前沿方案利用了深度学习，能够考虑到更多及更深层次的特征，还可以通过强化学习、生成对抗网络等技术优化模型结构以及训练方式，在一定程度上提高了自动生成文本摘要的质量。

本章小结

对于人类而言，文本摘要是比较费劲的任务，需要同时具备阅读理解能力以及总结归纳能力。而这些能力涉及大脑中比较抽象的思维层面，难以用数学的形式表征。因此，自动文本摘要对于机器而言也是一项非常有挑战性的工作。

利用基于规则的方法进行抽取式摘要生成，考虑了文章中关键句子所具备的重要特性，主要为关键词以及相对位置两个方面。而利用图模型的方法进一步地考虑到了句子间的关系。另外，基于传统的机器学习及深度学习，抽取式摘要生成本质上为序列标注分类问题，在有很多训练数据的情况下，能够训练出比较好的学习器。由于现实中大部分数据的摘要为人为摘要而非重要句子集合，因此还涉及抽取式摘要训练数据的转化，可以利用启发式方式进行获取。

然而，抽取式摘要并不算是“真正”的摘要，试想，一篇论文中的摘要如果只是从主体中抽取几个句子，那么其概括总结水平肯定有所欠缺。因此，我们真正希望的是能够提炼关键信息并且是有机化组织的摘要，这就涉及生成式摘要的任务。

然而，应用一般的 Seq2Seq 模型进行摘要生成会面临诸多困难，例如，词语重复出现、语句不通畅、难以生成专有名词等。研究者们针对这些问题提出了相应的解决方案，比如结合模板生成、制定规则、Copy 机制、Coverage 机制等方法。概括而言，这些机制引入一些确定性因素，从而避免生成文本的过程过于“随意”。

针对生成结果的评价，摘要生成与一般文本生成（例如文本翻译）的不同点是，不存在统一的标准答案，一个合理的代价函数，评价标准要求更高的弹性。因此，许多研究者利用强化学习中的反馈机制将 ROUGE 评价方式整合到训练过程中的损失函数中，使得训练过程中的目标更加符合实际情形。

总体而言，目前的生成式摘要任务还存在很大的研究空间，有很多其他领域的技术可以尝试迁移使用，比如主要应用于图像领域的生成式对抗网络，应用于机器人的模仿学习等。

思　考　题

1. 你觉得文本摘要可能有哪些应用？
2. 抽取式文本摘要的传统方法有哪些？
3. 如何将深度学习应用于抽取式文本摘要？
4. 如何获取抽取式文本摘要的训练数据？
5. 生成式摘要存在哪些难点？
6. 在一些生成式摘要的前沿模型中，研究者们都用了哪些技术？
7. 如何将强化学习应用于生成式摘要？
8. 你觉得在自动摘要任务中，深度学习方法相较于传统方法，存在哪些优势？

第 11 章

机器翻译

由于地理、历史、文化、宗教等因素，世界各地的人们都说着不一样的语言。即使在同一个国家，也可能存在多种语言。而即便是同一区域中的同种语言，可能也会有语音语调上的差异。在很长一段历史时期内，各地区语言的差别阻碍着人类的交流与合作。而现在，借助机器翻译应用，不通外语走遍全世界已经不是遥不可及的事情。那么，从 20 世纪发源以来，机器翻译经历了怎样的发展历程？又是如何在最近几年有了突破性的进展？

本章主要介绍机器翻译的历史、相关技术原理、现状与不足等。通过本章的学习，读者将有以下收获：

- 了解机器翻译的源起
- 了解统计机器翻译的原理
- 深入理解神经机器翻译的原理及模型
- 熟悉常见的改进版本的神机经机器翻译模型

11.1 传统机器翻译

机器翻译可谓是自然语言处理的源头，在 20 世纪 40 年代，正是人们基于机器翻译的热情，才开展了一系列语言与计算机相结合的研究工作。基于时代环境、计算机发展、国际局势等各方面因素的共同作用，人们希望应用计算机进行翻译工作，各个国家的不同学者也相应地提出了多种方法。

这些方法虽然在如今并非主流，但其中探索的精神、思想的火花以及一些实用技巧仍在今天的研究工作中多有继承。本小节为大家简要梳理机器翻译的源起以及早期的一些传统方法。

11.1.1 源起

机器翻译的概念可追溯至 20 世纪 40 年代，美国数学家 Warren Weave 曾有一句名言：“当我看到俄文文章，我说它就是以英语写成，只是被古怪符号加密而已。现在我要破解密码。”通过对信息理论及密码学的深入研究，Warren Weave 在 1949 年发表的备忘录《翻译》中开创性地提出将计算机应用于翻译的思想，其有两大基本观点：

- 语言翻译过程类似于解密。
- 原文与译文表达的是同一含义，存在某一全人类共有的“通用语言”，将语言 a 翻译成语言 b 是经由“通用语言”的转化过程，而此“通用语言”可以由计算机来表达。

此后几年，基于学者的大力倡导以及工业界的支持，机器翻译的研究一度兴盛。比较成功的案例是，美国乔治敦大学（Georgetown University）与 IBM 公司共同合作启动了 Georgetown-IBM 实验，基于 6 项语言规则以及包含 250 个字词的字典，以 IBM-701 计算机首次完成了俄语与英语间的机器翻译实验，向全世界宣布了机器翻译的可行性。这一消息令学术界和工业界大为振奋，很多政府纷纷在机器翻译研究上投入大量资金。

然而，人们很快意识到语言的复杂性被低估了，无法简单地应用规则来构建翻译系统。1966 年，由美国国防部、美国国家科学基金会和中央情报局组成的自动语言处理顾问机构（Automatic Language Processing Advisory Committee，ALPAC）发布了名为《语言与机器》的报告，指出“在近期或可以预见的未来，开发出实用的机器翻译系统是没有指望的”，否定了机器翻译的可行性，并建议专注于研究如词典之类的自动化工具以辅助人工翻译。此后的十多年，机器翻译一度陷入冷寂期。直到 70 年代以后，计算机空前发展，机器翻译才又开始进入复苏期。

如今看来，虽然机器翻译研究的前辈们有过盲目乐观的预计、也有过于极端的妄断，走了很多弯路，但正是他们不断地尝试以及犯错，后人才能基于多样化的经验避免不必要的错误，快速地修正框架，改进机器翻译方法。

11.1.2　基于规则

试想，人类在翻译过程中，是不是也运用了头脑中存储的大量语言规则？既然是规则类的东西，肯定能以计算机的方式进行存储并应用，这是很自然的想法，也是研究者们初期就开始尝试的方法。所有的语言都存在语法，法即规则，在机器翻译中所应用的规则主要包括词法、句法、短语规则、转换生成语法等。基于规则的翻译可以大致分为以下三类：

直接翻译：从句子的表层结构出发，将单词、词组、短语或者句子直接转换为目标语，必要时进行一些相应的顺序调整，完全不涉及深层次的语法句法分析。上文所述的 Georgetown-IBM 实验基本上应用的便是此方法。其基本过程可简示为“源语句输入—形态分析—双语词典查询—语序调整—目标语输出”几个部分。举几个中英直译的例子，如图 11.1 所示。

由这些例子可知，由于语言间的词语并不存在完全的一一对应性，尤其是中英文这两种差异巨大的语言，直接翻译的结果往往不存在可读性，令人啼笑皆非。

结构转换翻译：为了提高译文的可读性，之后研究者们又从句法层面来分析源语句与目标语的特征。1957 年，美国学者 V. Yingve 提出了翻译转换系统，通常包含以下三部分：

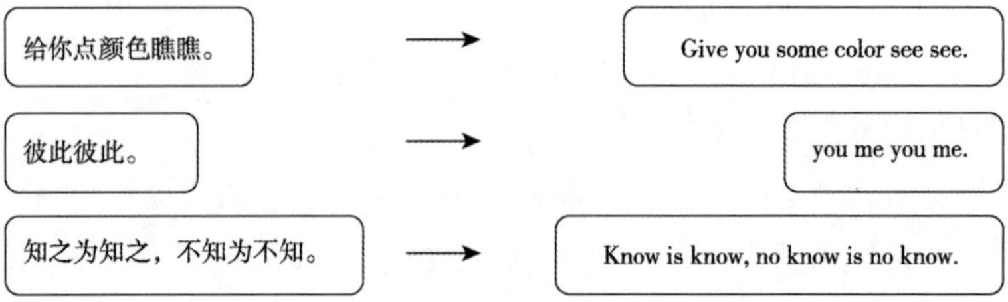

图 11.1　中英直译

- 分析：分析源语句的特点，将其转换为源语句的深层次结构。
- 转换：将源语句的深层次结构转换为目标语的深层次结构。
- 生成：将目标语的深层次结构转化为目标语句子。

法国学者 B. vouquois 进一步提出上述三个部分可细分为以下步骤：

- 分析：源语言词法分析及句法分析。
- 转换：双语词法及句法分析。
- 生成：目标语词法及句法分析。

实质上，这其中的中间步骤反映的是人类共有的抽象思维的逻辑表达式，是语言的一种深层次结构，与语言的表达形式无关，因此可以作为翻译的中间件。

中间语翻译：首先将源语句分析为一种人造的计算机语言或者说中间语（Interlingua，IL），再由中间语生成目标语。这里的思想很简单，例如所有的物品都可以用价格来衡量，价格就相当于中间语，通过相同的价格可以找到类似价值的物品。同样，通过中间语，能够找到类似含义的目标语。然而，如何设计中间语并非易事，其对于语义表达的准确性、完整性、可扩展性等都要求很高，可能根本不存在如此完美的语言。

由以上几个类别我们也可以看出，基于规则的方法比较刻板僵硬，不容易扩展，需要具备比较专业的语言知识，并且还要耗费大量的人力资源。就如同我们学习一门语言，光靠死记硬背规则的方法终究会遇到提升瓶颈。

11.1.3　基于大规模语料

在 20 世纪，除了欧美一些发达国家，长期以来，日本对机器翻译也非常关注，原因是日本意识到在全球化的浪潮里，语言间的互通要求会愈来愈高。但是由于英语日语差异巨大，应用规则的方式极难构建翻译系统。

京都大学的 Makoto Nagao 在 1984 年提出了一种基于实例的机器翻译方法，其思想很简单：利用源语句与目标语的对应语料库完成翻译。具体做法是，对于任一输入语句，如果在语料库中找到，直接查询到其译文；如果没找到，找到语料库中最相似的源语句，对相应的译文做一些调整即可。例如对于输入语句“I want to play football”，在语料中未找到此句子而找到相似句子“I want to play basketball”。因此可以找到对应的译文“我想打篮球”，对此句子进行一定的调整，得到“我想踢足球”，具体如图 11.2 所示。

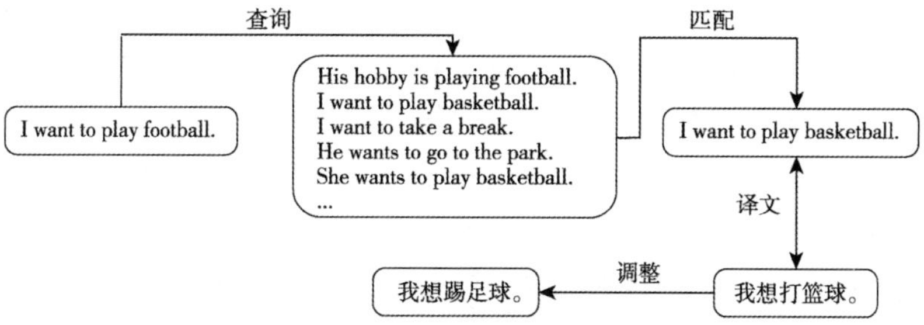

图 11.2　基于实例的翻译

这种方法存在三大优点：

- 操作简单，不需要设置复杂的规则。
- 知识库的扩充十分简单。
- 产生的译文质量有保证。

唯一不足的是，这种方法所需要的语料库规模庞大，要求覆盖率高，前期搜集整理的工作量巨大。

之后，日本学者 Satoshi Sato 基于实例的方法又提出了基于记忆的机器翻译方法，其思想也很简单：将已经翻译过的句子扩充到语料库中。如此一来，随着翻译系统的不断使用，其翻译能力逐步增强，具备类似人类的记忆功能。

基于实例或记忆的方法看似简单粗暴，但是却具有重大的意义，特别是对于其后基于统计的机器翻译研究的启发：它证明了不用构建复杂的规则，直接应用句子到句子这种端到端的方式也可以取得不错效果。

11.2　统计机器翻译

1990 年，Peter F. Brown 发表了一篇经典之作：A Statistical Approach to Machine Translation，即“基于大数据分析的方法构建机器翻译系统”，正式拉开了统计机器翻译时代序幕。基于统计方法的优点在于，完全摒弃了繁杂的规则设置，只依据大量的语言资源，便能构建质量好、鲁棒性强的翻译系统。本小节主要介绍统计机器翻译流派及相关研究工作。

11.2.1　相关流派

纵观统计机器翻译的发展历程，主要存在以下三大流派：

基于平行概率语法：此类方法的统计机器翻译模型的核心在于建立一套基于源语言与目标语言的平行语法规则，规则之间存在一一对应关系并且服从同样的概率分布。因此翻译的生成取决于句法的规则分析。其中的代表性模型有，Alshawi 的基于中心词转录机（Head Transducer）的统计翻译模型，是一种有限状态自动机（Finite State Machine），将词典、规则等语言知识表示为中心转录机的形式；吴德恺的反向转录文法模型（Inversion

Transduction Grammar，ITG）。

基于信源信道：由 IBM 公司的 Peter Brown 等人在 20 世纪 90 年代初提出，主要基于贝叶斯定理对翻译系统进行建模，将其划分为翻译模型和语言模型。后人又在此基础上做了很多改进，是统计机器翻译方法的代表，在下文 11.2.2 中会详细介绍。

基于最大熵：由 Och 等人提出，基于信源信道的方法将其一般化，没有语言模型及翻译模型的划分，并引入了其他特征，包括句子长度、词典特征等，是一个直接翻译模型，在某些情况下比信源信道的方法性能更好一些。

由于基于信源信道的统计机器翻译方法影响最为深远，说到统计机器翻译时，默认指的便是此方法。其核心在于，对大量源语言与目标语言对应的平行语料进行统计分析，并基于此进行建模，并不涉及具体的语言规则，是一种经验主义方法。实际上最早提出机器翻译概念的 Warren Weave 所述的便是基本统计的思想，只是当时限于设备落后、语料库不多、运算力不足等原因，统计建模沉寂了一段时间。

11.2.2 基于信源信道的统计机器翻译

在上文中我们已经提到，基于信源信道的方法是统计机器翻译中的主流，此方法把翻译当作信息传输过程。这是什么意思呢？假设有一个目标语句 t，经过噪声通道后（或者说通过某一编码方式）变成了源语句 s，那么由 s 翻译为 t 的过程即解码解密的过程。

根据贝叶斯定理，在给定 s 的情况下，对于某一候选 t 的概率如下：

$$P(t \mid s) = \frac{P(t) * P(s \mid t)}{P(s)} \tag{11.1}$$

我们的目标便是求解出使得上式最大的那个 t，由于 $P(s)$ 与 t 无关，因此只需要关注 $P(t)$、$P(s \mid t)$ 两项即可。$P(t)$ 被称作语言模型，表示的是 t 在语言中出现的概率，可以保证译文尽可能地符合语法；$P(s \mid t)$ 被称为翻译模型，表示在语言翻译中 t 与 s 相对应的概率，保证翻译的对应性。在此框架下，机器翻译可划分如图 11.3 所示的两大方面工作。

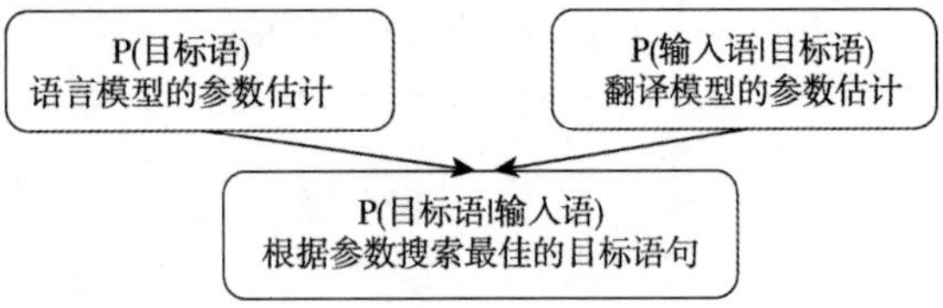

图 11.3　统计翻译的两大任务

对于语言模型，即估计某一句子在语言中出现的概率问题，用于估计此句子是否符合自然语言特征。这个问题看似简单，实践起来却有不少细节需要注意。一个直观的想法是，建立一个超大规模的语料库作为语言的代表，计算某一句子的频次，再除以整体语料的大小，得到此句子的出现概率，不就能代表其是否像一句自然语言的概率了？然而，这种想法太过天真，再庞大的语料库也不可能穷尽世界上所有的语句，因此这种方法会导致很多符合文法的句子的出现概率也为零。

也许我们可以把衡量的标准变得更灵活些，假设某个词的出现只与前面的一个或几个单词相关，把句子拆分为几个词组，由于词组在语料中出现的概率更大，根据词组在语料中出现的频次综合判断句子的出现概率是一个不错的替代方案，这就是 N-gram 的思想，这里的 N 便是词组的大小。举个例子，对于句子“I love my family”，根据 N-gram 可得以下的句子概率表示：

若 N 取 2，每个词只与前面出现的一个词相关，可将句子拆分为[<s> I, I love, love my, my family, family <e>]，<s> 和 <e> 分别表示起止符，则有：

P(<s> I love my family <e>) = P(I| <s>) * P(love|I) * P(my|love) * P(family|my)) * P(<e> |family) 若 N 取 3，每个词只与前面出现的两个词相关，则有三元组[<s1> <s2> I, <s2> I love, I love my, love my family, my family <e1>, family <e1> <e2>]，则有：

P(<s1> <s2> I love my family <e1> <e2>) = P(I| <s1> <s2>) * P(love| <s2> I) * P(my|I love) * P(family|love my) * P(<e1> |my family) * P(<e2> |family <e1>)

虽然相比一个句子的出现概率，词组的出现概率提高了很多，但还是免不了存在一个符合文法的句子中某一词组（比如专业表达，网络新生用语等）在语料中未出现的情况，而根据上述公式中的连乘形式，会使得整个句子的出现概率为零。为了避免这种极端情况，人们又引入了平滑（Smoothing）的方案，使所有的 N-gram 项都大于零，比如让每个 N-gram 项至少出现一次，具体方法有拉普拉斯平滑（Laplace Smoothing）、内插法（Interpolation）、回溯法（backoff）等。

而对于翻译模型，即目标语句相对于某一源语句出现的概率，IBM 公司相继提出了 5 种建模方式，简称为 Model1 至 Model5，接下来逐一简要介绍。

Model1 的思想很直观，直接利用平行语句间词与词的互译关系评估翻译模型。由于不同语言语句间的词在顺序上并不是对应关系，比如中文中谓词一般在句中，而日语中会把谓词放句尾，Model2 进一步地考虑了词语在翻译过程中的位置信息。另外，平行语句之间也不是一一对应的单词关系，也可能是一对多的关系，比如“忙碌”对应“on the go”，因此 Model3 从这个角度，对于句子中的每个词引入了繁衍值的概念，代表其在另一门语言中对应的单词量。Model4 是对 Model2 的改进，会学习位置的变化过程，如果某两类词在翻译中常常交换位置，模型就会记住。Model5 消除了 Model4 中的一些缺陷，避免对一些不可能的对齐给出非零概率。

IBM 公司提出的一系列模型相比之前的工作有了极大的进步，但是也只考虑了词与词之间的关系而忽视了更深层次的句子结构，因此存在一定局限性，当两种语言结构差别比较大的时候效果不佳。很多研究者展开了后续的一系列改进工作。

改进方案主要是由基于词转化到基于短语的平行语料对齐方式。回想我们学习英语的经历，初级阶段对词进行逐一翻译闹了很多笑话，待水平提高后，能根据某些固定词语搭配方式进行翻译，说出的句子更加地道了。类似地，计算机学习到更多的稳定词组合，也显著提高了翻译的准确性。

11.2.3 案例：外星语的翻译实战

本部分主要阐明 IBM Model1 的原理以及相关代码演示。前文中已提到，Model1 的基本思想是将文本中的词根据统计进行对应翻译。比如现在有一个德语文本翻译成英语文本的任务，其中有个德语单词“Haus”，通过对平行对齐的双语语料（如图 11.4 所示）的统计发现，可以翻译成英语中的“house”“building”“home”“household”“shell”，并且概率依次减小。这样一来，如何逐一翻译句子中的单词便很明晰了。

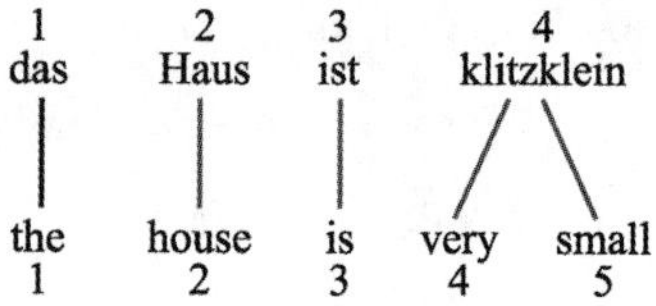

图 11.4 进行对齐标注的语料

然而问题在于，要获取平行对齐的双语语料并非易事，需要耗费大量的人力费用，不同语言表达同一意思的语句间的词与词的对齐可能乱序，并且还存在一对多的对齐方式，甚至有些词在另一语言中没有对应的词，比如中文中的“了”“的”可能并没有对应的英文。

那么对于没有对齐的平行语料，如何得知其翻译概率呢？总结而言，需要有对齐语料，才能统计出词语间的翻译概率；而有了翻译概率，才能用机器的方式对语料进行对齐，这便成了一个鸡生蛋蛋生鸡的问题。我们可以利用 EM 算法（Expectation-Maximization algorithm）解决此问题，步骤如下：

（1）初始化翻译概率。

（2）根据翻译概率进行语料对齐。

（3）根据对齐语料计算翻译概率。

（4）重复前面两个步骤，直到翻译概率不再变化或者达到设置的迭代次数。

接下来用代码演示上述过程，我们的语料为 Centauri-Arcturan Parallel Text，来自 Knight（1997）在文章 Automating Knowledge Acquisitin for Machine Translation 所举的双语例子，如图 11.5 所示。

1a. ok-voon ororok sprok .
1b. at-voon bichat dat .

2a. ok-drubel ok-voon anok plok sprok .
2b. at-drubel at-voon pippat rrat dat .

3a. erok sprok izok hihok ghirok .
3b. totat dat arrat vat hilat .

4a. ok-voon anok drok brok jok .
4b. at-voon krat pippat sat lat .

5a. wiwok farok izok stok .
5b. totat jjat quat cat .

6a. lalok sprok izok jok stok .
6b. wat dat krat quat cat .

7a. lalok farok ororok lalok sprok izok enemok .
7b. wat jjat bichat wat dat vat eneat .

8a. lalok brok anok plok nok .
8b. iat lat pippat rrat nnat .

9a. wiwok nok izok kantok ok-yurp .
9b. totat nnat quat oloat at-yurp .

10a. lalok mok nok yorok ghirok clok .
10b. wat nnat gat mat bat hilat .

11a. lalok nok crrrok hihok yorok zanzanok .
11b. wat nnat arrat mat zanzanat .

12a. lalok rarok nok izok hihok mok .
12b. wat nnat forat arrat vat gat .

图 11.5 双语语料

上述语言其实由作者随便编写，戏谑其为“外星语”，目的是展现统计翻译的神奇之处：只要存在平行语料，即便对于一无所知的两门“外星语”，也可以进行翻译。这些语料经过处理之后分别保存在文件 data_ lang1. txt 以及 data_ lang2. txt 中。

首先读取双语文本并将一一对应的双语句子存储在词典 pcorpus 中，在预处理过程中注意到对每个句子都加了符号“NULL”，这是为了解决有些词在另一门语言中没有对应关系的情况：

```
from nltk import word_tokenize
#读取双语文本
pcorpus =dict()
lines_lang1 =open("data_lang1.txt", "r").readlines()
lines_lang2 =open("data_lang2.txt", "r").readlines()
#将双语语料一一对应
for line1, line2 in zip(lines_lang1, lines_lang2):
    sentence1 =tuple(word_tokenize("NULL " + line1.strip("\n").replace('.', '')))
    sentence2 =tuple(word_tokenize("NULL " + line2.strip("\n").replace('.', '')))
    pcorpus[sentence1] = sentence2
```

接下来分别获取两门语言对应的词典：

```
lan1_words = []
for key in pcorpus.keys():
    lan1_words.extend(list(key))
lan1_words = list(set(lan1_words))

lan2_words = []
for value in pcorpus.values():
    lan2_words.extend(list(value))
lan2_words = list(set(lan2_words))
```

完成上述数据相关的准备工作以后，初始化翻译概率，即第一种语言中的每个词都能等可能地翻译成第二种语言的每个词：

```
translation_probs =dict()
for word1 in lan1_words:
    value_probs =dict()
    for word2 in lan2_words:
        value_probs[word2] = 1/len(lan2_words)
    translation_probs[word1] = value_probs
```

接下来初始化应用翻译概率进行对齐统计相关的计数变量：

```
count =dict()
total =dict()
for word1 in lan1_words:
    value_count =dict()
    for word2 in lan2_words:
        value_count[word2] = 0
    count[word1] = value_count
for word2 in lan2_words:
    total[word2] = 0
```

最后便是 EM 迭代过程，包括通过翻译概率进行对齐统计以及根据对齐数据进行翻译概率的计算，这里通过设置最大迭代次数停止 EM 过程，得到最终的翻译概率 translation_probs：

```
num_epochs = 500
s_total =dict()
for i in range(num_epochs):
      #E 步
      for lang_1, lang_2 inpcorpus.items():
            #计算归一化因子
            for word1 in lang_1:
                s_total[word1] = 0
                for word2 in lang_2:
                    s_total[word1] + = translation_probs[word1][word2]
            #计数对齐关系
            for word1 in lang_1:
                for word2 in lang_2:
                    count[word1][word2] + = (translation_probs[word1][word2] / s_
                    total[word1])
                    total[word2] + = (translation_probs[word1][word2] / s_total[word1])
      #M 步
      for word2 in lan2_words:
          for word1 in lan1_words:
              translation_probs[word1][word2] = (count[word1][word2] / total[word2])
```

以上便是 IBM 翻译模型 Model1 的基本流程，虽然这种方法现在已不再应用于翻译，但其中的统计以及迭代算法的思想十分精妙，从基于复杂的规则到基于简单的统计，这是思想方法上的巨大飞越。由此可见，不局限于过去经验，随时对现有的方法存在质疑与挑战，也是自然语言处理研究者需要具备的态度。

11.3 神经机器翻译

自神经网络兴起以来，其在很多任务上都展现了非常傲人的结果，机器翻译也不例外。在传统机器翻译之后，统计机器翻译的方法解决了传统方法中依赖规则的缺点，在很长一段时间内占据了主导地位。而基于神经网络的方法更进一步，利用其强大的特征选择能力，以端到端的形式学习源语句与目标语句间的关系，考虑的语境更为全面，能够系统性地优化翻译性能。

11.3.1 基本原理

2014 年，来自谷歌的三位科学家提出了一种以两个循环神经网络组合而成的网络结构，简称为 Seq2Seq，用于处理一个经典的序列到序列问题，即英语到法语的翻译，最终达到了与当时最佳纪录不相上下的成绩，自此掀开了神经机器翻译的序幕。模型基本结构如图 11.6所示。

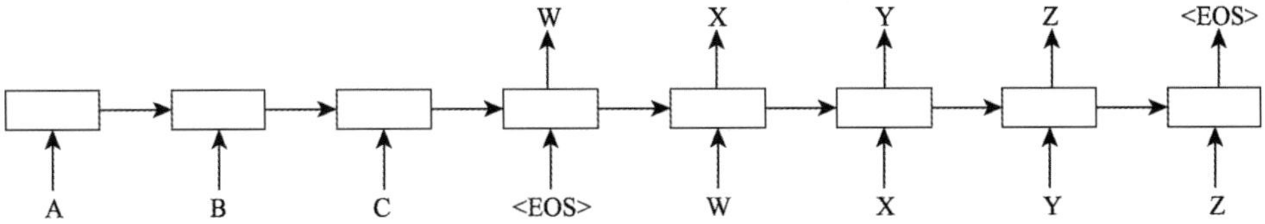

图 11.6　Seq2Seq 简示

这是一个端到端的神经网络模型，输入为源语句，输出即为目标语句，模型直接学习的是两者间的映射关系。如图 11.6 所示，输入语句为“ABC”，输出语句为“WXYZ”。“ABC”经由一个 LSTM 网络结构被映射或者说编码为一个固定大小的向量，接着将其输入另一个 LSTM 网络结构，映射为目标语句，即解码过程。注意“ <EOS> ”为起止符，在解码的初始位置输入，而最后预测到此符号时停止解码过程。

在测试阶段目标句子生成过程中，对于每一步的输出，直接取最大概率所对应的词，继而拼接得到整个句子，这是一种贪心搜索（Greedy Search）。该研发者使用了集束搜索（Beam Search）的方式生成语句，能够在测试中获得更好的准确率。

此方法存在一个参数 Beam Size，假设取值为 2，那么意味着在生成第一个词时，选择概率最大的 2 个词，假设为 a 和 b；在生成第二个词的时候将 a 和 b 分别作为输入，得到两个概率分布，分别取概率最大的词，假设为 c 和 d，那么此时序列为 ac 和 bd；接下来分别以 c 和 d 作为模型输入，重复上述过程，最终得到两个候选序列。这种方式考虑的搜索空间更大，相比于单一的贪心算法更加可靠。

2016 年底，谷歌将神经网络正式应用于其翻译系统，也就是 Google NMT。与之前的统计翻译相比，译文的流畅度、准确度、速度等方面均有大幅提升。神经网络机器翻译的方法从某种程度上讲是更加直观的，是一种端到端的形式，直接学习词语间、句子间的相关性。另外，循环神经网络的结构在翻译过程中也能够一定程度上考虑到上下文语境，避免逐字词地生硬翻译。

11.3.2 改进机制

基础的 Seq2Seq 结构仍存在的一些局限性，比如生成的句子语法不正确、语句不通顺等，根据翻译任务的特点，很多研究者继而提出了一系列的改进工作。

Attention（注意力）机制：在基本的 Seq2Seq 结构中，源语句被编码为固定长度的向量，而随后的编码过程便是基于此进行逐词翻译。然而，目标句中的词与源语句中的词存在一定的对应关系，特别是对于语法相近的语言，这也是为什么统计机器翻译应用了多种对齐模型来表征双语关系。那么，在翻译出每个词的过程中，如果能够将源语句中相应的部分加强注意力，不就能够使译文更加准确了？

Luong 等人在 2015 年提出了基于注意力机制的机器翻译模型，结构如图 11.7 所示。

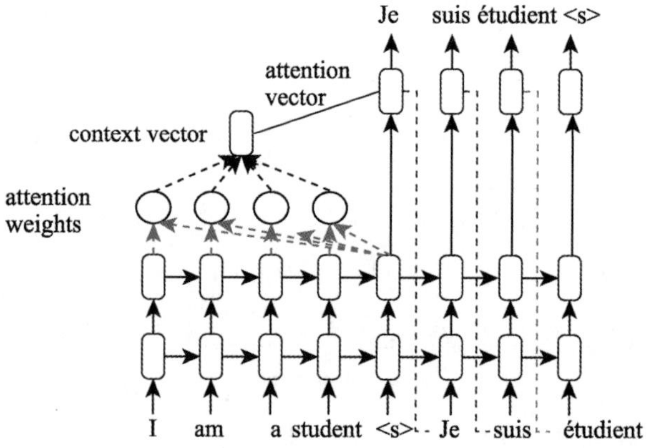

图 11.7 Seq2Seq 中的注意力机制

如图 11.7 所示，context vector 表示每在翻译出一个词的过程中所应用到的源语句信息。注意力机制的核心在于希望翻译不同的词汇时，这个 context vector 有所不同。因此将 context vector 设计为编码中每一步输出的加权求和结果，也就是说源语句中的不同词对 context vector 的贡献不一。比如当在翻译第一个词的时候，对于源句中第一个词的注意力最多，之后的词逐渐减小。应用此种方法，兼顾了全局信息，又对信息有所偏倚，使得翻译质量大幅提升。

很多初学者困惑的一点是，注意力的权重从何而来？这里存在多种方法。一种常见的方法是，在每一步解码中，将其隐藏层输出与编码过程中的每一个隐藏层输出进行相似度对比，相似度越高，权重就越大。例如，在图 11.7 第一步解码中，源语句中“I”对应的隐藏层输出与解码的隐藏层输出相似度最大，因此相应的权重也会越高。

除了在机器翻译领域，注意力机制在诸如文本分类、序列标注、智能对话等更多任务上也大展拳脚，是一种非常通用的思想方法。其本质在于，有区别、有侧重地提取更精细化的信息，从某种程度上来说是在算法过程中进行的特征工程。

Copy（复制）机制：Seq2Seq 依靠大量数据进行训练，在解码过程中对于一些训练中未出现的或者罕见的词，特别是专有名词例如地名、人名、日期等，效果十分不理想。一个很直观的方案便是，对于不太好翻译的这部分词，直接在生成过程中进行复制，在机器翻译的框架下便是直接在字典中查找对应的词语。例如以下中法互译：

- 巴黎是浪漫之都。
- Paris est une ville romantique.

巴黎是个专有地名，在训练语料中也并不一定会出现，因此 Seq2Seq 学习的翻译效果不一定好。但是它完全可以通过直接查找词典找到对应的“Paris”。仔细一琢磨，这就是传统机器翻译中逐词翻译的过程，只是在这里与神经网络模型相结合罢了。接下来需要解决的一个核心问题便是：在某一编码时刻，翻译模式是直接复制还是生成？很简单，让模型自己来判断，对于某一隐藏层输出，只要设置一个二分类网络结构用于判断此时的翻译模式就可以了。

最小风险训练（Minimum Risk Training）：一般情况下，神经机器翻译的训练过程都是以最大似然估计（Maximum Likelihood Estimation）作为目标函数，即比较生成的语句与目标语句的逐词对应程度。然而，由于生成过程的搜索空间很大（因为词汇量很大，生成的句子有多种可能性），直接将其与目标语句的差异作为训练目标很难朝期望的目标发展。

也就是说，在一个候选答案繁多，难度巨大的任务面前，模型很可能出现学不动的情况。因此，Cheng 等人在 2015 年提出了应用于机器翻译的最小风险训练方法，即在训练过程中将生成候选译文的搜索空间减小，减轻任务难度，从而使模型更快地上手学习。这项工作在模型结构上并无变动，只是更改了目标函数，然而在结果上相较历史纪录有了很大提升。

覆盖（Coverage）机制：在神经机器翻译中由于词汇在语言中出现的频率大小不一，而神经网络对训练数据的平衡问题特别敏感，因此常常出现两大现象：

- 过翻译（Over Translation）：有些词被翻译了多次。
- 欠翻译（Under Translation）：某些词未被翻译。

因此可以利用覆盖机制，使模型在编码过程中记录源语句中已被翻译的词语信息，一般的注意力机制只关注当前时刻词语与源语句间的关系，而存在覆盖机制时，可以把注意力设置为历史注意力和当前时刻注意力的结合，有效地掌握历史信息，从而解决过度翻译或欠翻译的问题。

通过分析以上几种神经机器翻译中的机制，可以发现很多改进方案其实来源于人类本身完成任务的思维模式，比如，翻译不同词汇时有侧重地考虑源语句内容，翻译时考虑已翻译部分，某些专有名词在多语言中是直译关系，等等。因此，在不断学习算法的同时，也要加强对人类大脑本身运作过程的思考与认知，从中借鉴一些有效的思维模式应用于算法实践。

11.3.3 前沿与挑战

以上所述的机器翻译改进方案都比较通用常见，一般作为模型的基线组成部分。在此基础上，如今的研究者们尝试从更细或更广的层面出发改善翻译效果：比如，应用 Transformer、XLNet、Bert 等更优的编码器表征句义；从字母向量的角度出发对词语进行更细粒度的表征；利用海量的单语数据基于自编码器实现半监督学习，提高翻译效果；尝试不同模态间的翻译，比如不经由语音识别的步骤，将语音模态作为输入，直接翻译为文本；利用强化学习减小模型训练与测评过程中评价标准不一致的问题，等等。

虽然机器翻译在所有自然语言处理任务中属于技术比较成熟的方向，但还是存在诸多挑战，比如，神经机器翻译对数据量要求很高，一般要求不少于百万级词量，并且训练复杂度很高；训练好的网络对测试数据的领域性要求比较高即迁移应用能力欠佳。举个例子，应用医疗数据训练好的模型在电影对白语料的翻译效果可能比统计机器翻译更差，这是因为在不同的领域，语言带有不一样的翻译风格；对于长序列的翻译，神经网络结构的表现显得有些力不从心，效果还有待提高；对于差异较大语言，比如英汉互译，机器的翻译结果比较生硬，往往需要后期人工修改；对于一些特殊风格的文字，比如诗歌、散文、文言文等，机器翻译的效果僵硬，与人类翻译水平相距甚远，这是由于神经机器翻译的机制并非基于真正的“语义理解”，更不具备感情和想象力。

当人们总是试图在同一方法论上调整或者说复杂化模型结构并因此取得一些小小提升时，并不总是一件好事。这就好比，在传统的方法中多增加了几条规则从而使效果略微好一些，但回过头来看，我们已经知道这种方法会走到死胡同。那么神经机器翻译在某些它不擅长的领域，比如诗歌翻译、专业文本翻译等方面，是不是有必要引入神经网络之外的技术呢？这是一个值得深思的问题。这就需要我们对方法论本身做深入的剖析，理解其内在的本质特点，再决定是继承还是摒弃还是两者兼有，而不是盲目地通过更复杂的网络、更海量的数据等方式获取微小的提升。

本章小结

道格拉斯·亚当斯的小说《银河系漫游指南》中描述了一种奇特生物“巴别鱼”，靠接收脑电波的能量为生，如果把一条巴别鱼塞进耳朵，你就能立刻理解以任何形式的语言对你说的任何事情。

巴别鱼的描绘令人兴奋，机器翻译能成为未来的巴别鱼吗？这可能是众多从事自然语言处理工作者关心的问题之一。其实早在 2014 年，微软向全球展示了 Skype Translator 预览版本，演示了两位分别来自美国和墨西哥的学生借助 Skype Translator 的即时语音兼文字翻译功能，用不同的语言进行实时交流，从某种程度上说具备了巴别鱼的功能。

时至今日，机器翻译的研究在更多的语言间、更有难度的文本间都有了更多的进展。然而，要达到翻译准则“信、达、雅”的目标，机器翻译研究者们还有一段路要走。这是由于翻译并非简单的识别任务，更像是一门艺术，翻译时对原文要忠实，对译文要通顺，还要文雅，永远存在比标准答案更优秀的译文。从这个角度而言，某些翻译工作如小说翻译等职位或将很难被人工智能所取代。

思　考　题

1. 翻译与解密有何相似之处？
2. 为什么基于规则的方法会陷入冷寂时期？
3. 统计机器翻译都有哪些方法？
4. 基于信源信道的统计翻译模型原理是什么？
5. 神经机器翻译的基本框架是什么？
6. 注意力机制有什么作用？
7. 复制机制有什么作用？
8. 神经机器翻译还存在哪些缺点？

第 12 章

聊天系统

知道世界上最早的较有代表性的聊天机器人是谁吗？早在 20 世纪 90 年代，美国人工智能大师 Richard S. Wallace 就设计了一款智能对话系统 ALICE（The Artificial Linguistic Internet Computer Entity），并且因其优异的对话表现获得了 2000 年、2001 年和 2004 年的人工智能最高荣誉奖洛伯纳奖（Loebner Prize）。

即便如此，ALICE 还是未能通过图灵测试。此后，工业界和学术界都十分关注聊天系统的研发，主要原因在于，一方面，聊天技术应用能够极大地缩减人力资源；另一方面，聊天技术代表了自然语言处理的最高水平之一，是许多科学家向往突破的难题。

通过本章节的学习，读者朋友将有以下收获：

- 熟悉聊天系统的基本类型及应用
- 熟悉不同类型的聊天系统对应的关键技术
- 能够利用深度学习框架开发一款简单的闲聊系统

12.1 聊天系统的类型

根据聊天系统目的及功用的不同，可分成三大类型：闲聊式机器人，较有代表性的有微软小冰、微软小娜、苹果的 Siri、小 i 机器人等，主要以娱乐为目的；知识问答型机器人，比如 Watson 系统最早在 2011 年的问答节目 Jeopardy 上击败了所有人类选手，赢得百万美元的奖金（当然，Watson 不止有知识问答的功能）；任务型聊天机器人，以完成某一领域的具体任务为导向，在工业界上应用较广泛，如订票系统、订餐系统等。如图 12.1 所示为各种类型的聊天机器人。

12.1.1 闲聊式机器人

闲聊式机器人所针对的场景主要是日常生活对话，诸如此类的对话数据在互联网日益发展的今天已经十分庞大，电影对白、微博上的评论互动、贴吧上的留言回复等都可以作

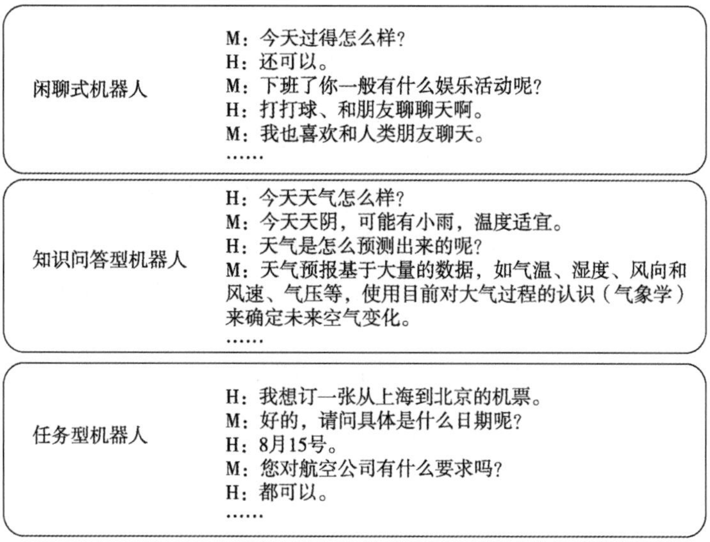

图 12.1　聊天机器人类型

为聊天语料。另外，一些图片、表情、动图、视频、外部链接等都可以作为聊天语料，以丰富用户的视听体验。

其中的技术实现可分为两大类：基于检索和基于生成。前者的核心是维护一个常见的对话集合，从中获取与当前用户输入语句最相似的内容并且继而匹配回复，但是这种方式得到的回复会显得比较机械化，均是语料库存中的固有语句。而后者基于编码解码的结构，对用户输入语句进行编码后的信息再解码出对应的回复，灵活度高，但需要很庞大的训练数据，否则生成效果不佳。

至今，还未能有一款机器人能达到“人机难辨”的境界。作为用户，我们很容易就能感知到对面的闲聊系统是没有记忆、没有感情、没有个性的机器，比如，系统不一定记得之前跟它聊过什么，和每个人聊天都是同样模式，当然更不存在所谓的感情与同理心。

所以在目前阶段，闲聊型机器人往往被应用于娱乐，作为某种产品（比如手机应用）的附属品出现，不涉及真正严肃的应用。其实除了其娱乐性质以外，一个更“聪明”的闲聊系统有很多实际用途，比如陪伴孤寡老人、留守儿童以及一些有特殊需要的人群，目前的闲聊机器人还未达到陪伴的水准。

12.1.2　知识问答型机器人

不同于闲聊，知识问答型机器人所面对的场景更专业、更精细化，比如附近地标问询、儿童早教机、法律信息咨询、医院的导诊系统等。这些应用都是针对某一具体情形，解决实际问题，因此需要机器拥有相应领域的知识，能在理解自然语言的基础上做相关的信息查询甚而需要有一些推理决策的过程。

那怎么使机器拥有知识？很直观地，建立数据库就行。但事实上，传统的数据库模型难以表达现实世界中错综复杂的知识点及其相互之间的联系，而且难以查询，这就引出了知识图谱（Knowledge Graph）的概念。形象地说，它由点和线组成，点代表了实体或者说概念，线代表了点与点之间的联系，当然，点和线还可以有各自的属性。

举个例子，小王和小王的妈妈为两个实体，她们之间为母女关系，而这两个实体还有各自的属性，比如出生年月、爱好、居住地等。这种结构的灵活性、可扩展性都很高，能够有效表征很多领域中的知识及其间关系。建立知识图谱的过程其实就是为机器构建“大脑”的过程，包括了模式设计、实体挖掘、关系抽取、知识融合等步骤。

至于推理，即使对于人脑而言，也属于一种高级智能，于机器而言，至今也还没有工业化成熟度很高的可以实现推理的框架。大部分基于知识图谱的问答主要是应用查询获取相关知识或者预先人工定义好一些推理规则进行知识补全，与人脑的推理相差甚远。事实上，人脑是如何进行推理的，记忆、知识、情感、经验等又会对推理产生什么样的影响，认知神经科学家也还在探索当中。或许有一天等这些谜底解开了，机器才有可能掌握真正的推理。

12.1.3 任务型聊天机器人

任务型聊天机器人以帮助用户完成某项具体任务为导向，进行单轮或多轮对话。比较简单的场景，比如智能家居，机器人能理解并执行主人指令即可，无须进行多轮对话。而在一些比较复杂的场景下，比如预订餐馆、预订机票、预定电影票等，需要的关键信息较多，按照人类的用语习惯，也不太可能一言以概述，因此常常需要机器人与用户间多轮交互后才能完成任务。

基于任务型的多轮对话系统一般有四大模块：自然语言理解（Spoken Language Understanding，SLU）、对话状态追踪（Dialogue State Tracking，DST）、对话策略（Dialogue Policy Learning，DPL），以及自然语言生成（Natural Language Generation，NLG），整体结构如图 12.2 所示。

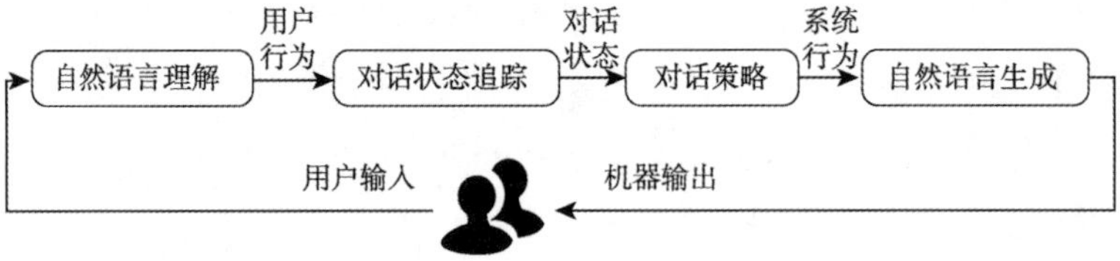

图 12.2 任务型聊天机器人架构

SLU 模型的目标是识别用户的意图（Intention Detection）以及词槽填充（Slot Filling）。用通俗的语言来讲，就是获取一些完成任务的关键信息，比如“我想吃西餐，价位便宜点的”这句话，其意图是“找餐厅”，词槽是“菜系”和“价格”，词槽值分别是“西餐”和“便宜”。DST 的目的是保存并更新对话状态，包括一些历史对话信息、当前的词槽填充情况、数据库查询结果等等。DPL 很好理解，即基于当前的对话状态及用户输入作出合适的反馈，而 NLG 则是将这个反馈转化为自然语言的过程。在具体实践中，可以把这四个模块当作单独的子任务来做，也可以用端到端的方式将四者串行，用一些深度学习、强化学习的技术实现系统搭建。

另外，我们也可以基于公开的聊天机器人平台根据个人需要搭建对话系统。比较具备代表性的平台有：百度的 AI 开放平台、海森智能的 ruyi. ai 系统、脸书的 wit. ai 平台、亚马逊的 Lex 等。这些平台实现了基本的技术构建和封装，只需要用户根据特定任务做一些较简单的诸如意图及词槽定义、相关模型选择的工作即可快速搭建聊天系统。

12. 2　聊天系统的关键技术

如上文所述，聊天系统代表了自然语言处理中的高阶任务，几乎覆盖了所有的自然语言处理技术。本节重点讲解一些常用的关键技术，用于问答匹配的检索技术、任务型对话里的相关模块以及如今在多轮对话里应用渐多的强化学习。

12. 2. 1　检索技术

基于检索技术的问答设计思想很简单，即收集问答对，机器根据用户输入查找到相似度最高的相关问题，而后将其答案返回。比如用户输入“上火的时候能不能吃荔枝?”，机器通过在现有的问答集里检索到相似度最高的问题“上火了可以吃荔枝吗?”，并且返回其正确答案“上火的时候不宜吃荔枝”。

那么，如何找到相似的问题? 一般分为两种方法：基于字符串的相似度匹配以及基于语义的相似度匹配。

前者一般用于字母语言，具体方法有编辑距离计算、杰卡德距离算法或者基于 Lucene 提供的模糊查询方法。值得一提的是，虽然中文不是由字母构成，但也可以拆分成具体的有限数量的字根（比如五笔输入法所采用的字根拆解法），并且由于汉语作为表意语言，源于图画，很多字根蕴含了非常丰富的语义内容，从这个角度来讲，基于字根的中文相似度匹配也是一种值得尝试的方法。

后者主要从词向量的角度来考虑，基于 Word2Vec 模型或者效果更好 GloVe、ELMo、Bert 等将词向量化后再进行后续运算。由于最终目的是句子间的相似度匹配，在词向量的基础上，我们还需要用一定方法表征句向量。

常见的方法有将句子里的所有词向量均值平均，或者加权平均（越关键的词权重越大），比如 SIF 加权模型、词移距离（Word Mover’s Distance）模型。另外，类似于 Word2Vec 训练词向量的方法，以三个相邻的句子为一个三元组，直接训练句向量，代表模型有 Skip-Thought Vector，Quick-Thought Vectors。而在有监督的框架下，人们也尝试用多任务学习的方法，从各个不同的任务角度对同一句话进行编码，得到迁移性比较强的句向量，比如谷歌在 2018 年推出的 Universal Sentence Encoder。

有了这些文本相似度匹配的方法后，系统搭建似乎很简单，看起来只要找到那个相近的句子就行了。而实际上，假如问答集里的数据量特别大，导致匹配过程耗时太长怎么办？为了提高系统效率，人们一般用一些粗粒度的算法得到一些候选句子（Ranked phrases），比如应用倒排索引（Inverted Index）找到存在输入句子中至少一个单词的所有句子作为候选项，之后再用更精细化的算法从候选者里找答案。这其实类似于一些大企业招聘人才，由于求职者众多，往往根据学校背景筛选出一批候选者，再从中作全面系统的考察后找到最合适的人才。这其中难免会遗漏掉一些真正的人才，但整体而言这是比较兼顾资源耗费与准确性的方式。

12.2.2 意图识别和词槽填充

对于用户的输入，任务型聊天系统的第一任务便是自然语言理解，一般包括意图识别和词槽填充。

所谓意图识别，即解析出说话者的目的为何，实际上为一个文本分类问题。比如一个订餐馆的系统，对于用户输入而言，可以有咨询信息、提供信息、表示感谢、拒绝推荐等意图。在比较简单的任务中，依靠一些规则的定义便可以识别出相关意图。在场景较复杂、意图种类较多、用户输入多变的情况下，往往应用机器学习的方法预测意图。

词槽，即与意图相关的一些必要属性，我们需要从用户输入中找到这些属性值。比如“天气查询”这个意图的词槽或者说必要属性有两个：时间和地点，机器需要用户提供这两方面的信息之后才能给出准确的回答。词槽填充其实是一个序列标注任务，一般用“BIO”作为标记法，“B”为词槽值的开始（Begin），“I”为延续（Inside），“O”为无关信息（Outside）。

应用于序列标注的概率图模型有隐马尔科夫模型（Hidden Markov Model，HMM）、最大熵马尔科夫模型（Maximum Entropy Markov Model，MEMM）、条件随机场（Conditional Random Field，CRF）。其中，虽然CRF训练代价大，复杂度高，但与前两者相比，特征设计灵活，考虑全局性，效果更好。另外，循环神经网络也常应用于序列标注，能够自动学习输入语句间的隐含特征，但也有可能忽略一些很明显的标注关系层面的特征。因此，很多研究者选择把将以上两类方式结合进行序列标注，以发挥各自的优势。

虽然意图识别和词槽填充看上去是两个单独的任务，但实际上两者的关联性较大，只设计一个模型同时获取这两方面的信息会有不错效果。比如，常见的设计结构有Bi-LSTM+CRF，结合循环神经网络和条件随机场，其中序列的每一步输入经由LSTM层和CRF层后输出为标记，而序列最终输出为意图。

对于初次接触意图识别和词槽填充这两个术语的朋友而言，往往因为其“表达的专业性、陌生性”而感到难以理解。简单地说，人与人之间的对话，涉及的便是两个层面，中心思想和具体细节，在双方得到这两方面信息的基础上，对话才能顺利进行。对应地，中心思想指的便是意图识别，具体细节则是词槽填充。其实所有的术语和白话文一样，都是符号，只要和生活场景联系上了，也就不难理解了。

12.2.3 对话管理

对话管理包括对话状态追踪以及对话策略，前者相当于人脑的记忆功能，用于存储及更新所有的对话信息；后者相当于人脑的语言反馈机制，根据当前情形做出合理的动作反应，这是任务型对话系统中最关键也是最难操作的部分。同样地，这里也涉及一系列术语，比如对话追踪、对话策略等，这里不再举例讲解，读者可以结合生活中的对话行为去思考，相信会有更深的体会。

首先，关于对话状态追踪，需要定义对话状态的组成成分，只要是有助于对话策略的信息都可以予以追踪。一般可以概括为四大方面的信息：历史对话信息、当前用户行为、词槽填充情况、数据库查询情况。其中词槽填充情况是至关重要的信息，直接决定了对话进行的程度，比如针对“天气查询”的意图，“地点”和“时间”两个词槽都已填充，那么马上就能回复天气情况以结束对话。

然而，词槽填充并不是一件简单的事，这是由于自然语言存在极大的不确定性或者说多样性。来看这样一句话：

“我想吃西餐，不过好像有点油，日餐也行，如果没有的话中餐也好。”

在这句话中“西餐”“日餐”和“中餐”均有出现，用户到底想吃什么的目的也不是很明确，那么到底要选哪一个作为词槽“菜系”的值？这似乎很难判断。所以实际上词槽值的输出不应该是某一确定的单一值，而是所有可能值的概率分布，比如输出［0.4，0.4，0.2］分别作为想吃西餐、日餐和中餐的概率。由于用户在对话过程中也会改变主意，此概率还会随着对话的进行产生变化。

有了对话状态后，根据一定策略产生行为的机制就叫对话策略。最直观的方式是设定一系列的规则，比如用有限自动状态机的方式实现此模块。比如要完成某一意图需要填充三个词槽 slot1、slot2 和 slot3 的信息，那么可以制订诸如此类的状态转移规则：没有 slot 被填充的时候，机器询问 slot1 的情况；slot1 被填充的情况下，机器询问 slot2 的情况；slot1，slot2 被填充的情况下，询问 slot3 的情况……总而言之，规则需要覆盖所有可能情况，以保证测试的时候不出纰漏。

所以，当场景稍微复杂点的时候，规则设计就会变得很烦琐；当有新的意图或词槽时，更改规则也非常麻烦。另一方面，从用户体验来看，机器的回馈也显得很呆板。而如果用深度学习的方法来学习机器行为，显然数据是一个很大的障碍，在多轮对话领域，数据量少、质量不高、缺少标签等都是短时间内难以解决的问题。

12.2.4 强化学习与多轮对话

在以上所述的困境下，有人便提出利用强化学习的方法来进行对话策略建模。强化学习其实是心理学上的一个概念，由美国行为主义心理学家 Burrhus Frederic Skinner 提出。他做过一个很著名的实验：将一只饥饿的老鼠放到笼子里，里面有一系列的机关，按照一定条件触动某些机关就能够得到食物。老鼠误打误撞了几次后，很快就摸清了规律，最终能够自主地完成一系列触动机关的动作获取食物。

强化学习认为，人和动物一样，施加奖励可以增加某种行为，施加惩罚可以减少某种行为，利用此方法可以训练人或动物完成一系列行为或者某个任务。

基于强化学习的思想，DeepMind 团队分别在 2013 年以及 2015 年提出的深度 Q 学习方法（Deep Q-network，DQN），在玩经典的 Atari 游戏上有了重大突破，达到甚至超过了人类水平。我们知道，游戏里的环境比较复杂，玩游戏者需要在不同的情境下做出一系列的合适动作才能顺利通关，而通过强化学习中的奖惩机制可以进行培训。

在人工智能领域下，强化学习可认为是介于监督学习与非监督学习的学习模式，奖惩机制可认为是一种稀疏的（很多状态对应的反馈为零）、具有延时性（任务完成后才能得到反馈）的标签。下面依照图 12.3 分别介绍强化学习中的一些基本概念。

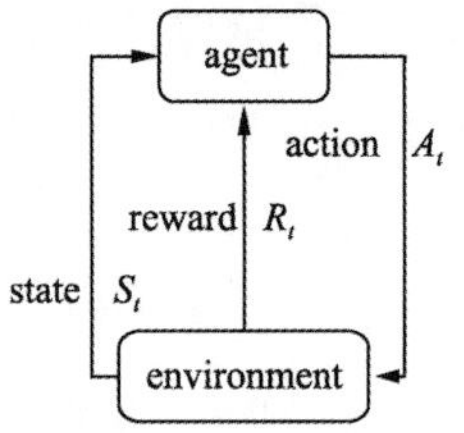

图 12.3　强化学习简意图

- agent：为机器或机体，也就是我们要训练的对象。
- environment：机器所处的外部环境。
- state：简称 s，环境的状态。
- action：简称 a，机器采取的动作反应。
- reward，简称 r，机器施行动作之后得到环境的反馈（或者说奖励）。
- policy：机器根据环境状态选取动作的策略。

总结而言，agent 在某一时刻通过观察 environment 所呈现的 state 作出 action，而 environment 给予相应的反馈并呈现出下一时刻的状态，如此反复直到 environment 呈现出结束状态，由所有时刻组成的动作称为动作序列即任务。

那么多轮对话中机器所有输出的话语可看作动作（action）序列，因此可将强化学习应用于此任务，相应地，agent 即对话机器人，environment 即用户，state 即对话状态，reward 可由用户的反馈来决定（比如设置让用户评分的机制或者基于特定规则），事实上，良好的评分方式非常关键，决定了机器的学习方向。强化学习的原理在于，通过反馈机制减少机器的不恰当行为，增加合适行为，这是一种基于自身经验不断修正的学习，最终目的是使得机器人更好更快更灵活地完成任务。

如图 12.4 所示，当机器人对于用户的“你好！”，作出“你好！”的反应时，用户给予正面反馈，而作出“再见！”的反应时，给予负面反馈，经过多次训练后，机器人可以逐步地基于这些经验学习到打招呼的方式。

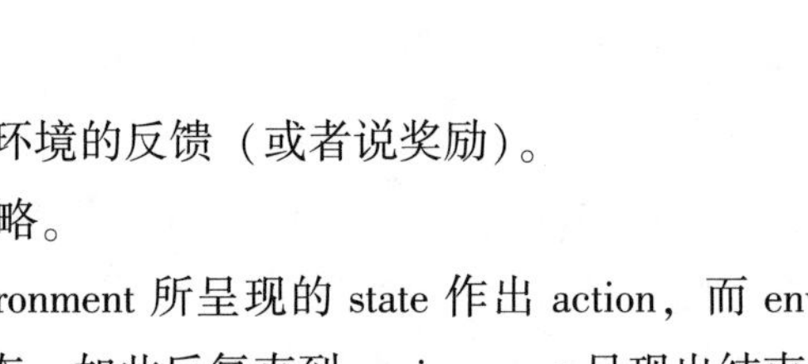

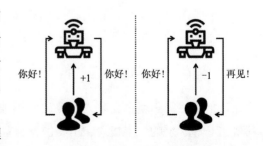

图 12.4　强化学习与对话系统

多轮对话属于难度较高的自然语言处理任务，单纯地应用规则设置或者深度学习难以达到良好的效果，因此可以尝试结合强化学习进行更多探索，比如让两个聊天机器人相互对话，共同学习对话能力；让聊天机器人与不同人群对话，学习根据谈话对象改变话风；等等。虽然现今的研究还处于初级阶段，相信随着研究者们的共同努力，在不久的将来会有所突破。

12.3　案例：闲聊机器人实战

目前，由于日常对话语料比较容易获取，在网上也有很多公开的、清洗过的对话资源，基于生成式的闲聊机器人比较常见。在本节我们尝试基于电影对白语料数据，利用生成模型 Seq2Seq 对对话数据进行编码以及解码，搭建一款简单的闲聊机器人。

12.3.1　技术概要

首先，我们需要清楚两个概念：源语句和目标语句，即一对句子，前者表示用户的输入语句，后者表示机器的输出语句，而数据集为诸多句子对的集合，例子如下：

User：你最喜欢的语言是什么？

Agent：中文，哈哈。

User：怀孕了可以吃牛油果吗？

Agent：牛油果营养丰富，我想应该可以吧。

而我们所用的 Seq2Seq 结构由两个 LSTM 网络构成，分别作为编码器以及解码器对源语句和目标语句间的关系进行训练。编码器提取源语句中的信息，接着解码器根据此信息生成目标语句。通俗地讲，我们给机器看很多很多句子对，让它对句子之前的关系进行建模，之后再给它看一个新的句子，希望它能够根据已构建好的模型结构及训练好的参数对这个句子进行回应。

以下便是整体项目的文件构成：

data/数据及处理

- __init__. py
- subtitle. txt 电影对白数据
- data_ parse. py 数据预处理

model/模型

- __init__. py
- seq2seq. py　seq2seq 模型文件

- config. py 基本参数配置文件
- requirements. txt 依赖库
- main. py 项目入口，训练及测试

在 data/文件夹下，存储了训练数据以及数据预处理文件；在 model/部分，主要存放了

模型文件；另外 config. py 里配置了一些基本参数，用于调参，requirements. txt 里描述了本项目的依赖库；最后的 main. py 是项目的主入口，用于训练以及预测。

12. 3. 2　基本配置及数据预处理

首先，本项目基于 keras 框架搭建模型，jieba 工具用于中文分词，依赖文件 requirements. txt，如下：

```
tensorflow
keras
jieba
```

而基本配置文件 config. py 配置了一些文件路径及与模型相关的参数，代码如下：

```
class DefaultConfig:
    #批训练大小
    batch_size = 1000
    #训练轮次
    epochs = 30
    #词向量维度
    w2v_size = 128
    #隐层维度
    hidden_dim = 100
    #优化方式
    optimizer = 'adam'
    #推理过程中目标句子最大长度
    n_steps = 80
    #词典保存路径
    dict_path = 'data/dict.pkl'
    #文件路径
    data_path = 'data/subtitle.txt'
    #模型保存路径
    model_path = 'model/model_best.h'
```

本次使用的语料库来自网上一位技术博主爬取并清洗的三千万电影对白语料库的一部分，如果读者有需要可以参照链接（http：//www. shareditor. com/blogshow？ blogId = 112）自行购买。经整理后的语料 subtitle. txt 的基本结构如下，编码方式为 utf8：

```
 - -源语句
  -目标语句
 - -源语句
  -目标语句
```

data_ parse. py 是数据预处理文件，定义了 DataParse 类，初始化函数__ init __的输入为配置参数 DefaultConfig，主要有两个函数 data_read 以及 data_parse，前者用于读取文件，后者用于向量化文本数据，另外还有一个静态函数用于词汇与标号间的转换。基本结构如下：

```
import numpy as np
import jieba
import pickle
class DataParse:
    def __init__(self, DefaultConfig):
        self.opts = DefaultConfig
    def data_read(self):
        #读取数据
...
    def data_parse(self, input_texts, target_texts):
        #向量化数据
...
    @ staticmethod
    def seq2index(text, dict_word_index):
        """
        :param text:中文语句
        :param dict_word_index:词与标号对应词典
        :return:转化为标号的语句
        """
        #将输入文字转化为字典中对应的标号
        return [dict_word_index.get(word) for word in text]
```

在函数 data_read 中，首先读取文件并利用 jieba 分词器将文本分词，并且分别将把标志符“\ t”“\ n”作为句子的开始以及结束。根据上文中对数据的描述，可知奇数行的为源语句，偶数行的为目标语句，分别保存为 input_texts 和 target_texts，如下：

```
def data_read(self):
    #读取数据
    with open(self.opts.data_path, 'r', encoding="utf8") as f:
        data_raw =f.readlines()
    #分词，把\t,\n 作为句子的开始以及结束标志符号,将句子以数组方式保存
    texts = [jieba.lcut('\t' + line[4:]) for line in data_raw]
    #奇数项的为输入的句子(源语句),偶数项的为输出的句子(目标语句)
    input_texts = texts[::2]
    target_texts =texts[1::2]
    return input_texts, target_texts
```

在函数 data_parse 中，输入为 input_texts 和 target_text，目标输出为 dict_len、encoder_input_data、decoder_input_data 和 decoder_target_data。dict_len 很好理解，表示所有输入数据里包含的词数，通过简单的统计即可得到。encoder_input_data 也很直观，表示编码器的输入，将分词后的源语句对应为数字标号并且统一长度（取源语句中最长的句长，不足的语句补零对齐）即可。

那么 decoder_input_data 和 decoder_target_data 又是什么意思？为什么解码器部分会有两部分数据？根据编码器 LSTM 的结构，知道其输入包含两部分，一部分是来自源语句的信息，一部分是序列每一步的输入（一个词，首次输入的为起始标志 \ t），然后生成下一个词，依此类推，一步步地生成一个个词直到预测到结束标志 \ n，最终得到一个句子。因此解码器的输入输出同为目标语句，并且相差一位，例子如下：

解码器输入：\ t 词 1 词 2 . . . 词 n

解码器输出：词 1 词 2 . . . 词 n \ n

可见，输入 \ t 预测的是词 1，词 1 预测的是词 2，以此类推至词 n，预测出结束标志符 \ n。另外，需要注意的是，由于 decoder_target_data 是作为模型的目标来训练的，所以需要把每个词转化为 one – hot 向量的形式。函数 data_parse 的难点在于要明确清晰 Seq2Seq 的输入输出以及各自的表征形式，如下：

```
def data_parse(self, input_texts, target_texts):
    """
    :param input_texts:源语句
    :param target_texts:目标语句
    :return:
          dict_len:字典长度
          encoder_input_data:编码器输入
          decoder_input_data:解码器输入
          decoder_target_data:解码器输出
    """
    #计算词典
    texts = input_texts + target_texts
    dict_words =set()
    for text in texts:
         for w in text:
             if w not in texts:
                 dict_words.add(w)
    #获取字典长度
    dict_len = len(dict_words)
    #生成词以及标号对应表并且保存
```

```
dict_word_index =dict(
    [(word, i) for i, word in enumerate(dict_words)]
)
withopen(self.opts.dict_path, 'wb') as f:
    pickle.dump(dict_word_index, f)
#分别算出输入句子和输出句子的最大长度
max_encoder_seq_length = max([len(txt) for txt in input_texts])
max_decoder_seq_length = max([len(txt) for txt in target_texts])
#初始化矩阵
encoder_input_data =np.zeros(
    (len(input_texts), max_encoder_seq_length),
    dtype=np.int32)
decoder_input_data =np.zeros(
    (len(input_texts), max_decoder_seq_length),
    dtype=np.int32)
decoder_target_data =np.zeros(
    (len(input_texts), max_decoder_seq_length, dict_len),
    dtype=np.float32)
#将文字输入转化为张量
for i, (input_text, target_text) in enumerate(zip(input_texts, target_texts)):
    #将编码器和解码器的输入文字转化为字典中对应的标号
    input_index =self.seq2index(input_text, dict_word_index)
    encoder_input_data[i, :len(input_index)] = input_index
    target_index =self.seq2index(target_text, dict_word_index)
    decoder_input_data[i, :len(target_index)] = target_index
    #将解码器的输出文字转为 one-hot 向量,与解码器的输入相比往后偏移一位
    for t, index in enumerate(decoder_input_data[i, 1:]):
        decoder_target_data[i, t, index] = 1.0
return dict_len, encoder_input_data, decoder_input_data, decoder_target_data
```

12.3.3　闲聊机器人模型的搭建

上文我们对数据部分进行了预处理，本节开始搭建模型结构，对应的文件为 model\ 下的 seq2seq.py 文件，建立 Seq2Seq 类，初始化函数__init__的输入为配置参数 DefaultConfig，主要包含三个函数 train_model、basic_model 和 inference，另外还有一个静态函数用于词汇与标号间的转换。基本结构如下：

```
from keras.models import Model,load_model
from keras.layers import Input, Embedding, LSTM, Dense
from keras import callbacks
import numpy as np
class Seq2Seq:
    def __init__(self, DefaultConfig):
        self.opts = DefaultConfig
    def basic_model(self, dict_len, encoder_input, decoder_input, decoder_output):
        #用于训练的模型
        ...
    def infer_model(self):
        #用于推理的模型
        ...
    def inference(self,source,encoder_infer,decoder_infer,dict_word_index,dict_reverse):
        #测试推理过程
        ...
    @ staticmethod
    def seq2index(text, dict_word_index):
        """
        :param text:中文语句
        :param dict_word_index:词与标号对应词典
        :return:转化为标号的语句
        """
        #将输入文字转化为字典中对应的标号,找不到的则记为0
        return [dict_word_index.get(word, 0) for word in text]
```

basic_model 函数的输入为 dict_len，encoder_input，decoder_input，decoder_output，主要基于 keras 框架搭建训练阶段的模型结构。整个模型由编码器与解码器构成，分别定义输入形状，词嵌入层，LSTM 层，在模型的最后再加一层全连接用于预测单词。模型搭建完成以后，配置训练相关的参数，如下：

```
def basic_model(self, dict_len, encoder_input, decoder_input, decoder_output):
    """
    :param dict_len:字典长度
    :param encoder_input:编码器输入
    :param decoder_input:解码器输入
    :param decoder_output:解码器输出
    :return:
```

```
    """
    #训练阶段
    #编码器模型
    #输入的是 one-hot 向量
    encoder_inputs = Input(shape=(None,), name='encoder_inputs')
    #经过一层 embedding 将词转化为词向量
    encoder_embedding =Embedding(dict_len, self.opts.w2v_size,
                                  name='encoder_embedding')(encoder_inputs)
    #编码器模型为 LSTM 模型,每一步都会输出 state, 即 h,c
    encoder =LSTM(self.opts.hidden_dim, return_state=True, return_sequences=
True, name='encoder_lstm')
    #计算得编码器的输出隐状态
    _, * encoder_states = encoder(encoder_embedding)
    #解码器模型
    #输入的维度为 one-hot 向量
    decoder_inputs = Input(shape=(None,), name='decoder_inputs')
    #经过一层 embedding 将词转化为词向量
    decoder_embedding =Embedding(dict_len, self.opts.w2v_size,
                                  name='decoder_embedding')(decoder_inputs)
    #解码器模型为 LSTM, 每一步都会输出 state,以及 sequence,sequence 输出用于与真实结果
对比优化
    decoder =LSTM(self.opts.hidden_dim, return_state=True, return_sequences=
True,  name='decoder_lstm')
    #解码器的初始状态为编码器的输出状态,获取输出
    decoder_outputs, * decoder_states =decoder(decoder_embedding, initial_state
=encoder_states)
    #加全连接层,维度为词典长度,相当于多分类问题,类别大小为词语的个数
    decoder_dense =Dense(dict_len, activation='softmax', name='decoder_dense')
    decoder_outputs = decoder_dense(decoder_outputs)
    model =Model([encoder_inputs, decoder_inputs], decoder_outputs)
    #训练参数
    model.compile(optimizer=self.opts.optimizer, loss='categorical_crossentropy')
    #查看模型概要
    model.summary()
    #回调函数,只保存最佳模型
    callback_list = [callbacks.ModelCheckpoint(self.opts.model_path, save_best_
only=True)]
```

```
#模型训练
model.fit([encoder_input, decoder_input], decoder_output,
    batch_size=self.opts.batch_size, epochs=self.opts.epochs,
    validation_split=0.2, callbacks=callback_list)
```

infer_model 函数的主要功能是将上述过程中训练好的模型中关于编码器及解码器的部分分别抽离出来作为推理模型 encoder_infer 以及 decoder_infer，之后应用于模型的预测过程，如下：

```
def infer_model(self):
    """
    :return:
          encoder_infer:推理过程编码器
          decoder_infer:推理过程解码器
    """
    #推理阶段,用于预测
    #加载训练好的模型
    model = load_model(self.opts.model_path)
    #推理阶段 encoder
    # encoder 输入
    encoder_inputs = Input(shape=(None,))
    #获取词 embedding 层的输出
    encoder_embedding = model.get_layer('encoder_embedding')(encoder_inputs)
    #获取编码后的状态
    _, * encoder_states = model.get_layer('encoder_lstm')(encoder_embedding)
    encoder_infer =Model(encoder_inputs, encoder_states)
    #推理阶段 decoder
    #解码器的输入
    decoder_inputs = Input(shape=(None,))
    #解码器的输入状态
    decoder_state_input_h = Input(shape=(self.opts.hidden_dim,))
    decoder_state_input_c = Input(shape=(self.opts.hidden_dim,))
    decoder_states_inputs = [decoder_state_input_h, decoder_state_input_c]
    #经历 embedding 层的输出
    decoder_embedding = model.get_layer('decoder_embedding')(decoder_inputs)
    #解码器的输出,以及状态
    decoder_infer_output,* decoder_infer_states =model.get_layer
    ('decoder_lstm')(decoder_embedding, initial_state=decoder_states_inputs)
    #经过全连接层,得到当前时刻的输出
```

```
    decoder_infer_output = model.get_layer('decoder_dense')(decoder_infer_output)
    decoder_infer = Model(
        [decoder_inputs] + decoder_states_inputs,
        [decoder_infer_output] + decoder_infer_states)
    return encoder_infer, decoder_infer
```

最后的 inference 函数利用训练好的模型，对于输入的任意一句话预测对应的输出。在有限的范围内（比如在配置文件中设定 n_steps = 80，表示预测句子最长为 80）编码器预测一个个词的过程中，预测到\ n 即为终止条件，如下：

```
def inference(self, source, encoder_infer, decoder_infer, dict_word_index, dict_reverse):
    """
    :param source:输入语句
    :param encoder_infer:推理过程编码器
    :param decoder_infer:推理过程解码器
    :param dict_word_index:词与标号的对应
    :param dict_reverse:标号与词的对应
    :return:预测的回答
    """
    text = self.seq2index(source, dict_word_index)
    #通过编码器得到源句子的隐状态
    state = encoder_infer.predict(text)
    #解码器的初始输入字符为'\t'
    target_seq = np.zeros((1, 1))
    target_seq[0, 0] = dict_word_index['\t']
    output = ''
    #通过编码器得到的 state 作为解码器的初始状态输入
    #解码过程中,每次利用上次预测的词作为输入来预测下一次的词,直到预测出终止符'\n'
    for i in range(self.opts.n_steps):
        #每一次输出单词以及隐状态
        y, h, c = decoder_infer.predict([target_seq] + state)
        #获取可能性最大的词
        word_index = np.argmax(y[0, -1, :])
        word = dict_reverse[word_index]
        #如果预测出'\n'则终止循环
        if word == '\n':
            break
```

```
            #将新预测出的单词添加到输出中
            output = ouput + " " + word
            #更新下一步要输入的隐状态
            state = [h, c]
            #更新下一步要输入的词
            target_seq =np.zeros((1, 1))
            target_seq[0, 0] = dict_word_index[word]
        return output
```

12.3.4 模型训练、预测以及优化

最后的 main 函数为我们的入口函数，主要用于模型的训练以及预测过程，分别对应的函数为 train 和 test。在训练过程中，获取并且处理数据之后调用相应的函数训练模型即可。在预测过程中，加载模型并且要求用户输入语句，之后直接调用模型预测回答，如下：

```
from config import DefaultConfig
from model.seq2seq import Seq2Seq
from data.data_parse import DataParse
import pickle
myModel = Seq2Seq(DefaultConfig)
dataParse =DataParse(DefaultConfig)
def train():
    #获取数据
    input_texts, target_texts = dataParse.data_read()
    #处理数据
    dict_len, encoder_input, decoder_input, decoder_output = dataParse.data_
parse(input_texts, target_texts)
    print(encoder_input)
    print(decoder_input)
    #训练模型
    myModel.basic_model(dict_len, encoder_input, decoder_input, decoder_output)
def test():
    #加载推理模型
    encoder_infer, decoder_infer = myModel.infer_model()
    while True:
        source = input("请输入句子:")
        #提取词和标号的字典
        with open(DefaultConfig.dict_path, 'rb') as f:
```

```
            dict_word_index =pickle.load(f)
        #生成标号和词的字典
            dict_reverse =dict([(i, word) for word, i in dict_word_index.items()])
        #测试
        output = myModel.inference(source, encoder_infer, decoder_infer, dict_
word_index, dict_reverse)
        print(output)
if __name__ == '__main__':
    train()
    #test()
```

至此，我们便搭建好了一个简单版本的闲聊机器人，下面从各个角度来讲有什么可以改进的地方。首先，从数据处理而言，电影对白数据必然噪声很大，需要进一步地清洗。另外，本项目直接在模型里训练词向量层，其实可以利用迁移学习获取已训练好的词向量表征。从模型本身而言，也可以尝试双向或者多层循环神经网络以提取更多更深层次的信息，或者直接使用基于自注意力机制的框架。

同时，注意到聊天系统完全没有记忆性，只专注于单轮对话，那么可以考虑在编码过程中加上之前的对话信息以获取上下文信息；从聊天系统的构造方式来看，这里只用了生成式的模型，然而很多常见的对话利用检索式的方法更加有效，因此可以尝试结合两类方法；从聊天内容来看，单一的文字有时候会让人觉得枯燥，如果能够添加一些动图、表情等外部多媒体资源可以使用户体验更佳。

本章小结

聊天系统可以说是自然处理领域最难攻克的关卡，也是在现实中应用很广泛的技术，比如用于娱乐的闲聊系统、针对某一领域的问答系统、基于某项具体任务的任务型聊天机器人等。基于不同目的的聊天系统对应的技术方案也有所差别。

闲聊系统可以利用大数据和生成模型训练出比较好的效果；领域知识系统可能需要强大的知识网络作为支撑，更侧重知识图谱的构建；而任务型聊天系统由于数据难以获取的限制，很多时候需要基于规则模型来搭建，另外，很多研究者也开始尝试把适用于游戏训练的强化学习应用到其中来。虽然日常生活中的聊天系统应用已经十分普遍，但是不管是闲聊系统还是任务型系统，都还远远未达到人类的期望水平。

有一部很著名的美国电影《她》，讲述的是一个失意的中年男子爱上一款聊天系统的故事。这个叫“萨曼莎”的系统不仅嗓音性感，而且博学多才、风趣幽默、善解人意，让孤独的男主深陷其中。然而在现实操作中，这其中的每一条优点都可以是难倒一大片研究者的问题。“嗓音性感”需要个性化及感情化语音生成系统；“博学多才”可能需要武装一个强大的知识库并且对其间的知识点能够融会贯通；“风趣幽默”需要使得聊天系统有自己独特的语言风格；“善解人意”则更难了，需要系统有记忆力、有同理心，并且至少要具备及能应用一定的心理学知识，这诸多技术在现阶段都还处于探索之中。

思 考 题

1. 你知道哪些有代表性的聊天系统吗？
2. 聊天系统可大致分为哪几种类型？
3. 现今的聊天系统存在哪些缺陷？
4. 各种聊天系统分别是基于哪些技术开发而成的？
5. 闲聊系统怎么获取语料库？
6. 为什么强化学习可以适用于聊天系统？
7. 生成式闲聊系统有哪些缺陷？
8. 你心目中理想的聊天系统是什么样的？

第五部分

自然语言处理求职

第 13 章

自然语言处理技术的现在、未来及择业

本书前面章节主要介绍了自然语言处理的基础概念、机器学习及深度学习相关知识、自然语言处理常见任务及实践，均属于技术性内容。作为最后一章，希望为有志于入门或从事自然语言处理的读者朋友提供更多的与自然语言处理相关的常识性及实用性内容，比如学术界、工业界等方面的研究现状、未来发展热点、如何准备求职面试等。通过阅读本章，读者朋友们将有以下收获：

- 了解学术界及工业界有代表性的与自然语言处理相关的组织
- 了解目前国内的自然语言处理人才需求现状
- 熟悉自然语言处理的热点研究方向及未来应用场景
- 熟悉及掌握常见的面试题

13.1 自然语言处理组织及人才需求介绍

拥有了知识，掌握了技术，哪里是我们的用武之地？相信大部分有志于自然语言处理事业的朋友都希望能够在顶尖的学术机构或者高科技公司进行学习或工作，当然，也不乏想通过自主创业主动性地谋求想法快速实现的才俊。在这里，笔者水平有限，对创业一窍不通，因此主要为前者简要介绍学术界及工业界有代表性研究成果的顶尖机构，希望大家都能找到各自努力的方向。

13.1.1 学术界

自 20 世纪 50 年代以来，自然语言处理的研究经历了一系列的发展，从基于规则的经验主义，到基于统计的理性主义，再到如今基于深度学习的方法，很多自然语言处理任务都有了突破性的进展，世界各地区的学术组织、研究室等为此作出了贡献。下面介绍几个有代表性的学术机构，包括一些高校以及企业成立的实验室。

卡耐基梅隆大学：在人工智能领域的研究上有着顶尖的学术水平，无论是在顶级学者数量还是在顶会论文数量上，都远超其他学术机构，在信息抽取、机器翻译、知识推理、聊天系统等方面都有一大批优秀的学者。

斯坦福大学：开发了一个广泛应用的集成自然语言处理工具包 Stanford CoreNLP，其功能包括指代消解系统、命名实体识别器、语义解析等，能够处理阿拉伯语、汉语、法语、德语和西班牙语文本。

剑桥大学：自然语言处理领域的顶级学校，在句法分析、信息抽取、文本摘要、文本生成、语义理解等各方面都有深入研究。

微软亚洲研究院：于 1998 年成立自然语言处理技术组，研究重点为文本分析、机器翻译、自动问答、信息检索等，比较有代表性的产品有 Bing 词典、Bing 翻译器、IME 等，另外，其研发的聊天系统小娜、小冰都拥有过亿用户。

哈尔滨工业大学：在自然语言处理领域卓有建树的大学之一。哈工大智能技术与自然语言处理研究室是国内较早从事自然语言处理研究的科研团体之一，20 世纪 80 年代初以来，先后开展了俄汉机器翻译、信息检索、自动文摘、文本纠错、汉字智能输入、问答系统等多项研究。

另外，哈工大社会计算与信息检索研究中心成立于 2000 年，研究方向包括语言分析、情感分析、信息抽取、问答系统、社会媒体处理和用户画像，打造了语言技术平台 LTP，提供包括中文分词、命名实体识别、词性标注、依存句法分析、语义角色标注等自然语言处理基础技术。

复旦大学知识工场：源于复旦大学图数据管理实验室，专注于各类大规模知识图谱的构建、管理以及应用理论与方法研究，开发有大规模中文概念图谱 CN-Probase，包含约 1700 万个实体、27 万个概念以及 3300 万条从属关系。

华为诺亚方舟实验室：成立于 2012 年，主要从事人工智能学习的研究，其中的自然语言处理和信息检索部门、人机交互系统部门都专注于文本数据的挖掘以及大规模的智能交互系统。

另外，还有华盛顿大学、麻省理工学院、清华大学、北京大学、浙江大学、中国科学院、南京大学、复旦大学等知名学术机构都开设有人工智能研究方向，这里篇幅有限，不再一一详述。

放眼全世界，美国的人工智能相关高校最多，占据全球总量的一半，其次是加拿大、中国、印度以及英国。

13.1.2 工业界

自然语言处理作为人工智能领域的重要组成部分，在金融、法律、教育、医疗等领域都得到了广泛应用，这离不开工业界的实践者们不懈的努力与付出。下面简要介绍国内外在此领域有所布局的商业巨头以及有代表性的创业公司。

谷歌：作为一家搜索引擎公司，有着海量数据的天然优势用于构建丰富的数据库，并服务于自然语言处理研究。在机器翻译方面，从统计机器翻译到神经网络机器翻译，谷歌的研究一直处于全球领跑地位，目前提供 100 多种语言间的互译功能，其在 2017 年发布的完全基于注意力机制的 Transformer 机器翻译，在机器翻译领域又有了新的突破。另外，谷歌于 2012 年提出知识图谱概念并且将其应用于搜索功能，为用户提供完整的有知识体系的搜索结果。如今，知识图谱已成为自然语言处理领域的热门技术，在很多任务上都能发挥独特作用。

脸书：于 2013 年收购了语音翻译公司 Mobile Technologies，组建自然语言处理技术组，在机器翻译、语义理解、语音识别上都有技术累积，极大地改善了用户体验。2016 年，脸书发布了轻量级的 FastText 开源系统，能够快速高效地用于词向量训练及文本分类。2017 年，脸书在机器翻译任务中应用了全新的卷积神经网络模型，在速度和准确率上都有重大突破。

亚马逊：从 2011 年起开始收购一些语音公司，如 Yap、Evi、Ivona Software，用于服务其网上搜索、客户服务系统。2017 年，亚马逊发布自然语言处理服务 Amazon Comprehend，允许用户在不具备机器学习领域知识的情况下，应用自定义训练数据进行文本挖掘、主题分析、情感分析等任务。

Beyond Verbal：一家成立于 2012 年的以色列公司，目前收集有 250 万个左右的语音样本，包含来自 170 多个国家的 40 多种语言，专注于情绪识别，能够通过识别音域及语调的变化，解析出各种各样的细微情绪，如焦虑、愤怒、满足等，进而分析用户的身心健康状态。

百度：作为搜索引擎公司，自然语言处理部是其历史最悠久的基础部门之一，在自然语言的分析、理解、检索、生成、翻译等方面有着前瞻性的研究。2014 年起，百度研发的小度机器人参加了一系列智能比赛、电视节目、大会等，如闯关类节目《芝麻开门》《最强大脑》、机器翻译论坛、网络春晚等，能够与人类进行流畅的互动。2015 年，百度推出对话式人工智能系统度秘，用户可通过语音、文字或图片与其进行沟通。

科大讯飞：成立于 1999 年，专注于自然语言处理技术，在语音合成、语音识别、自然语言理解、翻译、文字扫描、方言识别等方面有着多年的技术积累。2012 年，科大讯飞推出输入软件讯飞输入法，并且此后不断更新迭代，优化并赋予新功能，能够接受语音、手写、拼音、笔画等多种输入方式，受到用户的广泛好评。2013 年，科大讯飞推出灵犀语音助手，识别率高、反应迅速，成为国内市场占有率第一的中文语音助手。

出门问问：成立于 2012 年，以语音交互为技术核心开发适用于车载、可穿戴、家居等场景的智能产品，如智能手表 TicWatch、TicPods Free、TicEye 等。

达观数据：专注于文本的智能处理并基于此提供大数据应用服务的高科技创业公司，在文本挖掘、智能推荐、智能写作等方面都有具备竞争力的产品。

思必驰：专注于智能语音的科技公司，提供语音识别、声纹识别、人机对话等技术，应用于智能车载、智能家居、智能机器人等领域，与多家大型企业有合作关系。

云知声：专注于物联网人工智能服务，在语音识别领域技术领先，代表产品有云知声输入法、语控精灵等，主要应用场景有智能家居、智能车载、智慧医疗、智能教育等。

以上只是简单列举了一部分在自然语言处理领域的顶尖组织，另外还有 X. AI、Api. ai、KITT. AI、追一科技、智言科技、玻森数据、北京紫平方等更多的优秀企业，鉴于篇幅原因这里不做详细介绍。

13. 1. 3　人才需求现状

随着人工智能与各个产业的相继结合，业内对人工智能领域人才的需求在近些年急剧增长。腾讯研究院发布的《2017 全球人工智能人才白皮书》表示：目前全球人工智能人才仅约 30 万人，其中产业人才约 20 万人，大部分分布在各国人工智能产业的公司和科技巨头中；学术及储备人才约 10 万人，分布在全球 367 所高校中。保守估计，截至 2017 年 10 月，中国人工智能人才的需求缺口已经达到了百万级。自然语言处理作为人工智能领域的重要组成部分，其市场需求量可想而知。

从地理分布来看，自然语言处理的岗位需求主要分布在一线及准一线城市，其中北京的需求量约占全国的一半，其次分布在上海、深圳、广州、杭州、苏州等地。从企业规模来看，实力强大的大厂招聘需求比较大，而中小型的创业型公司虽然数量众多，但限于成本因素，招聘需求较小。从学历需求来看，各公司对自然语言处理人才的学历要求明显高于计算机其他岗位，大多数都要求具备硕士及以上学历，并且偏好双一流大学及海外名校留学生。

目前国内开设自然语言处理专业的高校极少，其涉及多种学科，如计算机、统计学、数学、自动化、认知科学等，因此许多从业者均是带有理工科背景的转专业者，也有部分带有心理学或语言学背景。

虽然自然语言处理岗位的需求量大，薪资水平也高，但是依然存在很多求职者找不到合适岗位，而很多企业招不到合适人才的窘境，主要原因在于自然语言处理的岗位要求非常严格：除了学历及相关专业背景的硬性要求，一般而言，需要掌握扎实的机器学习以及深度学习基础，数学及编程能力优秀，熟悉一种或多种深度学习框架，最好要有发表论文或者比赛获奖的经历；另外需要掌握常见的自然语言处理任务，如文本挖掘、语义分析、智能对话、知识图谱、文本生成等，熟悉学术界前沿研究成果。如图 13. 1 所示为自然语言处理岗位要求中的常见关键词。作为一个需要持续学习的职业，正是因为自然语言处理岗位的挑战性，许多行业从业者才能保持持续不断的研究及工作热情。

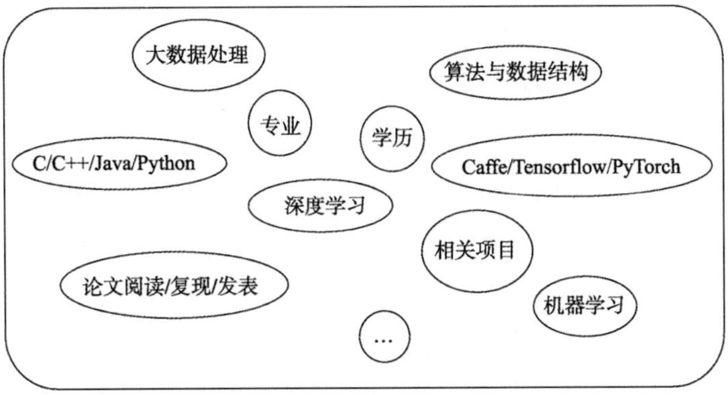

图 13.1　自然语言处理岗位要求关键词

13.2　未来与自然语言处理

古语有云“学海无涯苦作舟”，很多时候人们过分强调艰苦努力的重要性，而忽略了为什么而努力，因此在努力中迷失方向反倒成了一件平常的事。要转变一下思维方式，方向在前，努力在后，而有了方向的努力又怎么会是“苦”呢？本小节将介绍自然语言处理的热点技术方向、未来应用畅想以及对某些行业的潜在冲击，希望能够为面临择业的读者朋友提供一点借鉴。

13.2.1　自然语言处理热点技术方向

目前，虽然深度学习在自然语言应用上进行得如火如荼，然而还是存在许多现实困难亟待解决，比如质量标注数据的缺失、模型训练中的过拟合、神经网络不具备可解释性等。针对这些问题，存在以下几个研究方向，或许能够使未来的自然语言处理领域更上一层楼。

预训练：现实中具体任务对应的带标签语料往往有限，仅通过这些数据进行建模不能很好地学习语义及覆盖基础的语言学现象，通过预训练的方式可以大幅度地提升模型的泛化能力。什么是预训练呢？简单地说，在具体任务数据之前，通过其他的海量数据预先学习网络参数，让模型对语言有一定的基础认识，这样解决难度更大的任务就轻松一些了。

就自然语言处理领域而言，预训练往往体现在词向量的预先学习。Word2Vec、ELMo、GloVe 等都是预训练模型，利用海量的无监督数据学习词汇间的联系以获取词向量。之后在具体的下游任务中，我们便可以直接使用这些词向量，使模型对语义具备先验理解。另外，还有 Transformer、GPT、Bert、XLNet 等一系列结构更复杂、性能更佳的预训练模型，可应用于多种下游任务。

预训练模型的研究将持续成为自然处理领域的研究热点，因此“预训练 + 微调”的模式在很多任务上都取得了优异成绩。具体而言，文本的输入表示、以何种形式学习文本、如何设计模型结构等，都是预训练需要探究的方向。

知识图谱：在很多自然语言处理任务上，都需要计算机掌握一定的基础知识以及推理能力，比如搜索、智能问答、阅读理解等。仅利用大数据以深度学习的模式进行模型训练在这方面显示出了巨大局限性，首先是数据对知识点的覆盖量不足；其次是深度学习是一个黑盒子，不具备解释能力，因此难以针对性地进行调整（比如智能对话中对于某个常识性的问题回答出错）。

知识图谱相当于将外界知识以有机结构的形式赋予计算机一个大脑，让其在面临特定任务时能够从中获取有效的知识进而解决问题。目前，如何高效地搭建知识图谱、如何智能地持续更新知识图谱、如何有效地利用知识图谱等都是非常热门的研究点。

强化学习：强化学习针对的是序列型决策，即需要完成一系列动作的任务，学习模式是基于经验及探索，目标是期望未来收益最佳。不难发现，强化学习所解决的问题更复杂更现实，因此许多难度稍大的自然语言处理任务都可以应用上强化学习的思想。

利用强化学习可以将任务的专业知识或者先验知识结合到奖励机制中，并且可以充分地利用自身的经验数据而不需要充分的监督数据。目前，在例如多轮对话、文本生成、文本分类、关系抽取等任务中，强化学习在特定情况下都能发挥不小的作用。然而，如何有效地进行强化学习与具体任务的有机结合、如何设置奖励机制、如何提高训练过程中的稳定性等都是有待探究的问题。

多任务学习：顾名思义，指将多个任务放在一个模型上进行联合训练。这有什么好处呢？事实上，多种样式的语料是一种隐式的数据增强，可以提高模型的泛化能力。另外，同一模型可以挖掘不同任务之间的联系，通过共享参数的方式实现迁移学习。这就好比，高中的时候需要学习九门功课，虽然之后在工作上并不会直接应用到，但是这些学习任务训练了我们基础的理解能力、推理能力等思维能力，在当前的工作场景中自然发挥作用，并且提供一些看待问题的不同视角。

在自然语言处理中，多任务学习可以归纳为四个方面：跨领域任务（即不同类型的任务）、多级任务（即不同级别的有层次任务）、多语言任务、多模态任务（即输入形式多样的任务）。在深度学习的框架下，多任务学习表现为对于部分神经网络结构的共享，具体的共享模式多种多样，有软共享、硬共享、多级共享等。目前，如何设置有效合理的共享模式是多任务学习的研究热点。

如前所述，对于方向的把握要置于努力之前，并且要学会在努力中适时地调整方向，而不是盲目前进，除了专注技术，自然语言处理研究者还需要时常停下来思考一下未来的方向。以上只是笔者所赞同的几个比较有研究价值的方向，仅供参考，读者可以根据自身的学识背景、工作经验、社会观察等，分析并挖掘更多的研究方向。

13.2.2 自然语言处理的应用畅想

虽然总体而言，自然语言处理技术现今仍处于不成熟阶段，存在很大的优化空间，离各行各业落地化还有很长的一段路要走，但其在 2018 年经历了喷井式的发展，主要表现在迁移学习的成功应用（计算机视觉正是在迁移学习后有了爆炸性的进步）。大多数研究者估计之后会迎来一个稳定发展的黄金时期。我们在这里不妨畅想一下在不久的将来，随着自然语言处理的发展，我们的生活会发生如何的变化：

沟通无障碍：随着机器翻译的不断发展，最终在笔译、口译上都超越了人类水准。会议、讲座等都可以通过即时翻译进行多语言通信；借助可穿戴的机器翻译设备，持不同语言的人们可以面对面地实现无障碍的即时沟通；通过翻译软件可以一键获取外国文学著作的翻译版本，畅游各民族文化无障碍；那时候的人们不必再劳神费力地学习外语，真正地实现了世界语言大同的理想。

智能推荐：搜索引擎变得越来越智能化、人性化，越来越能够读懂用户心思。根据用户在网上留下的痕迹，对其进行深层次画像，根据用户的显性需求及潜在需求进行多样化的推荐。例如，根据用户的学习情况提供合适的学习资料；分析用户的情绪提供合理化的建议；根据用户爱好及经济水平制订合适的旅游路线。智能推荐系统就像一个知心朋友一样，带给用户快乐和成长。

智能创作：机器写手基于海量的数据，利用其间的语言学规律，能够创造性地进行文字生成，比如小说、剧本、诗歌、对联、软文、广告等。例如，人们可以选择性地根据自己的品位输入悬疑、哲思等关键词，机器便可以一键生成符合个人兴趣的小说；如果对某影视剧的结局不满意，可以要求机器重写该剧本的结尾；看完某一小说不过瘾，可以根据特定输入信息要求机器写作同人文；机器还能实现文风迁移，喜欢红楼梦风格的人可以利用机器将其他小说也变成类似的文风。未来的人们可以随意地在文字的海洋里遨游。

对话即平台（Conversation as a Platform）：由微软首席执行官 Satya Nadella 于 2016 年提出的概念，在未来，不管是手机、电脑上的应用，还是家居场景中的实物如桌子、冰箱都是智能体，人类与其之间的交互都将通过对话实现。例如，早晨起来与穿衣镜对话，要求推荐今日的穿衣搭配；与厨房系统进行对话，要求准备美味营养的早餐；与手提包进行对话，问问它现在在房间哪个位置；到了公司，与电脑进行对话，要求筛选出重要的邮箱信息并提供初级的回复版本；在具体工作业务上，只要给电脑一个命令，就能够自动提供分析报表、决策建议等辅助工作的内容。人类所创造的物件，从某种意义上说，有了生命特征。

在这里便要说到一个有关人类发展的著名理论：奇点理论，由美国未来学家 Raymond Kurzweil 在《奇点临近》一书中提出，他根据历史发展轨迹发现，人类文明的发展与技术的进步呈指数规律。也就是说，影响人类历史进程的事件会越来越快地发生，如图 13.2 所示，据此推测在未来几十年计算机性能将发生颠覆性的变化。

虽然以上的很多设想从今天的眼光来看有些不切实际，但是几百年前的人们也无法想象，今天的人们能够在几小时内到达几千公里外的地方，远距离的人们可以通过视频进行即时通信，不出门便能了解全球所发生的新闻。在奇点到来之前，我们永远不知道未来会发生什么。

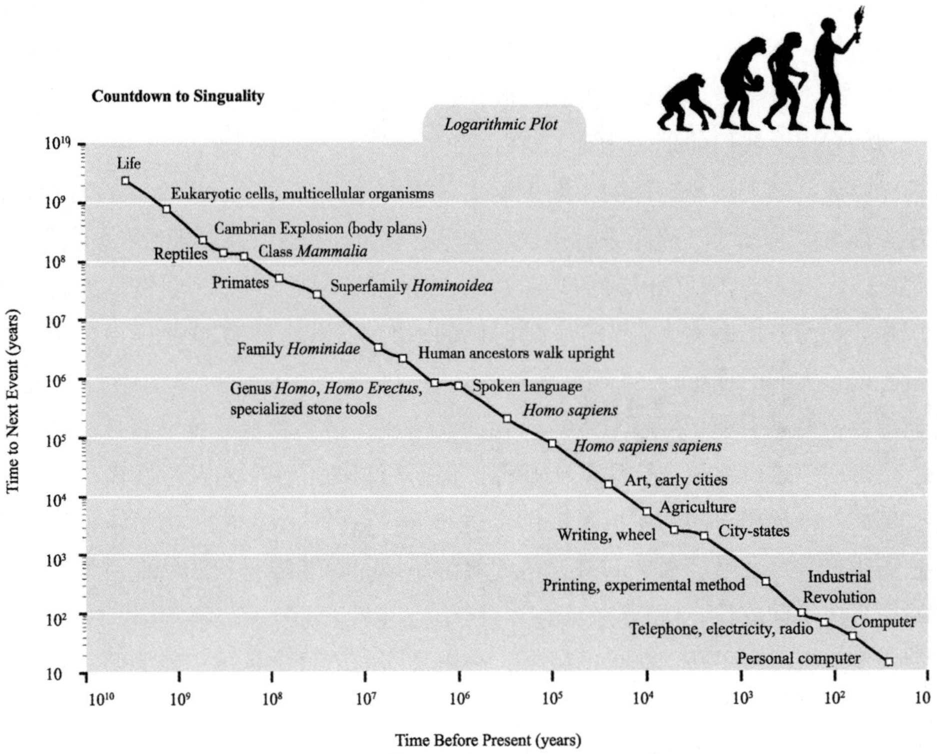

图 13.2　奇点临近图（图片来自 singularity. com）

13. 2. 3　自然语言处理带来的行业冲击

借助翻译软件，人们可以无障碍畅游全球；淘宝机器人客服可以 365 天 24 小时回答客户问题；机器人写手可以全年无休地快速撰写体育新闻、财经报道等；跟着机器人老师学习外语，随时随地学习等。随着自然语言处理技术渗透到各行各业，很多重复性、低技术含量的岗位正面临或即将面临威胁，以下是一些明显受冲击的岗位：

录入员、速记员：随着语音识别及语音转文字等技术的高速发展，人们仅利用机器便可以高效地完成录入员、速记员需要耗费大量时间精力才能完成的任务。事实上，根据求职软件 BOSS 直聘的调查显示，从 2015 年开始，录入员、速记员的市场需求量开始呈负增长状态，并且有持续下降的态势。

客服：在特定领域及特定场景下，很多客服面临的是重复性较大的咨询问题。另外，客服需要随时为客户回答问题，工作强度大，很容易产生负面情绪。从重复及工作时长这两个特性来看，这是非常适合机器来做的工作。通过特定语料库的训练，机器可以即时高效地回馈常见问题，还可以无休止地持续工作，并且永远态度友好，没有负面情绪，堪称完美客服。事实上，很多公司咨询热线、线上交流平台等都采用了机器客服与人工客服相结合的模式，为企业节省了大量成本。随着语义分析、智能对话等方面的技术进步，人工客服的比例还将进一步缩减。

翻译：深度神经网络与机器翻译任务的结合大幅度地提高了翻译质量，以谷歌为首的一系列科技巨头、学术机构及创业公司都相继开发出了性能良好的翻译应用。机器翻译可以快速地完成基础翻译，只需要后期稍加修改就可以完成大部分的笔译任务，极大地提高了效率。在不久的将来，从事笔译、口译等工作的人员将大幅减少。

文字工作者：常规新闻报道、流水线网络小说、金融、法律等行业的报告性文书等，这些内容相关的文字工作者可能面临机器写作的威胁。在 2017 年的里约热内卢奥运会上，今日头条所研发的新闻写手“张小明”以每天 30 篇的速度撰写了 457 篇赛事报道，并且能在 2 秒内完成稿件、自动配图并完成媒体发布，几乎与赛程同步。

此外，第一财经的 DT 稿王、新华社的快笔小新、腾讯的 dreamwriter，还有国外华盛顿邮报的 Heliograf、美联社的 WordSmith 以及纽约时报的 blossom 等等写作机器人。虽然机器写作尚未普及，但随着数据的累积和算法的改进，以及机器速度快成本低的天然优势，将成为某些写作任务的主要劳动者。

另一方面，自然语言处理除了本身岗位的需求急增，也带来了一些相关的岗位需求，比如数据标注师，可以对大量文本进行人工标注，为深度学习提供高质量的数据；再比如智能对话训练师，可以通过与智能机器人不断地进行交互反馈，提高机器的说话水平。

13.3　面试题

为了方便寻求自然语言处理初级岗位的读者朋友更好地准备面试，这里总结了大家可能经常会遇到的一些面试题，主要涉及数据结构与算法、数学基础、机器学习与深度学习、自然语言处理专业和实际问题解决及技术领域见解几个方面。其中部分题目与本书并无关联，比如数据结构与算法、数学基础，但是这些都是作为自然语言处理工程师的必备知识，需要深入掌握。

13.3.1　数据结构与算法

1. 插入和删除操作只能在一端操作的线性表为（　　）。

   A. 队列　　B. 栈　　C. 循环队列　　D. 线性表

2. 下列哪个是稳定的排序方法（　　）?

   A. 希尔排序　　B. 快速排序　　C. 二分法插入排序　　D. 直接选择排序

3. 常见的时空复杂度有哪些?

4. 给定一个整数数组和一个目标值，找出数组中和为目标值的两个数（找出一组即可）对应的下标，如果不存在则返回 -1，-1。

示例：

整数数组 mums = [2, 3, 5, 6, 7],

目标值 target = 10,

观察数组，存在 nums［1］+nums［4］=3+7=10，

那么返回下标 1，4。

提示：若要降低时间复杂度，利用一个词典存储匹配信息，用空间换时间。

5. 给定一个字符串，找出不含重复项的最长子串的长度。示例：

输入“abcddf”，输出 4；

输入“dddf”，输出 2；

输入“abcccddf”，输出 3。

提示：尝试一次遍历完成任务，思考遇到重复的情形应该如何操作。

6. 给定一个只包含"（"，"）"，"［"，"］"，"｛"，"｝"的字符串，判断字符串是否有效，有效字符串需要满足：左括号必须用相同类型的右括号闭合；左括号必须以正确的顺序闭合。示例：

输入：｛｝｛｝［］，输出：true

输入：｛［］｛｝｝，输出：false

输入：｛［（）］｝，输出：true

提示：先有左括号，后必须有右括号。

7. 求解字符串间的编辑距离。字符串的编辑距离，又称为 Levenshtein 距离，由苏联数学家 Vladimir Levenshtein 在 1965 年提出，是指利用字符操作，把字符串 A 转换成字符串 B 所需要的最少操作数。其中包括：删除一个字符，插入一个字符，修改一个字符。一般来说，两个字符串的编辑距离越小，则它们越相似。如果两个字符串相等，则它们的编辑距离为 0。

示例：

apple 与 app 间的编辑距离为 2；

google 与 apple 间的编辑距离为 4；

google 与 app 间的编辑距离为 6。

提示：利用动态规划求解。

8. 求二叉树是否平衡，即每一个结点的两个子树的深度差不能超过 1。

提示：可以应用递归算法。

13.3.2 数学基础

1. 设 $\alpha1 = \beta1 + \beta2, \alpha2 = \beta2 + \beta3, \alpha3 = \beta1 + \beta$，如果 $\beta1, \beta2, \beta$ 线性相关，则 $\alpha1, \alpha2, \alpha$ 线性（）；如果 $\beta1, \beta2, \beta$ 线性无关，则 $\alpha1, \alpha2, \alpha$ 线性（　　）。

2. 设 A 为方阵，$\alpha1, \alpha$ 是齐次线性方程组 $Ax = 0$ 的两个不同的解向量，则（　　）是 A 的特征向量。

A. $\alpha1$ 与 α　　B. $\alpha1 + \alpha$　　C. $\alpha1 - \alpha$　　D. 以上都是

3. 什么是信息熵、条件熵、相对熵以及交叉熵？

4. 对矩阵进行奇异值分解是什么意思?

5. SVM 涉及哪些数学原理?

6. 在很多 AI 问题中涉及概率连乘，通常会取对数，比如 argmax p（x）改为 argmax logp（x），这是为什么?

7. 什么是 Jensen 不等式?

8. 什么是希尔伯特（Hilbert）空间?

13.3.3　机器学习与深度学习

1. 什么是机器学习的过拟合现象?

2. 如何减弱过拟合现象?

3. 给定 n 个数据样本，其中一半用于模型训练，一半用于模型测试，则训练误差与测试误差之间的差别会随着 n 的增加而减小，这种说法对吗?

4. 什么是方差-偏差窘境?

5. 为什么有时候要对特征数据进行归一化?

6. 如何解决数据不平衡的问题?

7. 下列关于 L1、L2 正则的说法正确的是（　　）。

A. L2 正则化又叫作“Lasso regularization”。

B. L2 正则化会让参数值变小。

C. L1 正则化会使参数变稀疏。

D. L1 正则化适用于特征间存在关联的情况。

8. 梯度下降算法的正确步骤是（　　）。

A. 计算预测值和真实值之间的误差

B. 重复迭代，直至得到网络权重的最佳值

C. 把输入传入网络，得到输出值

D. 用随机值初始化权重和偏差

E. 对每一个产生误差的神经元，调整相应的权重值以减小误差

9. 下面哪项操作能实现神经网络中 dropout 的类似效果?（　　）

A. Boosting　　B. Bagging　　C. Stacking　　D. Mapping

10. 谈谈判别式模型和生成式模型有什么区别。

11. 梯度下降法找到的一定是下降最快的方向吗?

12. 梯度下降法通常可分为哪三种类型?

13. 什么样的数据集适合用深度学习?

14. 为什么要引入非线性激活函数?

15. 什么是梯度消失和梯度爆炸?

16. 如何对模型的训练结果进行度量?

13.3.4 自然语言处理专业

1. 有哪些中文分词方法？
2. LSTM 和 GRU 之间的区别是什么？
3. 什么是语言模型？
4. 在文本纠错过程中，需要解决哪些常见的文本错误类型？
5. Seq2Seq 模型有哪些应用？
6. 在自然处理领域，有哪些针对数据量少的措施？
7. 有自然语言处理任务中，一般你是如何处理词向量的？
8. 对于一个一般的自然语言处理任务，如文本分类，可分为哪些工作步骤？

13.3.5 实际问题解决及技术领域见解

1. 如何搭建一个闲聊系统？
2. 现在要设计一个命名实体识别分类器，有哪些特征可以提取？
3. 什么是实体消歧和实体统一？
4. 知识图谱搭建的一般流程是什么？
5. 在自然语言处理领域，现在最前沿的预训练模型有哪些？
6. 什么是机器阅读理解？
7. 自然语言处理方面有哪些顶级会议？
8. 你所知的知名自然语言处理研究者有哪些？
9. 你觉得未来会有哪些热门的自然语言处理应用？

本章小结

本章所述内容并不涉及具体知识，而是偏向于自然语言处理行业一些基础情况的介绍，比如顶尖的学术或企业组织、国内人才需求现状、未来的研究热点、对社会其他行业产生的影响等，希望能够为将来准备从事自然语言处理的读者朋友提供一些参考信息。

本章最后一小节从各个自然语言处理必备技能的角度，列举了一些典型面试题，涉及算法、数学、机器学习与深度学习、实际问题解决等方面，题量虽不多，但涉及的知识点众多，需要读者朋友具备一定的基础知识才能解答。很多研究者都预测未来几十年是自然语言处理的稳健发展期，人才需求会进一步扩大，因此，现在入门自然语言处理，可以说是最好的时候。

长期以来，我们希望计算机能够实现运算智能、感知智能、认知智能以及创造智能。计算机在前两者的水平、在某些领域已经远远超过人类，目前正处于第三阶段，即认知智能的探索时期。而这一智能包括语言理解以及推理等方面，是人工智能领域最为关键的核心技术之一。可见自然语言处理在人工智能中的地位举足轻重。

虽然近些年来自然语言处理技术发展迅速，在很多任务上也超越了人类，但同时存在不少乱象及问题，比如，依靠计算资源的刷榜竞赛，用蛮力提升结果，形成耗费资源的恶性竞争。再比如，过度依赖标注数据，对缺乏数据的任务束手无策；又或者资本市场对人工智能技术有过高期望，盲目热情，短期内无法收益后又随即抛弃；而某些企业则打着人工智能的幌子圈钱，却不做脚踏实地的研究。微软研究院副院长周明曾提出理想的自然语言系统应该具备四大要素：可解释、有知识、有道德、可自我学习。这其中的任何一点都是非常艰巨的任务，并不仅仅指技术问题，还涉及社会道德、人类发展等各方面，比如对于人工智能技术滥用的法律约束的建设等。因此，如今的我们需要怀着敬畏、严谨、谦逊的态度探寻未来的方向。

思 考 题

1. 你知道哪些知名的自然语言处理学术机构？
2. 你知道哪些知名的自然语言处理顶尖企业？
3. 如果让你投资一家自然语言处理初创型公司，你将选择什么样的公司？
4. 对于自然语言处理的未来应用，你都有哪些畅想？
5. 你对奇点理论怎么看？
6. 你觉得作为自然语言处理工程师，都需要哪些必备技能？
7. 自然语言处理的发展会给哪些行业带来冲击？
8. 你觉得不限制的自然语言处理或者说人工智能发展会给社会带来什么样的正面或负面影响？

附录 A

思考题参考答案

第 1 章　自然语言处理初探

1. 在早期，自然语言的处理思路可以分为哪两个流派？（P21）

答：1948 年，信息论创始人 Claude Elwood Shannon 发表论文《通信的数学理论》，其中提到了把自然语言当作一个马尔科夫过程，把概率模型和熵的概念引入到了自然语言处理中。1956 年，数学家 Stephen Kleene 发表了论文《神经网络事件表示法和有穷自动机》，提出了正则表达式的概念。语言学家 Avram Noam Chomsky 在 1956 年提出了上下文无关语法在自然语言处理中的应用。这一系列的研究基本也表明了自然语言处理技术的两大阵营，基于概率的符号派和基于规则的随机派。

2. 为什么基于规则的自然语言处理方法应用逐渐减少？（P21）

答：基于规则的方法工作量大，可扩展性不高。比如一些早期的聊天系统只能在特定的领域表现良好，当稍微超出预定的规则，将系统置于一个比较含糊和不确定的语境时，聊天系统就无法正常聊天了。

3. 你知道 21 世纪以来哪些具有里程碑意义的自然语言处理研究成果？（P21）

答：基于神经网络的语言模型、多任务学习、循环神经网络、词向量、注意力机制等。

4. 自然语言处理可以与哪些领域深度结合？（P21）

答：医疗、教育、媒体、金融、法律等领域。

5. 自然语言处理的挑战有哪些？（P21）

答：从细粒度的任务层面而言，词义消歧、指代消解、上下文理解以及对于语用意义的理解等。

6. 自然语言处理有哪些基本任务及基本工具？（P21）

答：基础任务有词形还原、词性标注、分词、命名实体识别、句法分析；基本工具有 NLTK、Spacy、Stanford CoreNLP、LTP、Polyglot、jieba 等。

7. 有哪些常用的机器学习相关工具？（P21）

答：Numpy、Scipy、Pandas、scikit - learn、MLlib、Shogun 等。

8. 你知道哪些深度学习框架？（P21）

答：Mxnet、Caffe、CNTK、Tensorflow、Keras、PyTorch 等。

第2章 自然语言处理与机器学习

1. 逻辑回归应用于何种问题？（P47）

答：逻辑回归一般应用于比较简单的二分类问题，也可以通过一定的方法使其适应于多分类问题。

2. 逻辑回归有什么优缺点？（P47）

答：逻辑回归算法实现简单，计算代价不高，解释性强，还能够提供分类概率，缺点则是在比较复杂的场景下容易欠拟合，精度不高。

3. 朴素贝叶斯中的“朴素”指什么？（P47）

答：各个特征之间的条件独立性假设，即特征之间不存在关联。

4. Kmeans 的一般步骤是什么？（P47）

答：（1）选择K个点作为初始质心。（2）将余下的点归类到最近的质心形成K个簇。（3）重新计算每个簇的质心。（4）重复2、3步骤直到达到设定的最大迭代次数或者簇不发生变化。

5. 对于 Kmeans 中质心的选择有什么改进方案？（P47）

答：存在多种方案：（1）通过层次聚类划分k个层次，并且计算每个簇对应的质心作为初始质心。（2）随机选择第一个质心，接下来选择离此点距离最大的点作为下一个质心，依次进行，直到选出k个质心。（3）大体思想与2类似，不同的点在于，通过检测样本点的样本密度和与之前质心的分散度来决定下一个质心的选取。

6. 决策树有哪些选择特征的方法？（P47）

答：ID3、C4.5、CART。

7. 什么是随机森林？（P47）

答：是一种自助抽样集成算法，将训练集分成n个新训练集，分别构建n个模型，预测阶段整合此 n 个模型得到最终结果，当模型为决策树的时候便为随机森林。

8. 还有哪些经典的机器学习算法？（P47）

答：K邻近算法、支持向量机、奇异值分解、独立成分分析等。

第3章 自然语言处理与神经网络

1. 人类神经元的结构是什么样的？（P61）

答：神经元主要由细胞体和细胞突起构成，细胞突起是细胞体延伸出的细长部分，又可分为树突与轴突。树突可以有多个，可以接受刺激并将兴奋传入细胞体，而轴突一般只有一个，可将兴奋从胞体传送至其他组织或另外的神经元。

2. 激活函数有什么作用？有哪些常见的激活函数？（P61）

答：激活函数用于将数据进行非线性变化，增强模型的拟合能力，常见的有 Sigmoid、Tanh、Relu 等。

3. Sigmoid 作为激活函数的时候有什么缺点？（P61）

答：输出值不以零为中心，并且容易导致梯度消失问题。

4. 相比于传统的机器学习，深度学习有哪些优势？（P62）

答：能够自主选择有用特征并且挖掘潜在特征，模型的拟合能力很强大，能应对更复杂的问题。

5. 有哪些基础的神经网络结构？（P62）

答：多层感知机、循环神经网络、卷积神经网络。

6. 预训练模型有什么作用，在什么场景下可以用到？（P62）

答：相当于前人的经验与总结，能够极大地提高当前任务的运作效率，几乎大部分场景下都可以应用，在自然语言处理中主要体现在对词的预编码。

7. 有哪些减少过拟合的方法？（P62）

答：增强数据的“质”及“量”，加入正则化项，适当简化模型，应用集成思想等。

8. 注意力机制和自注意力机制的差别是什么？（P62）

答：以机器翻译的场景为例，注意力机制针对的是原文与译文之间的注意力关系，而自注意力机制则指同一文本间的注意力关系。

第4章　文本预处理

1. 有哪些常用的文本预处理项目？（P83）

答：格式统一、去噪、去停用词、大小写转换、去特殊符号、词形还原、分词、词性标注、句法分析、文本纠错、关键词提取等，根据具体任务有机选取。

2. 中英文本的预处理过程有何不同？（P83）

答：中文的词语中间不存在空格，因此需要分词算法将词语进行区分；英文是形态变化语，因此存在词形还原、大小写转换、词干提取等预处理步骤。

3. 你知道哪些关键词提取的方法？（P83）

答：基于规则、基于主题模型、基于图模型。

4. 有哪些常用的分词工具？（P83）

答：StanforCoreNLP、HanLP、THULAC、SnowNLP、jieba 等。

5. 数据不平衡会对模型训练带来什么影响？（P83）

答：模型容易过拟合，对数据量少的类别识别不佳。

6. 从数据层面有哪些针对数据不平衡问题的思路？（P83）

答：基于数据量及数据特性，对数据进行上下采样、数据合成等操作。

7. 从算法层面有哪些针对数据不平衡问题的思路？（P83）

答：采用集成学习的思路减弱过拟合，为模型添加特殊的代价机制。

8. 你用过哪些处理数据不平衡的工具？（P83）

答：主观题，略。

第 5 章 文本的表示技术

1. 基于频次的词袋模型有什么缺点？（P107）

答：没有考虑词序、词之间的联系以及文法，丢失了许多重要信息。

2. TF – IDF 的基本原理是什么？（P107）

答：其核心包含两部分：TF 表示某个词在某一文本中出现的频率，IDF 为逆向文档频率，与某词在综合语料库中出现的频率相关。TF – IDF 综合考虑了以上两个方面，如果某词在当前文本中出现频次越多，而在其他文本中出现频次越少，此词越是重要。

3. Word2Vec 的基本原理是什么？（P107）

答：利用深度学习对大量语料库中词与词之间的上下文联系进行建模，输入中心词预测上下文或者输入上下文预测中心词，最终训练而得的词向量在模型隐层矩阵中。

4. Word2Vec 的训练过程中有哪些技巧？（P107）

答：将常见的单词组合（或者说词组）当作一个单词来处理；对高频词进行抽样处理，减少其样本量；负采样，大幅度减小计算量。

5. 有哪些改进后的词表征方案？（P107）

答：GloVe、FastText、ELMo 、Open AI GPT、Bert 等。

6. 如何应用词向量获取句向量？（P107）

答：最简单的方式是直接平均，或者基于词语在语料中的出现频次等因素进行加权平均。

7. 可以应用类似 Word2Vec 的方法直接训练句向量吗？（P107）

答：可以，以三个相邻的句子为一组，利用中心句来预测前后两个句子。

8. 为什么可以将多任务学习应用于句向量的表征中？（P107）

答：基于语料与任务的多样性，模型可以学习到更广泛更通用的语言表征。

第 6 章 序列标注

1. 有哪些任务可以转化为序列标注问题？（P120）

答：常见的有词性标注、分词、命名实体识别等基础自然语言处理任务，另外，只要数据可以转换为序列形式，并且序列元素需要进行分类的问题都可以认为是序列标注问题。

2. 序列标注任务的难点有哪些？（P120）

答：与具体任务相关，如果序列元素之间、标注与元素之间、标注与标注之间等存在错综复杂的关系，那么特征提取会很困难，不容易用单一模型进行建模。

3. 基于 HMM 模型的序列标注的大概原理是什么？（P120）

答：将输入序列当作观测序列，标注组成的序列为隐藏状态序列，HMM 模型假设前一隐藏状态与后一隐藏状态存在转移关系，隐藏状态与观测值间也存在关系，通过这些假设对数据进行建模，预测某一观测序列的隐藏状态序列。

4. 基于HMM模型的序列标注存在哪些问题？（P120）

答：假设性太强，任一隐藏状态只有前一隐藏状态及观测值存在关系，而很多实际问题事实上与全局序列都存在关联；对隐藏状态和观测序列进行联合分布建模，而在标注问题中，我们的预测目标仅仅是，在给定观测序列时隐藏状态序列的条件概率。

5. MEMM模型与HMM模型有哪些不同？（P120）

答：MEMM考虑到相邻隐藏状态之间的依赖关系，且考虑了整个观察序列，因此提取特征能力更强；是判别模型，针对分类问题（序列标注可看作对每个序列元素的分类问题）。

6. 基于CRF模型的序列标注有哪些优势？（P120）

答：CRF在具MEMM模型优点的基础上，还克服了MEMM模型标记偏置的问题。

7. 如何应用深度学习模型进行序列标注？（P120）

答：一般可应用循环神经网络进行序列建模，在输入的表征、特征的提取、模型细节的设计等方面有诸多选择方案，具体根据任务情况来考量。

8. 为什么要在深度学习模型中加入CRF层？（P120）

答：深度学习模型比较倾向于提取输入序列的特征并进行建模，而忽略了标注序列间的元素也存在一定联系，CRF层可以通过建模相邻标注之间的关系弥补这一缺陷。

第7章　关系抽取

1. 谷歌、百度等搜索引擎是如何实现关联搜索的？（P136）

答：搜索引擎背后有一张巨大的由实体和关系组成的关系网络，相当于计算机的大脑，根据输入内容联想到相关信息。

2. 关系抽取有哪些主要方法？（P136）

答：应用传统机器学习或者深度学习的方法进行全监督学习；基于Bootstrap的半监督关系抽取方法；基于聚类的无监督学习方法。

3. 关系抽取中的远程监督是为了解决什么问题？（P136）

答：随着深度学习的发展，基于监督学习的方法在性能上有了很大的提升，但是存在标签数据缺少的问题。远程监督的核心假设为：如果某两个实体存在确定的某一关系，那么所有包含此两者的句子都表达了这一关系。基于这一假设，只需要带有确定关系的实体对，便能够在大量文本数据中提取相应的句子并转化为带标签的数据，极大地增加了标注数据量。

4. 强化学习如何解决远程监督中错误标签的问题？（P136）

答：将对关系候选项集合进行识别的任务当作一系列动作组合而成的行为，根据筛选出的集合在分类任务上的性能表现评判筛选质量，并基于此对行为进行反馈，最终学习到最佳的筛选行为。

5. Snowball 系统的基本流程是什么？（P136）

答：依靠少量的种子实体对，即已确认存在关系的实体对，生成关系表达模式，再根据关系表达式生成更多的实体对，如此反复迭代直至找到更多的实体对。

6. Snowball 系统中是如何对 Patterns 以及 Tuples 质量评估的？（P136）

答：对于 Patterns 的评估，如果一个 Pattern 找到的 Tuples 质量高，那说明此 Pattern 的质量也高，反之对于 Tuples 也是如此，质量好的 Pattern 所生成的 Tuple 质量也高。作者利用 Tuples 以及 Patterns 之间相互生成以及相互监督质量的方式，正如系统名所示，滚雪球般地从文本中获取了实体及实体间的关系信息，其中的思想非常巧妙。

7. DeepDive 的一般工作流程是什么？（P136）

答：数据预处理、数据标注、学习与推理、交互迭代。

8. 什么是因子图？（P136）

答：因子图是一种概率图模型，其节点有两种模式，随机变量及因子。随机变量用于描述一个事实，因子是关于变量的函数，用于表述变量间的关系。

第 8 章　知识图谱

1. 知识图谱的前身是什么？（P152）

答：基于对人类大脑的认识，Quillian 早在 20 世纪 60 年代就提出了语义网络（Semantic Network）的概念，由相互连接的节点和边组成，节点表示概念或对象，边表示其间的关系，进而表达人类知识。其后，万维网之父 Tim Berners Lee 分别在 1998 年和 2006 提出了语义网（Semantic Web）和链接数据（Linked Data）的概念。知识图谱的概念是对以上概念的部分继承以及进一步包装。

2. 知识图谱的表现形式是什么？（P152）

答：知识图谱由一条条知识构成，而每一条知识可以用一个三元组表示，其基本形式主要包括“实体 – 属性 – 属性值”和“实体 1 – 关系 – 实体 2”。每个实体都是唯一的，其“属性 – 属性值”用描述实体的特性。

3. 如何存储知识图谱？（P152）

答：要结合数据的特性及相关应用进行选择，通常在很多情况下会结合多种形式进行存储，可以选取关系型数据、NoSQL 数据库、图数据库等。假如数据间的关系比较复杂，可以选用图数据库；如果数据中的属性很多，考虑关系式数据库；如果考虑可移植性、可分布性等性能，可以采用 NoSQL 数据库。

4. 实体匹配的难点是什么？（P152）

答：本体匹配存在数据杂以及数据规模大两大挑战。

5. 实体链接解决的是什么语言现象？（P152）

答：自然语言的多样性及歧义性。

6. 知识推理主要有哪些方法？(P152)

答：主要可分为基于规则的推理、基于分布式表达的推理、基于神经网络的推理以及融合多种方法的推理。

7. 如何将知识图谱应用于反欺诈系统？(P152)

答：通过知识图谱可以更加体系化地存储、查询并使用信息，在用户背景调查、虚假信息检测、动态异常检测等方面都能发挥作用。

8. 如何将知识图谱结合推荐系统？(P152)

答：将知识图谱中实体的属性作为算法的输入特征，从而增加推荐系统所考虑的特征维度；或者将其当作一个异构信息网络，并且构造特定的关系路径或关系图来挖掘实体点的潜在联系，并基于此进行个性化推荐。

第9章　文本分类

1. 说说哪些生活中常见的问题可以当作文本分类问题？(P162)

答：垃圾邮件分类、新闻主题分类、客户评价分析等。

2. 文本分类的评价指标有哪些？(P162)

答：准确率、查准率、查全率、F1 值等。

3. 什么样的文本分类问题适合用传统的机器学习方法来做？什么样的适合用深度学习来做？(P162)

答：当数据量小，数据特征比较明显时适合用机器学习方法；当数据量大，特征不明显，并且特征之间存在复杂联系的时候比较适合用深度学习建模。

4. 如果要根据一篇文本的病情描述来预测病人是否患有癌症，你是更偏重查全率还是查准率？(P162)

答：在这种情况下，将癌症漏判比将病人误判为癌症后果更严重，因此更偏重于查全率，尽可能把患癌症的病人都找出来。

5. micro - F1 和 macro - F1 有何不同？(P162)

答：micro - F1 对多个混淆矩阵中的各项分别进行加和，基于此得到查准率和查全率进行 F1 计算，因此此值易受到常见类别的影响。macro - F1 基于每个混淆矩阵得到的查准率和查全率计算多个 F1 值，之后进行求平均，这种计算方式平等地看待各个类别，此值易受到稀有类别的影响。

6. 如何把多分类问题转化为二分类问题？(P162)

答：一般有三种策略：一对一（One versus One）、一对多（One versus Rest）和多对多（Many versus Many）。

7. 有哪些方法可以把多标签问题转化为单标签问题？(P162)

答：常见的转化方法有二元关联（Binary Relevance）、分类器链（Classifier Chains）、标签重置（Label Powerset）。

8. 有哪些常见的模型融合的方法可以应用于文本分类问题？（P162）

答：主要有 Bagging、Boosting 两种模型融合的模式，具体地，有随机森林、Adboost（Adaptive Boost）、GBDT（Gradient Boosting Decision Tree）、Xgboost 等框架。

第 10 章　文本摘要

1. 你觉得文本摘要可能有哪些应用？（P183）

答：主观题，略。

2. 抽取式文本摘要的传统方法有哪些？（P183）

答：基于规则、基于文本链、基于图模型、基于主题分析以及传统机器学习方法。

3. 如何将深度学习应用于抽取式文本摘要？（P183）

答：既然文本摘要可以当做分类或序列标注任务，很自然地，在有监督学习的框架下，可以利用深度学习来学习自动摘要过程。比如将文本当作一个序列，其中的每个句子当作序列元素，利用循环神经网络进行序列标注为“是”或“不是”核心句子。

4. 如何获取抽取式文本摘要的训练数据？（P183）

答：基于规则加人工的方法将源文中某些句子标注为摘要；将源文中所有句子组合情况与人为摘要进行相似度比较，继而选取得分最高的句子集合；应用启发式的人为摘要转化方式。

5. 生成式摘要存在哪些难点？（P183）

答：在语法上不一定通顺，很多时候会重复一些词汇，生成文本愈长愈不好控制等。

6. 在一些生成式摘要的前沿模型中，研究者们都用了哪些技术？（P183）

答：注意力机制、Copy 机制、Coverage 机制、多任务学习等。

7. 如何将强化学习应用于生成式摘要？（P183）

答：将文本生成过程中生成完整序列当做一系列动作，而每一时刻生成词汇当做一个动作，利用强化学习框架对每次生成词汇进行反馈，更好地控制文本生成的过程以及完善代价函数。

8. 你觉得在自动摘要任务中，基于深度学习方法相较于传统方法，存在哪些优势？（P183）

答：摘要本身属于难度较大任务，因为涉及到文本特征非常多，需要考虑的方面也很多，而深度学习在选取有用的特征、拟合复杂的任务上有优势；另外，传统的方法只适用于抽取式文本摘要，而深度学习能够模拟人类的行为进行生成式摘要。

第 11 章　机器翻译

1. 翻译与解密有何相似之处？（P197）

答：解密中存在原码和译码，相当于翻译中的原文与译文，它们实质上表达的是同一含义，解密者或翻译者的工作都是在两者间找到映射关系。

2. 为什么基于规则的方法会陷入冷寂时期？（P197）

答：语言的复杂性超乎人类象，通过规则无法完全总结语言的全部，并且这种方法需要大量的人力物力，成本大，可扩展性弱。

3. 统计机器翻译都有哪些方法？（P197）

答：基于平行概率语法、基于信源信道、基于最大熵。

4. 基于信源信道的统计翻译模型原理是什么？（P197）

答：此方法翻译当作信息传输过程，涉及贝叶斯定理、语言模型、翻译模型。假设有一个目标语句 t，经过噪声通道后，或者说通过某一编码方式，变成了源语句 s，那么由 s 翻译为 t 的过程即解码解密的过程。

5. 神经机器翻译的基本框架是什么？（P197）

答：由两个循环神经网络组合而成的网络框架，简称为 Seq2Seq，是一个序列到序列的结构。

6. 注意力机制有什么作用？（P197）

答：能够在翻译过程中有侧重地考虑原文中的信息，使翻译结果更加准确。

7. 复制机制有什么作用？（P197）

答：能够将原文中罕见词、未登录词通过直接查找词典的方式进行翻译，避免神经网络对这部分词训练不佳而无法翻译的情形。

8. 神经机器翻译还存在哪些缺点？（P197）

答：对数据量要求太高；训练好的网络对测试数据的领域性要求比较高，迁移性很弱；对于长序列的翻译、差异较大语种间的翻译、诗歌小说的翻译，效果还有待提高。

第 12 章　聊天系统

1. 你知道哪些有代表性的聊天系统吗？（P216）

答：闲聊式机器人，比较有代表性的有微软小冰、微软小娜、苹果的 Siri、小 i 机器人等，知识问答型机器人，比较出名的有 Watson 系统。

2. 聊天系统可大致分为哪几种类型？（P216）

答：闲聊型，知识问答型，任务型。

3. 现今的聊天系统存在哪些缺陷？（P216）

答：没有记忆能力、没有感情、没有个性，并不真正理解语言。

4. 各种聊天系统分别是基于哪些技术开发而成的？（P216）

答：闲聊式系统可以基于检索或者基于深度学习框架 Seq2Seq 来搭建；知识型问答系统可以结合知识图谱；而任务型聊天系统包含自然语言理解、对话状态追踪、对话策略、自然语言生成四大模块，涉及意图识别、词槽填充、对话管理等技术。

5. 闲聊系统怎么获取语料库？（P216）

答：电影对白、微博上的评论互动、贴吧上的留言回复等等都可以作为聊天语料。另外，一些图片、表情、动图、视频、外部链接等都可以作为聊天语料，以丰富用户的视听体验。

6. 为什么强化学习可以适用于聊天系统？（P216）

答：强化学习适用的任务环境比较复杂，需要由一系列动作综合完成，而多轮对话属于难度较高的自然语言处理任务，交互过程可以当作一系列动作，适合应用强化学习来建模

7. 生成式闲聊系统有哪些缺陷？（P216）

答：语句不顺、逻辑不通，很难把控生成过程，很可能会答非所问，主要应用于娱乐项目。

8. 你心目中理想的聊天系统是怎么样的？（P216）

答：主观题，略。

第 13 章　自然语言处理技术的现在、未来及择业

均为主观题，答案略。

附录 B

面试题答案

数据结构与算法

1. 插入和删除操作只能在一端操作的线性表为（B）（P227）

A. 队列　B. 栈　C. 循环队列　D. 线性表

2. 下列哪个是稳定的排序方法（D）（P227）

A. 希尔排序　B. 快速排序　C. 二分法插入排序　D. 直接选择排序

3. 常见的时空复杂度有哪些？（P227）

答：常数级复杂度：O（1）

对数级复杂度：O（logN）

线性级复杂度：O（N）

线性对数级复杂度：O（NlogN）

平方级复杂度：O（ N^2 ）

4. 哈希（hash）冲突有什么解决办法？（P227）

答：当关键字值不同的元素映射到哈希表的同一地址时就会发生哈希冲突。解决办法有：开放定址法，当冲突发生时，使用某种探查技术在散列表中形成一个探查序列。沿此序列逐个单元地查找，直到找到给定的关键字，或者碰到一个开放的地址即该地址单元为空为止，可将待插入的新结点存该地址单元；再哈希法，同时构造多个不同的哈希函数；链地址法，将所有哈希地址为 n 的元素构成一个称为同义词链的单链表，并将单链表的头指针存在哈希表的第 n 个单元中，因而查找、插入和删除主要在同义词链中进行。链地址法适用于经常进行插入和删除的情况；建立公共溢出区，将哈希表分为基本表和溢出表两部分，凡是和基本表发生冲突的元素，一律填入溢出表。

5. 给定一个整数数组和一个目标值，找出数组中和为目标值的两个数（找出一组即可）对应的下标，如果不存在则返回 -1，-1。（P228）

Python 参考代码：

```
def twoSum(nums, target):
  dic = {}
  for i in range(len(nums)):
    if nums[i] not in dic:
      dic[target - nums[i]] = i
    else:
      return dic[nums[i]], i
  return -1, -1
```

5. 给定一个字符串，找出不含重复项的最长子串的长度。（P228）

Python 参考代码：

```
def lengthOfLongestSubString(s):
  dic, res, start = {}, 0, 0
  for i, ch in enumerate(s):
    if ch in dic:
      res = max(res, i - start)
      start = max(start, dic[ch] +1)
    dic[ch] = i
  return max(res, len(s) - start)
```

解析：算法的主要流程是遍历字符串中的每个字符，并且在遇到重复情况时做一些特殊操作。首先，从首字符起，一个个字符地往后看，假设首次遇到一个重复字符，这个时候我们可以做两件事，第一把首字符到重复字符这段距离记录下来，这是目前所知的最长字符串的长度；第二，既然出现重复字符了，不能把原来的起始位置当作起始位置因此需要把被重复字符的后一位当作起始位置。

继续往后遍历字符串，如果再遇到一个与前面重复的字符，这时候会出现三种情况：被重复的字符在目前起始位置之前、之后或者刚好就是现在起始的字符。如果是之前，保持目前的起始字符位置如果是相等或之后，那么还是按照原来的方法，用被重复字符位置加一位的方式重新定义初始位置。

同时每次遇到重复的时候，需要停下来计算此次距离有多长，接着与之前所记录的最大长度进行比较，取大者。另外还需要说明的一点是，在遍历到最后一个字符的时候，也要计算最后一次的起始位置到最后字符的距离，并且和记录在案的最长距离做比较，如此便得到全局的最长子串。

6. 给定一个只包含"（","）"," [","]"," {","}" 的字符串，判断字符串是否有效，有效字符串需要满足：左括号必须用相同类型的右括号闭合；左括号必须以正确的顺序闭合。Python 参考代码：（P228）

```
def isValid(s):
  stack = []
  dic = {'[':']', '{',:'}', '(':')'}
  for c in s:
    if c in dic.values():
      stack.append(c)
    elif c in dic.keys():
      if stack = = [] or dic[c]! =stack.pop():
        return False
    else:
      return False
  return stack = = []
```

7. 求解字符串间的编辑距离。字符串的编辑距离，又称为 Levenshtein 距离，由俄罗斯的数学家 Vladimir Levenshtein 在 1965 年提出，是指利用字符操作，把字符串 A 转换成字符串 B 所需要的最少操作数。其中包括：删除一个字符，插入一个字符，修改一个字符。一般来说，两个字符串的编辑距离越小，则它们越相似如果两个字符串相等，则它们的编辑距离为 0。(P228)

Python 参考代码：

```
def minDistance(self, word1, word2):
  m, n = len(word1), len(word2)
  if m = = 0:
    return n
  if n = = 0:
    return m
  dp = [[0]* (n+1) for _ in range(m+1)]
  for i in range(1, m+1): dp[i][0] = i
  for j in range(1, n+1): dp[0][j] = j
  for i in range(1, m+1):
    for j in range(1, n+1):
      if word[i-1] = = word[j-1]:
        dp[i][j] = dp[i-1][j-1]
      else:
        dp[i][j] = min(dp[i - 1][j - 1] + 1, dp[i][j - 1] + 1, dp[i - 1][j] + 1)
  return dp[m][n]
```

8. 求二叉树是否平衡，即每一个结点的两个子树的深度差不能超过 1。(P228)

Python 参考代码：

```
def isBalancedTree(self, root):
  def get_height(root):
    if not root:
      return 0
    left_height, right_height = get_height(root.left), get_height(root.right)
    if left_height < 0 or right_height < 0 or abs(left_height - right_height) > 1:
      return -1
    return max(left_height, right_height) +1
  return (get_height(root) > = 0)
```

数学基础

1. 设 $\alpha_1=\beta_1+\beta_2,\alpha_2=\beta_2+\beta_3,\alpha_3=\beta_1+\beta_3$，如果 β_1,β_2,β_3 线性相关，则 $\alpha_1,\alpha_2,\alpha_3$ 线性（相关）；如果 β_1,β_2,β_3 线性无关，则 $\alpha_1,\alpha_2,\alpha_3$ 线性（无关）。（P228）

2. 设A为方阵，α_1,α_2 是齐次线性方程组 $Ax=0$ 的两个不同的解向量，则（C）是A的特征向量。（P228）

A. α_1与α_2　　B. $\alpha_1+\alpha_2$　　C. $\alpha_1-\alpha_2$　　D. 以上都是

3. 什么是信息熵、条件熵、相对熵以及交叉熵？（P228）

答：顾名思义，信息熵是对信息的度量。一条信息的信息量与其不确定性有直接关系，因此信息熵即对信息不确定性的度量，信息越是不确定，信息熵越大。例如我们要度量明天是否下雨这件事情的信息熵，如果确定明天要下雨，信息熵很小，如果下雨概率为50%，则信息熵比较大。对于某一随机变量x，其信息熵公式为：

$$H(x)=-\sum_{i=1}^{n}p(x_i)logp(x_i)$$

条件熵表示在已知随机变量x的条件下随机变量y的不确定性，其公式为：

$$H(y|x)=-\sum_{x,y}p(x,y)logp(y|x)$$

相对熵，也称为KL散度，描述的是两个概率分布间的相似性，设p（x）、q（x）是离散随机变量x中取值的两个概率分布，则p对q的相对熵为：

$$D_{KL}(p||q)=\sum_{x}p(x)log\frac{p(x)}{q(x)}$$

交叉熵也用于度量两个概率分布间的相似性，在深度学习中一般用于目标与预测值间的差距，两个概率分布p，q，其中p表示真实分布，q表示预测分布，交熵公式如下：

$$H(p,q)=\sum_{x}p(x)log\frac{1}{q(x)}$$

4. 对矩阵进行奇异值分解是什么意思？（P229）

答：奇异值分解（Singular Value Decomposition）是线性代数中一种重要的矩阵分解，

奇异值分解则是特征分解在任意矩阵上的推广。假设 M 是一个 $m \times n$ 阶矩阵，其中的元素全部属于实数域或复数域，存在一个分解使得：

$$M = U\Sigma V^*$$

其中 U 是 $m \times m$ 阶酉矩阵，Σ 是半正定 m × n 阶对角矩阵，而 V *，即 V 的共轭转置，是 $n \times n$ 阶酉矩阵。这样的分解就称作 M 的奇异值分解。Σ 对角线上的元素为 M 的奇异值。奇异值与特征值类似，在矩阵 Σ 中是从大到小排列，而且其值减小很快，在很多情况下，前 10% 甚至 1% 的奇异值之和就占了总和的 99% 以上了。基于此现象我们可以将矩阵的主要特征提取出来，比如应用于 PCA 主成分析法。

5. SVM 中涉及哪些数学原理？（P229）

答：从原理上来说，SVM 是一种难度较大的机器学习算法，涉及的数学知多较杂，包括不等式约束的优化问题、拉格朗日函数和 KKT 条件、SMO 算法、核函数等。

6. 在很多 AI 问题中涉及概率连乘，通常会取对数，比如 argmax p(x) 改为 argmax logp(x)，这是为什么？（P229）

答：这是为了防止多个概率相乘产生下溢现象。

7. 什么是 Jensen 不等式？（P229）

答：Jensen 不等式是由凸函数的性质推得的不等式。令凸函数是一个定义在某个向量空间的凸子集 C 上的实值函数 f，对于在 C 上的任意两点 x_1, x_2，以下式子成立（其中 $0 \leqslant \lambda \leqslant 1$）：

$$\lambda f(x_1) + (1-\lambda) f(x_2) \geq f(\lambda x_1 + (1-\lambda) x_2)$$

应用数学归纳法将上式进行化，对于任意点集 $\{x_i\}$，并有 $\lambda_i \geq 0$ 且 $\sum_i \lambda_i = 1$，可得 Jensen 不等式：

$$f\left(\sum_{i=1}^{M} \lambda_i x_i\right) \leqslant \sum_{i=1}^{M} \lambda_i f(x_i)$$

8. 什么是希尔伯特（Hilbert）空间？（P229）

答：完备的可能是无限维的被赋予内积的线性空间。线性空间，简单地说，就是空间里的元素满足线性结构完备的，意思是说对于极限操作是封闭的被赋予内积，则表明其满足对称性，正定性和线性。

机器学习与深度学习

1. 什么是机器学习的过拟合现象？（P229）

答：学习器把训练样本学习也很好但在测试样本上表现不佳，这就是所谓的过拟合。在这种情况下，机器很可能已经把训练样本自身的一些特点当作了所有潜在样本都会具有的一般性质，导致泛化能力下降。在模型过于复杂、训练数据质量不佳、训练迭代次数过多等情况下往往会发生此现象。

2. 如何减弱过拟合现象？（P229）

答：清洗、增多数据；采用正则化方法，包括 L0 正则、L1 正则和 L2 正则或者结合；

从模型角度而言，可以简单化模型或者用集成学习的方法；对于神经网络过拟合的问题，可以用 dropout、early stopping 等方法。

3. 给定 n 个数据样本，其中一半用于模型训练，一半用于模型测试，则训练误差与测试误差之间的差别会随着 n 的增加而减小，这种说法对吗？（P229）

答：对，训练数据越多，训练效果越好，即拟合度越好。

4. 什么是方差 - 偏差窘境？（P229）

答：泛化误差可分解为偏差，方差与噪声之和。偏差刻画的是算法本身的学习能力，期望预测和真实结果的偏离程度方差刻画的是数据扰动造成的影响，即同样大小的训练集变动导致的学习性能的变化噪声则表示当前任务下任何算法所能达到的期望泛化误差的下界，代表问题本身的难度。

偏差与方差冲突若训练不足，学习器的拟合能力不够强，偏差很大，训练数据的振动不足以使学习器发生显著变化，即方差很小；若训练程度充足，拟合能力很强，偏差减小，则训练数据发生的轻微振动就会导致学习器发生显著变化，即方差很大。我们需要在这两者间做一个平衡。

5. 为什么有时候要对数据进行归一化？（P229）

答：如果应用梯度下降法求解，归一化之后，最优解的寻优过程会变得平缓，更容易正确地收敛。

6. 如何解决数据不平衡的问题？（P229）

答：采样，对小样本加噪声采样，对大样本进行下采样；对样本量少的类进行特殊的加权惩罚；改变评价标准，如用 AUC/ROC 来进行评价；采用 Bagging、Boosting 等集成方法。

7. 下列关于 L1、L2 正则的说法正确的是（ABCD）。（P229）

A. L2 正则化又叫作“Lasso regularization”。

B. L2 正则化会让参数值变小。

C. L1 正则化会使参数变稀疏。

D. L1 正则化适用于特征间存在关联的情况。

8. 梯度下降算法的正确步骤是（DCAEB）？（P229）

A. 计算预测值和真实值之间的误差

B. 重复迭代，直至得到网络权重的最佳值

C. 把输入传入网络，得到输出值

D. 随机初始化权重和偏差

E. 对每一个产生误差的神经元，调整相应的权重值

9. 下面哪项操作能实现神经网络中 dropout 的类似效果？（B）（P229）

A. Boosting　　B. Bagging　　C. Stacking　　D. Mapping

10. 谈谈判别式模型和生成式模型有什么区别？（P229）

答：判别式模型数据直接学习决策函数 Y = f(X)，或者由条件分布概率 P(Y|X)作为预测模型。而生成式模型数据学习联合概率密度分布函数 P(X,Y)，接着预测条件概率分布 P(Y|X)。由生成模型可以得到判别模型，反之则不能。

11. 梯度下降法找到的一定是下降最快的方向么？(P229)

答：梯度下降法下降最快的方向，是目标函数在当前的点的切平面（以二维空间为例）上下降最快的方向。

12. 梯度下降法通常可分为哪三种类型？(P229)

答：批梯度下降法（GD），使用全部样本用于梯度计算并参数更新；随机梯度下降法(SGD)，每次梯度计算只使用一个样本，下降过程不是很稳定；小批量随机梯度下降法(Mini Batch SGD)，每次只使用一小批量的样本，比随机的方法更稳定。

13. 什么样的数据集适合用深度学习？(P229)

答：当数据时深度学习相对于传统机器学习方法有明显优势；当数据集有局部相关特性时，比如在自然语言文本的词组成词组，词组再组合为句子。

14. 为什么要引入非线性激活函数？(P229)

答：如果没有非线性激活函数，神经网络只是单纯地在线性空间进行计算，很多复杂的问题难以拟合。

15. 什么是梯度消失和梯度爆炸？(P229)

答：梯度爆炸和梯度消失问题都是因为网络太深，网络权值更新不稳定造成的，本质上是因为梯度反向传播中的连乘效应。如果连乘因子很小，趋于0，结果就是梯度消失；如果比较大，便会导致梯度爆炸。

16. 如何对模型进行训练度量？(P229)

答：最常用的有错误率及精度，如果在 m 个样本中有 a 个样本分类错误，那么错误率为 a/m，精度为 $1-a/m$。错误率和精度虽然常用，但并不能评估，比如对于一个癌症二分类问题，模型准确率达到了98%，这个模型是否就是个好模型？在数据中，癌症的比例本身就很小，比如只有2%，那么分类器把数据预测为不患癌症，这样算起来准确率也有98%。因此在癌症检测中，我们更关心的是所有癌症患者中有多少被出来，按照错误率或者精度来评估是不够的。

这就引出了查准率，查全率和F1以二分类为例来描述上面几个概念。在二分类问题中，可以根据预测类别和真实类别的比较将结果分为真正例，假正例，假反例和真反例。

- 查准率 = 真正例/(真正例 + 假正例)，即所有被预测为正例的例子中真正的正例有多少。
- 查全率 = 真正例/(真正例 + 假反例)，即所有真实的为正例的例子中有多少真正的正例被挑选出来。
- F1 =2 查准率查全率/(查准率 + 查全率)，综合查全率和查准率的指标。

在不同的情况下，我们对于查准率和查全率的重视情况不同，比如在商品推荐中，查准率更重要，因为不希望出现打扰用户的信息；而在逃犯信息检索系统中，希望找到所有的逃犯，那么查全率更重要。我们可以 F1 的公式中加一个参数，使其对查全率或者查准率有一些偏好。

自然语言处理专业

1. 有哪些中文分词方法？（P230）

答：基于词典，进行字符串匹配，是一种机械分词法，按照匹配方式的不同可以有多种模式；基于统计，主要思想是出现次数越多就越可能构成一个词；基于语义，模拟人对句子的理解，通过语法规则、语义分析、句法分析对文本进行分词；基于元素标注，将分词过程当作序列标注问题来解决，可以应用条件随机场模型、循环神经网络等。

2. LSTM 和 GRU 之间的区别是什么？（P230）

答：从结构上而言，GRU 只有两个门，用于更新和重置，LSTM 有三个门，作用分别为输入、输出及遗忘，GRU 直接将隐状态传给下一个单元，而 LSTM 则用记忆细胞对隐状态进行包装。GRU 的参数更少，计算量更小。具体可以根据任务难度以及数据量选择 GRU 或者 LSTM。

3. 什么是语言模型？（P230）

答：简单地说，语言模型是用来计算一个句子出现概率的模型，可作为句子是否像“人话”的评价标准，在机器翻译、拼写纠错、自动文摘、语音识别等任务上都有所涉及。常见的有基于 N - gram 的统计语言模型，基于循环神经网络的神经概率语言模型。

4. 在文本纠错过程中，需要解决哪些常见的文本错误类型？（P230）

答：同音字/音近字错误，读音完全相同或类似的错字，一般是由拼音输入错误或疏忽产生；形近字错误，错字和正确字的字形相似一般由 OCR 识别错误产生，另外笔画输入、手写输入、五笔输入也会产生此类错误；非常用字及错误字词，词典中不常见或者不存在的字词。

5. Seq2Seq 模型有哪些应用？（P230）

答：机器翻译，翻译效果的一大飞跃便是始于 Seq2Seq 模型；闲聊模型，闲聊语料易于搜集，可利用此模型训练比较灵活的闲聊系统；文本摘要，效果比较一般，但是可以结合模板、规则等方式对生成进行纠正；诗歌生成，根据一些关键信息，比如主题、关键词等生成诗歌。只要输入与输出均为序列的场景都可以应用 Seq2Seq 模型。

6. 在自然处理领域，有哪些针对数据量少的方案？（P230）

答：对数据进行采样以增加数据；尝试使用传统机器学习的方式；采用预训练模型获取基本的语义理解；采用多任务学习的方式获取更多的语料并且增强模型的泛化能力。

7. 有自然语言处理任务中，一般你是如何处理词向量的？（P230）

答：一般可以直接应用开源的已训练好的词向量，如果自身数据集较大，也可以尝试基于自身语料训练词向量。

8. 对于一个一般的自然语言处理任务，如文本分类，可分为哪些工作步骤？（P230）

答：数据处理，包括数据可视化、数据清洗、不平衡处理等；算法设计，从任务难度、数据量大小、机器配置等方面综合考虑设计一个或多个算法；算法训练及调参，算法评估及优化，可以从数据、本身、算法参数等方面进行优化。

实际问题解决及技术领域见解

1. 如何搭建一个闲聊系统？（P230）

答：搜集闲聊语料，比如电影对白、开源对话集、微博互动等；搭建 Seq2Seq 模型；根据具体效果对基线模型进行改进，比如加入注意力机制、某些规则及模板，也可以结合知识图谱引入更多的知识。

2. 现在要设计一个命名实体识别分类器，有哪些特征可以提取？（P230）

答：词语本身特征，比如词长、词缀、词的位置、出现频率等；词语语法、句法层面的特征，比如词性、句法成分等；词语上下文的特征，即周围词的特征。

3. 什么是实体消歧和实体统一？（P230）

答：同一词汇存在不同含义，对具体意思进行区分便是实体消歧，一般基于上下文进行识别；同一实体具有不同表达方式，如何将它们统一到同一实体便是实体统一，可以通过预先一些规则及考虑上下文的方式进行识别。

4. 知识图谱搭建的一般流程是什么？（P230）

答：定义具体的业务问题，一般而言，有可视化关系的深度搜索、数据多样化的场景比较适合选择知识图谱；数据的收集及预处理，涉及实体命名识别、关系抽取、实体统一、指代消解等技术；知识图谱的设计，定义实体、属性及关系，明确需要及不需要放入知识图谱的知识；把数据存入知识图谱，主要有两种存储方式，根据具体场景选择基于 RDF 基于图数据库；知识图谱系统的维护与更新。

5. 在自然语言处理领域，现在最前沿的预训练模型有哪些？（P230）

答：Transformer、Bert、XLNet……榜单会一直更新。

6. 什么是机器阅读理解？（P230）

答：机器阅读理解，即让计算机来理解文章并且回答相应问题，一般包括选择题、填空题或者分析题。在传统模式中，大多数研究通过机器学习抽取答案的方式来处理，如今人们应用深度学习在机器阅读理解领域有了重大的突破，涉及语义理解、语义匹配、注意力分配、知识推理等多项技术。

7. 自然语言处理方面有哪些顶级会议？（P230）

答：ACL（The Association for Computational Linguistics）、EMNLP（Conference on Empirical Methods in Natural Language Processing）、NAACL（The North American Chapter of the Association for Computational Linguistics）和 COLING（International Conference on Computational Linguistics）是自然语言处理领域的四大顶会。

8. 你所知的知名自然语言处理研究者有哪些？（P230）

答：主观题，略。

9. 你觉得未来会有哪些热门的自然语言处理应用？（P230）

答：主观题，略。